Melanie Senn

Optimale Prozessführung mit merkmalsbasierter Zustandsverfolgung

**Schriftenreihe
des Instituts für Angewandte Materialien
*Band 18***

Karlsruher Institut für Technologie (KIT)
Institut für Angewandte Materialien (IAM)

Eine Übersicht über alle bisher in dieser Schriftenreihe erschienenen Bände
finden Sie am Ende des Buches.

Optimale Prozessführung mit merkmalsbasierter Zustandsverfolgung

von
Melanie Senn

Dissertation, Karlsruher Institut für Technologie (KIT)
Fakultät für Maschinenbau
Tag der mündlichen Prüfung: 21. November 2012

Impressum

Karlsruher Institut für Technologie (KIT)
KIT Scientific Publishing
Straße am Forum 2
D-76131 Karlsruhe
www.ksp.kit.edu

KIT – Universität des Landes Baden-Württemberg und
nationales Forschungszentrum in der Helmholtz-Gemeinschaft

KIT Scientific Publishing 2013
Print on Demand

ISSN 2192-9963
ISBN 978-3-7315-0004-9

Optimale Prozessführung mit merkmalsbasierter Zustandsverfolgung

Zur Erlangung des akademischen Grades

Doktor der Ingenieurwissenschaften

der Fakultät für Maschinenbau

Karlsruher Institut für Technologie (KIT)

genehmigte

Dissertation

von

Dipl.-Inform. (FH) Melanie Senn

Tag der mündlichen Prüfung: 21. November 2012
Hauptreferent: Prof. Dr. rer. nat. Peter Gumbsch
Korreferent: Prof. Dr. rer. nat. Norbert Link

Vorwort

Die vorliegende Dissertation entstand während meiner Tätigkeit als wissenschaftliche Mitarbeiterin am Institut für Angewandte Forschung der Hochschule Karlsruhe im Rahmen einer Kooperation mit dem Karlsruher Institut für Technologie im DFG Graduiertenkolleg 1483.

Mein ganz besonderer Dank gilt Herrn Professor Dr. Peter Gumbsch für die Betreuung meiner Dissertation, die Übernahme des Hauptreferats und sein Interesse an meiner Arbeit. Ebenso danke ich Herrn Professor Dr. Norbert Link ganz herzlich für die Betreuung meiner Dissertation, die Übernahme des Korreferats sowie die Unterstützung meiner Ideen und die hilfreichen Diskussionen.

Die gute Arbeitsatmosphäre und die Unterstützung meiner Institutskollegen weiß ich sehr zu schätzen. Namentlich danken möchte ich Dr. Gieta Dewal, Dr. Ingo Schwab und Jürgen Pollak für ihre Diskussionsbereitschaft und die Durchsicht des Manuskripts dieser Arbeit. Außerdem danke ich den Kollegiaten und Betreuern des Graduiertenkollegs 1483, die mir als fachfremdem Mitglied offen begegnet sind und immer mit Rat und Tat zur Seite standen.

Herrn Professor Dr. Jay Lee und seiner Arbeitsgruppe möchte ich für die Ermöglichung und Bereicherung meines Auslandsaufenthaltes am KAIST in Daejeon (Südkorea) danken, sowohl für die fachliche Betreuung und den Austausch mit den Teammitgliedern als auch für den Einblick in die koreanische Kultur und den Forschungsalltag am KAIST, kam-sa-hahm-ni-da.

Bei den Mitgliedern des Instituts für Technische Mechanik des Karlsruher Instituts für Technologie möchte ich mich für die Unterstützung in Form der Materialmodelle und den dazugehörigen Erklärungen bedanken. Dem Institut für Umformtechnik der Universität Stuttgart danke ich für die Einführung zu den dort durchgeführten Experimenten. Der Firma Harms & Wende danke ich dafür, dass ich meine Projektarbeit im Rahmen des EU-Projekts XPRESS durchführen konnte und dafür die benötigten Daten zur Verfügung gestellt bekommen habe.

Mein Dank gilt auch allen Studenten, die mit ihrer emsigen Arbeit wichtige Beiträge geliefert haben.

Zuletzt möchte ich mich bei meinem Freund und meiner Familie für das entgegengebrachte Verständnis und die Unterstützung während meiner Promotion bedanken.

Karlsruhe, im November 2012

Melanie Senn

Kurzfassung

Die vorliegende Arbeit hat zum Ziel, für einzelne Fertigungsprozesse in einer Prozesskette eine Methodik für deren optimale Führung zu entwickeln, die auf verschiedene, konkrete Einzelprozesse ausgeprägt werden kann. Eine optimale Prozessführung wird nicht wie im klassischen Sinne der Regelung durch Nachführen eines vorgegebenen optimalen Pfads im Zustandsraum umgesetzt, sondern durch Neubestimmung des optimalen Pfads zu jedem betrachteten Zeitpunkt anhand des aktuellen Zustands unter Berücksichtigung von zukünftigen Unsicherheiten. Dabei werden die Prozessparameter, die mit größter Wahrscheinlichkeit zum optimalen Ergebnis bei geringstem Aufwand führen, bestimmt. Die Regelungsaufgabe lässt sich als mehrstufiges Optimierungsproblem basierend auf der stochastischen Bellman-Gleichung formulieren. Zu deren Lösung kann die Dynamische Programmierung oder die Approximative Dynamische Programmierung zur Beherrschung der Komplexität mit Funktionsapproximation herangezogen werden.

Zur Regelung eines Prozesses anhand seines nicht zugänglichen Zustands werden echtzeitfähige und robuste Beobachtermodelle benötigt, um den Prozesszustand aus wenigen observablen Messgrößen zu rekonstruieren. Methoden des statistischen Lernens der Regression und Dimensionsreduktion werden zur Erstellung eines Beobachters in Form eines Black-Box-Modells verwendet. Das Beobachtermodell beschreibt die funktionalen Abhängigkeiten zwischen Observablen und Zustandsvariablen und leitet daraus die Bauteileigenschaften sowie die wesentlichen Prozesscharakteristika in Form von Zustandsmerkmalen ab. Die kompakte Repräsentation der Merkmale dient als Grundlage für eine optimale Prozessführung unter Abmilderung des Fluchs der Dimensionalität im Vergleich zu einer Regelung anhand der hochdimensionalen korrelierten Zustandsgrößen. Untersuchungen zur Robustheit der modellierten ungestörten Prozessbeziehungen bezüglich des Messrauschens in Eingangsgrößen und zur Eindeutigkeit der funktionalen Abhängigkeiten werden durchgeführt. Das Prozessrauschen wird durch die Regelung kompensiert.

Die Zustandsverfolgung und die optimale Prozessführung werden mit einem generischen Prozessmodell zur allgemeinen Beschreibung der Prozessbeziehungen, die bei der Anwendung auf einen Prozess durch Anpassung auf konkrete Daten ausgeprägt werden, umgesetzt. Dadurch wird die Ausprägung auf verschiedene Prozesse und gleiche Prozesse unterschiedlicher Komplexität ermöglicht. Eine Erweiterung auf die Optimierung von Prozessketten ist ebenfalls durchführbar, da beim vorgestellten generischen Prozessmodell zeitabhängige Prozessbeziehungen betrachtet werden. Die Methodik der generischen Modellierung beruht auf der Gewinnung von Prozessmodellen aus Daten, die als Ergebnisse von Prozesssimulationen oder Experimenten vorliegen. Die Machbarkeit der generischen Prozessmodellierung wird durch Anwendung auf mehrere Prozesse des Tiefziehens unterschiedlicher Komplexität und einen Prozess des Widerstandspunktschweißens demonstriert.

Abstract

The current work aims to develop a methodology for the optimal control of single manufacturing processes in a process chain that can be instantiated to different specific single processes. The optimal control is not implemented by tracking a predefined optimal path in state space in terms of classical control, but rather by redefining the optimal path for each treated point in time based on the current state under consideration of future uncertainties. Therefore, the process parameters that lead to the optimal result with highest probability and least effort are determined. The feedback control problem can be formulated as a multi-stage optimization problem based on the stochastic Bellman equation. Its solution can be obtained by using Dynamic Programming or Approximate Dynamic Programming to control the complexity by function approximation.

The feedback control of a process based on its non-accessible state requires real-time capable and robust observer models to reconstruct the process state from few observable measured variables. Statistical learning methods for regression and dimension reduction are used to create an observer in terms of a black box model. The observer model describes the functional dependencies between observables and state variables and therefrom deduces the workpiece properties as well as the essential process characteristics in terms of the state features. The compact feature representation serves as a basis for optimal process control reducing the curse of dimensionality as compared to a control that is based on the high-dimensional correlated state quantities. The robustness of the modeled undisturbed process relations with respect to the measurement noise in the input quantities and the unambiguity of the functional dependencies are investigated. The process noise is compensated by feedback control.

The state tracking and the optimal process control are realized with a generic process model for generally describing the process relations that are developed when applying the process to specific data. As a result, this allows the instantiation to different processes and same processes of different complexity. The extension to the optimization of process chains is also feasible, since the introduced generic process model considers time-dependent process relations. The methodology for generic modeling is based on the extraction of process models from data that exist as a result of process simulations or experiments. The feasibility of the generic process modeling approach is demonstrated by the application to several deep drawing processes of different complexity and a resistance spot welding process.

Inhaltsverzeichnis

Abbildungsverzeichnis

Tabellenverzeichnis

1 Einleitung

Die industrielle Fertigung hat sich im Lauf ihrer Entwicklung immer stärker differenziert, so dass heute die Herstellung eines Produkts in einer komplexen Folge von Teilprozessen erfolgt, welche die Rohstoffe in Rohmaterialien, diese in Halbzeuge, usw. transformieren, bis schließlich das finale Ergebnis entsteht. Diese Differenzierung des Gesamtprozesses in Teilprozesse und die entsprechende Spezialisierung auf deren Aspekte haben den Vorteil von deren besseren Beherrschung und Optimierung. Die zunehmende Optimierung bringt aber auch eine verstärkte Abhängigkeit von den detaillierten Eigenschaften der jeweiligen Vorprodukte und von Fluktuationen im Prozessablauf mit sich. Daher konzentriert sich die Forschung auf die Untersuchung der Abhängigkeiten entlang der Prozessketten, um diese zu beherrschen und zusätzlich das in den Abhängigkeiten beinhaltete Optimierungspotential zu nutzen.

1.1 Aufgabenumfeld

Die Simulation von Prozessen in der Fertigungstechnik gewinnt zunehmend an Bedeutung für das Verständnis der Abhängigkeiten in Prozessketten. Sie trägt ferner zu einem größeren Prozessverständis bei der Entwicklung neuer Produkte bei. Des Weiteren unterstützt sie die Produktionsplanung durch Ermittlung optimaler Prozessparameter, so dass diese nicht aufwendig aus einer Vielzahl an Laborversuchen mit hohem materiellen und personellen Aufwand bestimmt werden müssen. Die Kopplung von Simulationen unterschiedlicher Skalen ermöglicht die Berücksichtigung der Details des Materialverhaltens bei der Modellierung von kompletten Bauteilen. Die Verknüpfung einzelner Prozesse zu einer Kette erlaubt hingegen eine ganzheitliche Betrachtung der Fertigung mit dem Ziel, die

Wechselwirkungen einzelner Prozessschritte auf das Bauteil bewerten und kompensieren bzw. optimal nutzen zu können.

Im Graduiertenkolleg 1483 wird unter anderem die Thematik der prozesskettenoptimalen Regelung der einzelnen Prozesse der Kette betrachtet. Es werden generische Verfahren und Prozessmodelle entwickelt, welche aufgrund von Daten für spezielle Prozesse und Prozessketten ausgeprägt werden können. Die zugrundeliegenden Daten liefern Simulationsergebnisse der Prozesse aus entsprechenden Materialmodellen, welche im Graduiertenkolleg für je eine Prozesskette der Blech- und der Massivbauteilfertigung entwickelt werden. Die vorliegende Arbeit ist im Forschungsbereich A (Prozessketten bei der Blechbauteilfertigung) eingebettet.

Die Kette der Blechbauteilfertigung ist dargestellt in Abbildung 1.1 und umfasst die Prozesse Walzen, Glühen und Tiefziehen. Die Ebene der Simulation befasst sich mit der Modellierung einzelner Prozesse und erlaubt für gegebene Anfangszustände das Finden geeigneter Prozessparameter durch deren Variation und Auswertung in Form von Parameterstudien. Die Ebene der Prozessführung, die im Kontext dieser Arbeit betrachtet wird, ermöglicht hingegen das Anpassen der optimalen Prozessparameter zur Laufzeit unter Berücksichtigung von variierenden Anfangsbedingungen und als Reaktion auf stochastische Einflüsse, die während der Laufzeit entstehen. Die Verknüpfung mehrerer Prozesse zu einer Prozesskette, aufgezeigt in Abbildung 1.2, setzt eine allgemeingültige Beschreibung des Zustands voraus. Ein Prozessschritt beschreibt dann die Transformation von einem Eingangszustand in einen Folgezustand basierend auf den Prozessparametern und den stochastischen Einflüssen.

1.2 Zielsetzung

Die Motivation dieser Arbeit besteht in der Erstellung von generischen Beobachtermodellen und Regelungsverfahren für Einzelprozesse, welche für beliebige Instanzen anhand von Prozessdaten ausgeprägt werden können. Mittels dieser Modelle sollen der Zustand des Prozesses während seiner Laufzeit verfolgbar sein und die Bauteileigenschaften abgeleitet werden. Darauf aufbauend soll eine Regelung erstellt werden, welche unter stochastischen Einflüssen das optimale Ergebnis (optimal auch unter

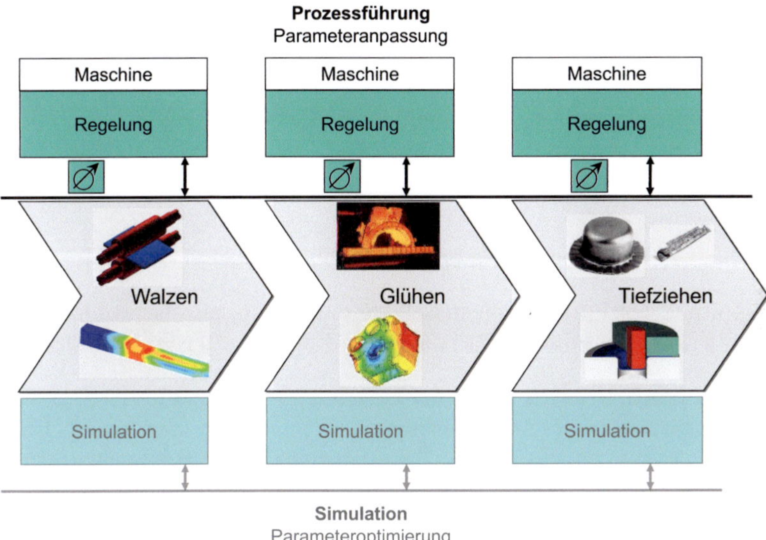

Abbildung 1.1: Prozesskette Walzen - Glühen - Tiefziehen

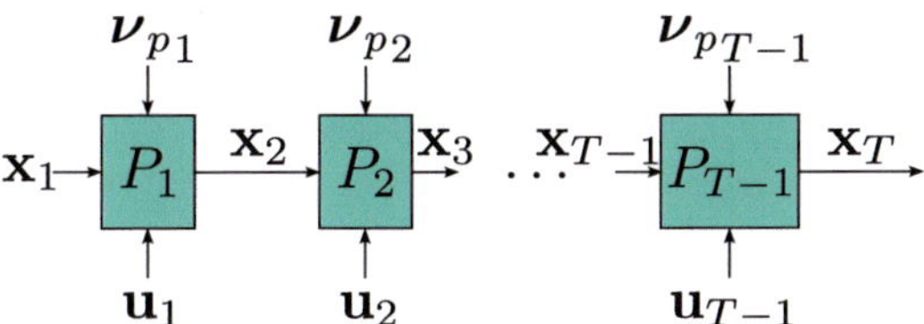

Abbildung 1.2: Allgemeine Darstellung einer Prozesskette

Berücksichtigung der Auswirkungen auf die Folgeprozesse) hinsichtlich Aufwand und Qualität liefert und den Endzustand charakterisiert. Die Regelung eines Einzelprozesses soll somit zum Erreichen des Gesamtoptimums im Hinblick auf die Prozesskette beitragen. Eine beispielhafte Ausprägung soll für einen Prozess der Kette Walzen - Glühen - Tiefziehen erstellt und die Verfahren daran evaluiert werden.

1.3 Kapitelübersicht

Die Gliederung dieser Arbeit ergibt sich wie folgt.

In Kapitel 2 wird die Aufgabenstellung analysiert, um die Anforderungen an eine Lösung und die hierfür benötigten Komponenten zu identifizieren.

Kapitel 3 beschreibt den Stand der Forschung in Bezug auf die Zielsetzung und hinsichtlich der zu berücksichtigenden Teilaspekte der Arbeit. Ebenso wird eine Abgrenzung zu alternativen Lösungsverfahren vorgenommen. Es wird auf verwandte Arbeiten des Aufgabenumfelds eingegangen und der Zusammenhang mit der Prozesskettenoptimierung aufgezeigt. Allgemeine Konzepte zur optimalen Regelung und realisierte Ansätze zur optimalen Prozessführung im ursprünglichen Zustandsraum sowie im reduzierten Merkmalsraum werden vorgestellt. Methoden der Regression und Dimensionsreduktion sowie deren Kombination werden beleuchtet.

In Kapitel 4 wird das allgemeine Lösungskonzept zur Zustandsverfolgung und optimalen Prozessführung entworfen, die dafür entwickelten und ausgewählten Methoden vorgestellt. Die Systemarchitektur beschreibt die Interaktion der beteiligten Komponenten auf technischer Ebene. Das aus der Arbeit resultierende generische Prozessmodell zur Beschreibung der allgemeinen Prozessbeziehungen auf verschiedenen Abstraktionsebenen wird präsentiert. Diejenigen Verfahren, die grundsätzlich zur Lösung der Problemstellung geeignet sind und in dieser Arbeit entsprechend der Zielsetzung erweitert wurden, werden im Detail vorgestellt. Das allgemeine Vorgehen zur Ausprägung auf einen konkreten Prozess und die realisierten Ansätze der Zustandsverfolgung werden beschrieben. Das Konzept eines optimalen Reglers, die gemeinsamen Grundlagen der realisierten Ansätze sowie deren Umsetzung zur optimalen Prozessführung werden aufgeführt. Die Erzeugung der Datenbasis zur Ausprägung des generischen Prozessmodells mittels Materialmodellen wird erläutert.

In Kapitel 5 wird die Ausprägung des generischen Modells für Tiefziehprozesse verschiedener Komplexität sowie für einen Widerstandspunktschweißprozess gezeigt.

Die Evaluierung des generischen Prozessmodells zur Zustandsverfolgung und optimalen Prozessführung wird in Kapitel 6 dargelegt. Dazu werden gemeinsame Fehlermaße zur Bewertung der Modelle der Zustandsverfolgung definiert, anhand derer die realisierten Ansätze untersucht werden. Des Weiteren wird die Robustheit der funktionalen Abhängigkeiten der Zustandsverfolgung analysiert. Für die Prozessführung wird ein allgemeines Vorgehen zur Validierung der umgesetzten optimalen Regler aufgezeigt, das einen Vergleich der verschiedenen Ansätze ermöglicht. Unterschiedliche Einflussfaktoren der einzelnen realisierten Ansätze werden untersucht.

In Kapitel 7 folgt eine Zusammenfassung und Wertung der Arbeit hinsichtlich der Zielerreichung und ein Ausblick mit möglichen Erweiterungen und sich daraus ergebenden neuen Fragestellungen.

2 Aufgabenanalyse

Der Ablauf eines zeitdiskreten allgemein nichtlinearen Prozesses wird vom Anfangszustand $\mathbf{x}_1$, der zeitlichen Abfolge der Prozessparameter $\mathbf{u}_t$ und von stochastischen Einflüssen $\boldsymbol{\nu}_{p_t}$ bestimmt, wobei sich der Zustand gemäß $\mathbf{x}_{t+1} = \mathbf{f}_t(\mathbf{x}_t, \mathbf{u}_t, \boldsymbol{\nu}_{p_t})$ entwickelt. Dadurch ergibt sich, wie in Abbildung 2.1 gezeigt, eine diskrete Folge von Zustandsübergängen, die gezielt durch einen Regler anhand der Prozessparameter beeinflusst werden kann. Die Nichtlinearitäten resultieren aus der Betrachtung von Fertigungsprozessen mit nichtlinearem Materialverhalten.

Der Regler dient der Zustandsführung des Prozesses und hat die Aufgabe, bei gegebenem Initialzustand für jeden Zeitschritt die optimalen Prozessparameterwerte vorzugeben. Dabei sind diejenigen Werte optimal, die zum besten Ergebnis mit geringstem Gesamtaufwand führen. Ohne Berücksichtigung der stochastischen Einflüsse würde derjenige Pfad durch den Prozessparameterraum gesucht, welcher die Summe der mit den Prozessparameterwerten verbundenen Kosten $J(\mathbf{u}_t)$ und der mit dem Endzustand verbundenen Kosten $J(\mathbf{x}_T)$ minimiert. Unter gegebenen stochastischen Einflüssen können in jedem Zeitschritt lediglich die Prozessparameterwerte gewählt werden, die im Mittel zu den geringsten Kosten führen.

Die Aufgabe ergibt sich somit als die Lösung eines mehrstufigen stochastischen Optimierungsproblems als Markovscher Entscheidungsprozess (MDP), welches in Form der Bellman-Gleichung (siehe Gleichung 4.39 bzw. [4]) formuliert werden kann. Dazu wird das mehrstufige Entscheidungsproblem in mehrere Teilprobleme zerlegt, so dass es jeweils die Kosten der Transformation vom aktuellen Zustand in einen Folgezustand plus die daraus resultierenden Folgekosten zu optimieren gilt. Der Prozess als zeitdiskreter MDP mit endlichem Zeithorizont $1 \ldots T$ ist in Abbildung 2.1 dargestellt. Die Transformation in einen Folgezustand hängt dabei jeweils nur vom Startzustand sowie von den lokalen Prozessparametern und stochastischen Einflüssen ab, nicht jedoch von weiteren zeitlich vorangehenden Zuständen.

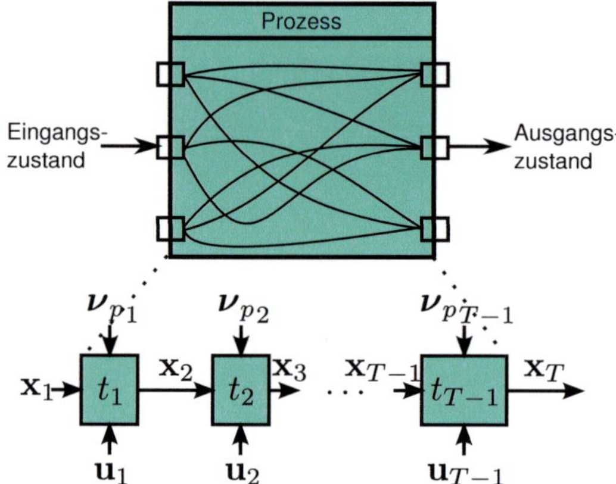

Abbildung 2.1: Prozess als zeitdiskreter Markovscher Entscheidungsprozess

Der Regler benötigt für die Prozessführung zu jedem Zeitschritt Informationen über den aktuellen Prozesszustand. Allerdings stellt die Messeinrichtung der Produktionsmaschine nicht direkt die Werte der Zustandsvariablen oder der für die Regelung benötigten Zustandsmerkmale zur Verfügung, sondern lediglich einige zugängliche Messgrößen (Observablen $\mathbf{o}$), die in jedem Zeitschritt erhoben werden. Aus diesen ist jeweils die benötigte zugehörige Zustandsinformation zu gewinnen (Zustandsverfolgung). Für diese Aufgabe ist ein sogenannter Beobachter erforderlich, der die benötigte Zustandsinformation $\tilde{\mathbf{x}}_t$ für den Regler gewinnt.

Die allgemeine Beschreibung eines Prozesses mit den Beziehungen zwischen den Prozessgrößen im Zusammenhang mit Beobachter und Regler ist in Abbildung 2.2 dargestellt. Zur Zustandsverfolgung können klassische Beobachter (z. B. Luenberger-Beobachter [55] oder Kalmanfilter [42]) oder Black-Box-Modelle verwendet werden. Ein klassischer Beobachter beinhaltet ein Prozessmodell, dessen Ausgabe mit den Observablen des realen Prozesses verglichen wird, um mit einem Beobachtermodell die Parameter des Prozessmodells so anzupassen, dass dieses den realen Prozess möglichst gut abbildet. Black-Box-Modelle hingegen stellen lediglich eine geeignete

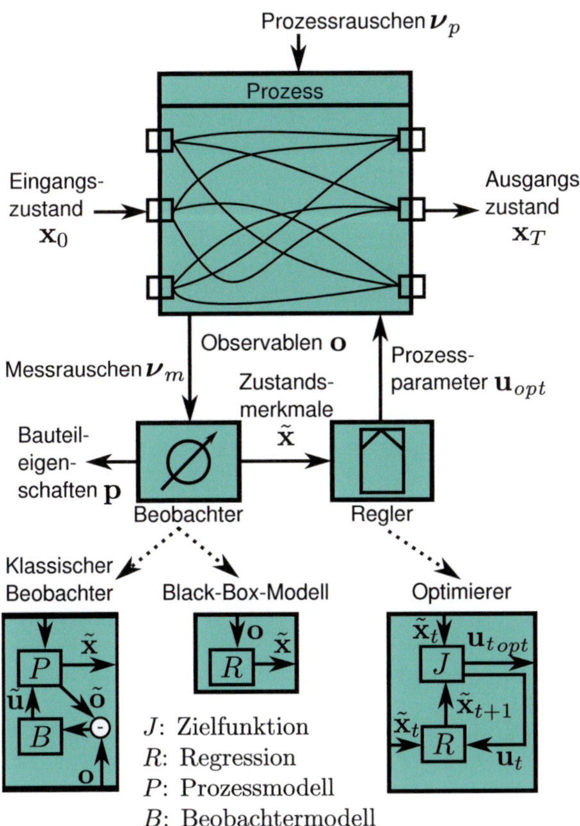

Abbildung 2.2: Generische Prozessmodellierung

Transformationsfunktion dar und werden mit Methoden der Regression bestimmt.

Im Falle der konkreten Problemstellung soll der Beobachter zudem in der Lage sein, die Bauteileigenschaften abzuleiten sowie eine niedrigdimensionale Repräsentation von Zustandsmerkmalen, die den Zustand eindeutig beschreiben, für den Regler zu bestimmen. Die kompakte Darstellung des Zustands ermöglicht die Abmilderung des „Fluchs der Dimensionalität" [4] bei der Regelung, da bei der vollständigen Suche in Zustands- und Prozessparameterraum die kombinatorische Komplexität exponentiell mit Zunahme der entsprechenden Dimension wächst. Die Berücksichtigung der Unsicherheit des Zustandsübergangs in Form von mehreren möglichen Folgezuständen trägt zudem zum Fluch der Dimensionalität bei.

Die Möglichkeit der Bereitstellung einer niedrigdimensionalen Repräsentation des Zustands ist mit klassischen Beobachtern nicht gegeben. Aus diesem Grund müssen funktionale Transformationsmodelle eingesetzt werden, welche mithilfe der Regression aus Daten gewonnen werden und ferner eine Reduktion der Dimensionalität vornehmen, um den Anforderungen an die Prozess-Echtzeitfähigkeit zu genügen. Das Modell des Beobachters kann dabei mit statistischen Methoden direkt aus Daten oder mit vorhandenem Prozesswissen anhand eines analytischen Modells aus Daten erstellt werden, wobei die Daten in Form von numerischen Simulationen oder Experimenten vorliegen. Die Robustheit der modellierten ungestörten funktionalen Abhängigkeiten bezüglich des Messrauschens in den Observablen muss sichergestellt werden. Das Prozessrauschen im Zustand, das sich durch unbekannte Fluktuationen im Prozess ergibt, ist durch den Regler zu kompensieren.

Die Zustandsverfolgung mit dem Black-Box-Beobachtermodell entspricht der inversen Ausgabegleichung und das Modell des Zustandsübergangs des Optimierers (Abbildung 2.2) der Zustandsgleichung bei der Systemidentifikation (Abschnitt 4.3.1). Der Zustandsübergang wird analog zum Black-Box-Modell der Beobachtung durch Regression bestimmt. Der Optimierer bestimmt anhand des gegebenen Initialzustands $\tilde{\mathbf{x}}_t$ aus einer Menge von M möglichen Prozessparametern $\{\mathbf{u}_{tm}\}_{m=1}^{M}$ die optimale Lösung $\mathbf{u}_{t_{opt}}$ durch Minimierung einer Kostenfunktion J_t, die abhängig von den Prozessparameterwerten $\mathbf{u}_t$ und dem resultierenden Prozessendzustand $\mathbf{x}_T$ ist.

Bei der Betrachtung von Prozessen mit endlichem Zeithorizont T können die Kosten und Zustandsübergänge als zeitabhängige Funktionen J_t bzw. $\mathbf{f}_t$ ohne Beschränkung auf zeitinvariante Prozesse im Vergleich zu zeitunabhängigen Funktionen modelliert werden. Dadurch kann eine Erweiterung auf Prozessketten mit individuellen Zustandsübergängen und Kosten in den einzelnen Prozessschritten ermöglicht werden. Zudem können bei der zeitabhängigen Beschreibung herkömmliche Methoden der Regression zur Bestimmung der einzelnen Teilfunktionen verwendet werden.

Die im Rahmen dieser Arbeit zu untersuchende Aufgabenstellung ist durch die Zustandsverfolgung und optimale Führung eines Fertigungsprozesses mit endlichem Zeithorizont, nichtlinearem Materialverhalten und hochdimensionalen Beziehungen gegeben. Hierfür soll ein generisches Prozessmodell entwickelt werden, welches sich auf beliebige Prozesse der Problemklasse ausprägen lässt. Die optimale Prozessführung mit dem Regler basiert auf der Zustandsverfolgung mit dem Beobachter und erfolgt nicht wie im klassischen Sinne der Regelung durch Nachführen eines vorgegebenen Pfads. Stattdessen wird der optimale Restpfad zu jedem betrachteten Zeitschritt unter Berücksichtigung von zukünftigen Unsicherheiten neu bestimmt.

Durch die Einbettung eines Prozesses als MDP in die Prozesskette ergibt sich ein hierarchisches Regelungskonzept der Einzelprozesse zum Erreichen des Gesamtoptimums der Kette. Eine Darstellung der Prozesskette als MDP erlaubt die Optimierung von Prozessketten mit der im Rahmen dieser Arbeit entwickelten Methodik zur Regelung von Einzelprozessen.

3 Stand der Forschung

Zur Verwirklichung einer optimalen Prozessführung basierend auf einer Zustandsverfolgung wurden in anderen Arbeiten bereits verschiedene Teilaspekte der in Abschnitt 1.2 definierten Zielsetzung realisiert, bisher aber kein ganzheitliches Konzept zur Berücksichtigung aller Anforderungen aus Kapitel 2 vorgestellt. Im Folgenden werden vorhandene Ansätze zur Umsetzung von Teilaspekten und deren Abgrenzung zu anderen Methoden vorgestellt. Um einen vollständigen Überblick zu gewährleisten, werden statische sowie dynamische Prozessmodelle untersucht. Im Rahmen dieser Arbeit wird jedoch die statische Modellierung der Prozessdynamik mit mehreren Teilkomponenten der mit höherer Komplexität verbundenen dynamischen Modellierung mit einer Gesamtkomponente vorgezogen, um eine Erweiterung auf die Darstellung von Prozessketten mit unterschiedlicher Dynamik in den einzelnen Prozessschritten zu ermöglichen.

Zuerst wird in Abschnitt 3.1 auf allgemein verwandte Arbeiten im weiteren Sinne des Aufgabenumfelds eingegangen. Dazu gehört auch die Optimierung von Tiefziehprozessen, die im Rahmen dieser Arbeit als Beispiel zur Ausprägung des generischen Ansatzes ausgewählt wurden. Abschnitt 3.2 enthält Betrachtungen zur Prozesskettenoptimierung, die auf die optimale Regelung von Einzelprozessen übertragen werden können. Dann werden allgemeine Konzepte für die optimale Regelung in Abschnitt 3.3 vorgestellt, bevor auf konkrete Anwendungen in der Prozessregelung, mit Künstlichen Neuronalen Netzen (ANNs) und merkmalsbasierter Regelung anhand einer reduzierten Darstellung des Zustandsraumes in Abschnitt 3.4 eingegangen wird. Zur Umsetzung der Zustandsverfolgung werden Methoden der Regression und Dimensionsreduktion sowie deren Kombination in den Abschnitten 3.5, 3.6 und 3.7 untersucht. Schlussfolgerungen bezüglich der untersuchten Methoden werden in Abschnitt 3.8 gezogen.

3.1 Verwandte Arbeiten

Allgemein verwandte Arbeiten im weiteren Sinne des Aufgabenumfelds ergeben sich wie folgt. Neben analytischen Materialmodellen kommen ebenfalls statistische Methoden zur Modellierung von Beziehungen zwischen statischen Prozessbedingungen und der Mikrostruktur als Zustand zum Einsatz [8, 14]. Die zeitliche Entwicklung observabler Größen, die zusätzliche zur Prozessführung relevante Informationen im Vergleich zu statischen Bedingungen enthält, wird dabei nicht in Betracht gezogen.

Die Multiskalenmodellierung wird mit der ganzheitlichen Betrachtung einer Prozesskette kombiniert [35] mit dem Ziel der genaueren Vorhersage der Bauteileigenschaften zur Optimierung von einzelnen Prozessen und der gesamten Prozesskette. Dabei werden die Einflüsse der einzelnen Prozesse auf das Bauteil sowie die Auswirkungen der Einzelheiten des Materialverhaltens auf das gesamte Bauteil berücksichtigt. Der Sonderforschungsbereich 370 (Integral Materials Modeling) beschäftigt sich ebenfalls mit der mehrskaligen Modellierung von Prozessketten [30]. In beiden Fällen [30, 35] werden analytische Materialmodelle zur Beschreibung der Prozesse verwendet. Diese können zwar zur Kopplung unterschiedlicher Skalen und zur Verknüpfung mehrerer Prozesse zu einer Kette eingesetzt werden, allerdings sind sie ungeeignet für die Realisierung einer echtzeitfähigen Prozessführung. Die Ergebnisse von analytischen Materialmodellen werden jedoch als Datenbasis zur Ausprägung der im Rahmen dieser Arbeit entwickelten generischen Prozessmodelle verwendet.

Die Regelung einzelner Prozesse sowie die Optimierung einer Prozesskette durch deren ganzheitliche Betrachtung mittels verknüpfter Prozessschritte [1, 28, 18, 19] ist Gegenstand des Sonderforschungsbereichs 570 (Distortion Engineering). Dabei steht die Kompensation des Bauteilverzugs anhand der Identifikation und Quantifizierung von möglichen Einflussfaktoren der einzelnen Prozessschritte im Fokus [102]. Auf die Arbeiten der Prozesskettenoptimierung wird näher in Abschnitt 3.2 eingegangen.

Optimierung von Tiefziehprozessen Im Folgenden werden Ansätze zur Optimierung von Tiefziehprozessen vorgestellt. Dazu wird zunächst auf die prozessspezifischen Ziele eingegangen, bevor die konkreten Ansätze basierend auf experimentellen Umgebungen und Simulationen sowie statistischen Methoden präsentiert werden.

Die Ziele der Optimierung des Tiefziehens sind das Vermeiden von Falten, Rissen und Zipfeln bei Bauteilen mit einfacher und komplexer Geometrie. Dazu muss die Blechhalterkraft als Prozessparameter so eingestellt werden, dass eine optimale Blechausdünnung im Bauteil erreicht wird. Die Blechausdünnung als beobachtbare Größe ist mit den Spannungen, die sich durch den Umformprozess im Bauteil ergeben, korreliert. Die Spannungen beschreiben den Zustand des Bauteils, anhand dessen eine Regelung vorgenommen werden kann. Ein Beispiel für die Regelung eines Tiefziehprozesses mit lokalen Blechhalterkräften anhand vorgegebener Zargenspannungsverläufe ist in [11] gegeben. Eine notwendige Voraussetzung für die Regelung ist die Zustandsverfolgung zur Ermittlung des aktuellen Zustands zur Prozesslaufzeit. Darauf basierend können Abweichungen von vorgegebenen Sollwerten erkannt und gezielt mit einer Regelung kompensiert werden. Abweichungen entstehen beispielsweise durch Schwankungen im Materialverhalten. Das Ergebnis der Regelung ist ein robuster Prozess, der die optimalen Eigenschaften des Bauteils trotz Störungen garantiert. Einflussfaktoren für den Zustandsverlauf beim Tiefziehen sind durch die veränderliche Blechhalterkraft als Prozessparameter, die Höhe der Ziehsicke, die Schmierung sowie die Form und Größe des Blechs gegeben [98]. Weitere Einflussfaktoren stellen die Walzrichtung des Materials und die Ziehgeschwindigkeit des Stempels dar [11]. Eine Auswahl von Regelgrößen findet sich in [11].

Die Optimierung der lokalen Kräfte eines segmentelastischen Blechhalters bezüglich eines Faltenkriteriums zur minimalen Blechausdünnung wird in [11] vorgestellt. Dabei dient ein Messdübelsensor zur Erfassung der lokalen Zargenspannungen als Regelgröße im Prozess, während lokale Zargenspannungsverläufe aus Umformsimulationen als Führungsgröße verwendet werden. Bei der Optimierung werden die relevanten Prozessparameter anhand einer Sensitivitätsanalyse identifiziert und dann gezielt modifiziert bis die definierte Zielfunktion ihren optimalen Wert erreicht. Eine Fortführung dieser Arbeit befasst sich mit der virtuellen Optimierung der Kraft des segmentelastischen Blechhalters als Verteilung von Raum und Zeit mittels Simulationen, die mit der Finite Elemente Methode (FEM) erstellt wurden [98]. Die Zielfunktion der Optimierung wird zur Minimierung der Blechausdünnung unter Berücksichtigung der Grenzkurve der Formänderung als Nebenbedingung formuliert. Zuerst wird eine Sensitivitätsanalyse zur Identifikation signifikanter Blechhaltersegmente durchgeführt, dann erfolgt eine räumliche Optimierung der Blechhalterkräfte für alle Segmente sowie eine räumliche und zeitliche Optimierung der Kräfte signifikanter Segmente. Die beiden Ansätze [11] und [98] befassen sich mit der Optimierung von Tiefziehprozessen zur Verbesserung der Bauteilqualität, aber nicht basierend auf einer rückgekoppelten Regelung zum direkten Eingreifen zur Prozesslaufzeit.

Eine Regelung durch Verfolgung einer Referenztrajektorie der Stempelkraft zur Verbesserung der Bauteilqualität wird in [39] realisiert. Dieser Ansatz beinhaltet die Modellierung des Prozesses mittels eines nichtlinearen dynamischen Systems erster Ordnung unter Verwendung von Prozesswissen sowie den Entwurf eines klassischen Reglers zum Nachführen vorgegebener Referenztrajektorien. Ebenfalls von Bedeutung ist die Ermittlung optimaler Stempelkraftverläufe durch Minimierung einer Kostenfunktion, die auf einer parametrisierten Darstellung der Stempelkraft basiert und die Geometrieabweichung von einer Referenz unter Berücksichtigung von Sicherheitsreserven für Falten und Reißer bewertet. Mit einer glatt approximierten Stempelkraft lässt sich dabei die Entwicklung des Reglers vereinfachen. Die optimalen Stempelkraftverläufe werden allerdings nicht zur Laufzeit angepasst.

ANNs kommen ebenfalls bei der Optimierung von Tiefziehprozessen zum Einsatz. Ein ANN zur Vorhersage der Dickendehnung an verschiedenen Positionen aus den initialen Prozessbedingungen wie den Materialeigenschaften und Geometrieangaben wird in [89] präsentiert. Eine Identifikation der Materialeigenschaften anhand von Kräften in den Werkzeugen, der Ziehtiefe und dem Dicken-Durchmesser-Verhältnis des Blechs wird in [101] mit einem ANN durchgeführt. Basierend auf den vorhergesagten Materialeigenschaften wird ein Regelgesetz zur echtzeitfähigen Bestimmung der optimalen Blechhalterkraft anhand einer analytischen Beschreibung unter Berücksichtigung von Grenzwerten für Falten und Reißer formuliert [91]. Zukünftige Unsicherheiten werden jedoch vernachlässigt.

Keine der vorgestellten Methoden erfüllt die gestellten Anforderungen bezüglich der Zustandsverfolgung und optimalen Prozessführung komplett. Für die echtzeitfähige Zustandsverfolgung sind analytische Materialmodelle aufgrund des benötigten Rechenaufwands ungeeignet. Methoden des statistischen Lernens wie ANNs sind hierfür grundsätzlich geeignet und werden daher im Rahmen dieser Arbeit zur Abbildung von Beobachtermodellen, Zustandsübergängen und Kosten bei der Optimierung eingesetzt. Dabei sollten im Falle der Regression des Beobachtermodells Informationen zeitlicher Verläufe observabler Messgrößen zur Prädiktion des Zustands genutzt werden im Vergleich zu statischen Prozessparametern oder -bedingungen, die weniger Informationen enthalten. Bei der Modellierung von Zustandsübergängen und Kosten eines Markovschen Entscheidungsprozesses (MDP) ist die Betrachtung von zeitlichen Verläufen als Eingangsgrößen nicht erforderlich, da die Transformation jeweils nur von unmittelbar vorangehenden Größen abhängig ist. Die vorgestellten Methoden zur Regelung [11, 98, 39] konzentrieren sich auf die Optimierung der Bauteileigenschaften und liefern optimale Prozessparameter, die allerdings nicht zur Laufzeit anhand von vergangenen oder zukünftigen Unsicherheiten angepasst werden. [91] bezieht zwar Unsicherheiten der Vergangenheit durch Messung mit ein, jedoch werden zukünftige Unsicherheiten vernachlässigt.

3.2 Prozesskettenoptimierung

Die Optimierung von Prozessketten stellt nicht das Primärziel dieser Arbeit dar, sondern dient vielmehr als Motivation für die Realisierung einer optimalen Prozessführung von Einzelprozessen. Der vorgestellte Ansatz zur Prozesskettenoptimierung hat mit seiner ganzheitlichen Betrachtung zum besseren Verständnis von mehrstufigen Optimierungsproblemen in Form von MDPs beigetragen und lässt sich grundsätzlich auf die Optimierung von zeitlich diskretisierten Einzelprozessen übertragen.

Die ganzheitliche Betrachtung einer Prozesskette ermöglicht die Beschreibung der Auswirkungen der einzelnen Prozessschritte auf den Bauteilzustand und die gezielte Einflussnahme zu deren Kompensation, um am Ende der Prozesskette die gewünschten Bauteileigenschaften zu erhalten. Eine Qualitätskontrolle ist dabei auf mehreren Ebenen gemäß [19] möglich: 1) in-process (für das aktuelle Bauteil), 2) near-process (für folgende Bauteile) sowie 3) cross-plane (prozessübergreifend).

[18] befasst sich mit der Regelung von Prozessen auf der Betriebsebene der Prozesskette mit einem PI-Regler (in-process) und einem parametrisierten Modell mit radialen Basisfunktionen [1] zur Vorhersage der optimalen Prozessparameter anhand von Geometrieabweichungen am Prozessende (near-process). Die Prozesskette zur Fertigung von Lagerringen wird in [19] bezüglich des Verzugs optimiert. Variationen in der Wanddicke werden mit einem PI-Regler (in-process) kompensiert. Das Profil des Wärmedurchgangskoeffizienten wird beim Gasabschrecken aus Abweichungen der Rundheit mit einem modellbasierten Regler [18] (near-process) bestimmt.

Die Optimierung der gesamten Prozesskette [19] (cross-plane) wird mit einem MPC-Ansatz anhand von lokalen Prozessmodellen zur Vorhersage des Zustands am Prozessende und einer globalen Kostenfunktion, die sich aus den lokalen Kosten der verbleibenden Prozesse zusammensetzt, umgesetzt. Die ganzheitliche Betrachtung der Prozesskette basiert auf einem Informationsaustausch in zwei Richtungen per Nachfrage und Angebot [1, 28]. Zum einen findet eine Propagation des Endzustands eines Prozesses an den Nachfolgeprozess statt und zum anderen werden die optimalen Gesamtkosten vom aktuellen Prozess an den Vorgängerprozess propagiert (in entgegengesetzter Richtung zum Zustand). Die optimalen Gesamtkosten eines Prozesses ergeben sich aus dessen lokalen Kosten und den daraus resultierenden Folgekosten der verbleibenden Prozesse. Aus den optimalen lokalen Kosten lässt sich der Referenzzustand für die lokale Regelung (in-process, near-process) ableiten.

Der vorgestellte hierarchische Ansatz zur Prozesskettenoptimierung kann grundsätzlich auch zur Optimierung eines Einzelprozesses zur Laufzeit verwendet werden. Unsicherheiten bezüglich der Vergangenheit werden durch Messung nach jedem Prozessschritt miteinbezogen. Die vorgestellten Ansätze zur Regelung von Einzelprozessen (in-process, near-process) basieren auf klassischen Reglern, die vorgegebene Trajektorien nachführen, aber keine Neubestimmung derselben zur Laufzeit vornehmen. In beiden Fällen (Prozesskettenoptimierung, Regelung von Einzelprozessen) werden zukünftige Unsicherheiten vernachlässigt, so dass die jeweiligen Ansätze nicht zu einer optimalen Prozessführung im Sinne der Aufgabenstellung dieser Arbeit verwendet werden können.

3.3 Konzepte für optimale Regelung

Wie bereits in der Aufgabenanalyse festgestellt wurde, besteht das Ziel
der Prozessregelung in der Anpassung der Prozessparameter zu jedem
Zeitschritt, so dass mit größter Wahrscheinlichkeit das beste Ergebnis
mit geringstem Aufwand erreicht wird. Dieses Ziel lässt sich in Form
der Bellman-Gleichung formulieren, für welche entsprechende Lösungs-
methoden im Folgenden untersucht werden. Zuerst werden allgemeine
Lösungsansätze mit Methoden der Dynamischen Programmierung (DP),
der Approximativen Dynamischen Programmierung (ADP) und der Modellbasierten Prädiktiven Regelung (Model Predictive Control, MPC) gegenübergestellt. Die Darstellung der DP- und ADP-Methoden beschränkt
sich hierbei lediglich auf eine Bewertung, da diese Verfahren im Rahmen des Lösungskonzepts in Abschnitt 4.3 ausführlich dargestellt und
diskutiert werden. Schließlich wird genauer auf die Einzelheiten der ADP
eingegangen.

Diskrete deterministische und einfache stochastische Probleme können
mit DP-Methoden (Abschnitt 4.3.3.2) durch vollständige Suche gelöst
werden. Dabei werden die mehrfach verwendeten Ergebnisse in Lookup-
Tabellen gespeichert. Bei stochastischen Problemen mit kontinuierlichen
Zustandsräumen kann dieses Vorgehen jedoch daran scheitern, dass die
kombinatorische Komplexität der vollständigen Suche exponentiell mit
der Dimensionalität der Zustands- und Aktionsräume wächst und die
Unsicherheit des Zustandsübergangs in Form von mehreren möglichen
Folgezuständen berücksichtigt werden muss. Diese beiden Faktoren cha-
rakterisieren den Fluch der Dimensionalität, welcher mit ADP-Methoden
(Abschnitt 4.3.3.3) durch iteratives Vorgehen und Funktionsapproximation
abgemildert werden kann.

Im industriellen Umfeld kommen häufig MPC-Ansätze mit einem Modell
zur Vorhersage des zukünftigen Verlaufs der Regelgröße (Ausgang oder
Zustand) für einen begrenzten Zeithorizont zum Einsatz. Für jeden be-
trachteten Zeitschritt ergeben sich die optimalen Prozessparameter durch
Optimierung einer Kostenfunktion. Eine Messung der Regelgröße zu je-
dem Zeitschritt ermöglicht eine Korrektur der Vorhersage des Modells.
Eine typische Formulierung der Kostenfunktion umfasst die zukünftigen
Abweichungen der Regelgröße von einem gegebenen optimalen Pfad für

den betrachteten endlichen Zeithorizont sowie die Änderungsraten der Prozessparameter [20]. Diese Formulierung strebt zwar nicht die Neubestimmung eines optimalen Pfads unter Berücksichtigung von zukünftigen Unsicherheiten an, jedoch wird der zukünftige Verlauf der Regelgröße durch den Kompromiss zwischen der Minimierung der Regeldifferenz und der Stellaktivität beeinflusst. Weiterführende Details zu MPC finden sich in [20, 48].

Zusammenfassend lässt sich bemerken, dass bei DP- und ADP-Methoden eine Rückführung des Zustands unter Berücksichtigung der zukünftigen Unsicherheiten angenommen wird, wohingegen bei MPC-Ansätzen eine Aktualisierung des Zustands lediglich nach jedem Zeitschritt per Messung durchgeführt wird, d. h. die zukünftigen Unsicherheiten werden nicht berücksichtigt [48]. Für deterministische Probleme ergeben DP- und MPC-Ansätze dieselbe Lösung [53]. Die MPC-Ansätze finden aber nicht den optimalen Pfad im Sinne des Markovschen Entscheidungsprozesses. Da DP- und ADP-Ansätze im Unterschied dazu MDP-optimal sind, können diese als Lösungskomponenten für die Umsetzung der Aufgabenstellung verwendet werden.

ADP Eine kontinuierliche Darstellung in Form einer Approximation hat gegenüber einer diskreten Lookup-Tabelle den Vorteil, dass keine explizite Interpolation zwischen den einzelnen Tabelleneinträgen durchgeführt werden muss. Häufig werden k-Nächste-Nachbarn-Schätzer (k-NN, nichtparametrische lokale Mittelwert-Schätzer, Abschnitt 4.3.2.2) aufgrund ihrer Konvergenzeigenschaften in Kombination mit Lookup-Tabellen und iterativen Methoden zur Lösung von ADP-Problemen eingesetzt [51]. ANNs als parametrische globale Approximationen hingegen ermöglichen die kontinuierliche Darstellung einer beliebigen nichtlinearen Funktion mit impliziter Interpolation. Allerdings kann deren Konvergenz im Zusammenhang mit iterativen Methoden zur Lösung von ADP-Problemen nicht sichergestellt werden.

Ein allgemeines Konzept, das hingegen ohne iteratives Vorgehen auskommt und unter anderem mit stapelweise lernenden ANNs umgesetzt werden kann, ist Sequential Backward Approximation [7]. Dabei wird ein Problem mit endlichem Zeithorizont durch Rückwärtsschreiten in der Zeit mit zeitabhängiger Beschreibung der Kostenfunktion formuliert. Für jeden

Zeitschritt wird eine Approximation durch Regression erstellt, die dann im nächsten Zeitschritt (beim Rückwärtsschreiten) zur Vorhersage der Folgekosten genutzt werden kann. Dazu werden repräsentative Zustände ausgewählt und das Optimierungsproblem wird mit der DP gelöst, um die Ergebnisse als Trainingsdaten für die Regression bereitzustellen. Lässt die Komplexität des Optimierungsproblems die Lösung mit der DP zu, kann auf diese Weise eine kompakte und kontinuierliche Repräsentation der Kostenfunktion erzielt werden.

Im Folgenden wird eine Übersicht über verwendete Methoden im Bereich der ADP bzw. des methodisch identischen Approximate Reinforcement Learning [15] gegeben. Die grundlegenden Lösungskonzepte sowie deren Erweiterungen bezüglich Approximationen werden in Abschnitt 4.3.3 eingeführt. Eine Charakterisierung von ADP-Ansätzen, die im Anschluss näher erläutert und mit Beispielen belegt werden, erfolgt nach den Kriterien:

1. modellbasiert vs. modellfrei

2. lineare vs. nichtlineare Funktionsapproximation

3. globale vs. lokale Repräsentation der Zielfunktion

4. stapelweise vs. inkrementelle Art des Lernens.

Es wird zwischen modellbasierten Methoden, bei welchen ein Modell in Form einer Zustandsübergangsfunktion gegeben ist, und Verfahren ohne explizites Modell unterschieden. Bei modellbasierten Methoden wird eine vom Modell abhängige Kostenfunktion $J(x)$ als Zielfunktion der Optimierung ausgewählt. Ein Beispiel für eine modellfreie Methode ist Approximate Q-learning [15]. Hierbei wird eine Approximation der Zielfunktion Q, die abhängig von Zustand x und Aktion u ist, zur Formulierung des Optimierungsproblems verwendet. Wenn Informationen über die Zustandsübergänge verfügbar sind (z. B. durch Simulationen), sind modellbasierte Methoden zu bevorzugen, um den größtmöglichen Nutzen aus den Daten zu ziehen.

Während stückweise lineare Approximationen für spezielle hochdimensionale konkave Probleme [63] ausreichend sind, existieren allgemein nichtlineare Varianten der Funktionsapproximation zusammengefasst unter dem Bereich des Neuro-Dynamic Programming (NDP) [7]. Lineare Verfahren sind jedoch ungeeignet für die Modellierung von den in der Aufgabenanalyse identifizierten nichtlinearen Beziehungen.

Eine globale parametrische Darstellung der Zielfunktion erhält man mit ANNs [68] mit sigmoider Aktivierungsfunktion. Eine Anpassung der Gewichte verändert hier den globalen Verlauf der approximierten Funktion. Die Lokalität kann bei ANNs durch Verwendung radialer Basisfunktionen zur Aktivierung erreicht werden. Dann wirken sich Gewichtsänderungen nur in einer lokalen Nachbarschaft aus. Lokale nichtparametrische Repräsentationen hingegen sind in Form von instanzenbasierten Verfahren wie k-NN-Schätzern [51, 69] und Kernel-Methoden [68] gegeben. Solche Repräsentationen wie der k-NN-Schätzer führen in Kombination mit iterativen Verfahren zur Bestimmung einer zeitunabhängigen Kostenfunktion (z. B. Value Iteration) zu Konvergenz, wohingegen keine Garantie hierfür mit globaler parametrischer Darstellung mit ANNs gegeben werden kann. Da im Rahmen der Aufgabenanalyse keine zeitunabhängige Darstellung der Kostenfunktion gefordert wird, ist diese Eigenschaft in diesem Zusammenhang nicht von Bedeutung. Jedoch muss davon unabhängig die Konvergenz bei der Funktionsapproximation z. B. durch Anpassung der Lernrate bei ANNs sichergestellt werden. Instanzenbasierte Lernverfahren wie der k-NN-Schätzer erfordern die Speicherung von repräsentativen Trainingsdaten. Bei einer großen Menge derselben kann ein hoher Speicherplatzbedarf entstehen, während sich mit den parametrischen ANNs eine kompakte Darstellung ergibt.

Ein weiteres Unterscheidungskriterium ergibt sich zwischen stapelweiser (offline) und inkrementeller (online) Art des Lernens. Beispiele für stapelweises Lernen sind Verfahren mit deterministischem Gradientenabstieg wie Approximate Value Iteration [7, 51] und Neural-fitted Q-iteration [74]. Ein Repräsentant des inkrementellen Lernens ist Approximate Q-learning [15] unter Verwendung von stochastischem Gradientenabstieg. Die Art des Lernens kann abhängig von der Verfügbarkeit der Daten und der Komplexität des Problems gewählt werden. Sind die Daten komplett vor der Prozessausführung verfügbar und es ist ausreichend Speicherplatz zur Aufnahme der Daten vorhanden, können beide Lernarten in Betracht gezogen werden.

Die MDP-optimalen DP- und ADP-Ansätze können zur Realisierung der Aufgabenstellung eingesetzt werden. Die Wahlmöglichkeit zwischen DP-

und ADP-Ansätzen ist abhängig von der Komplexität des betrachteten Optimierungsproblems. Da im Rahmen dieser Arbeit ein Regelungsproblem mittlerer Komplexität untersucht wird, werden beide Ansätze zur Lösung verwendet und miteinander verglichen. Dabei werden modellbasierte Methoden bevorzugt, da im Kontext dieser Arbeit Informationen über die Zustandsübergänge vorhanden sind. Aus den Forderungen der Aufgabenanalyse ergibt sich die Abbildung von nichtlinearen Prozessbeziehungen mit nichtlinearen Methoden der Funktionsapproximation. Zur Repräsentation der Zielfunktion werden ANNs aufgrund der transparenten Beschreibung der funktionalen Abhängigkeiten und der kompakten Darstellung verwendet. Mit verschiedenen Aktivierungsfunktionen wird globales und lokales Verhalten untersucht. Aus der Aufgabenstellung ergeben sich keine Anforderungen an die Art des Lernens. Beide Varianten werden in Kombination mit ANNs eingesetzt und gegenübergestellt.

3.4 Anwendungen optimaler Prozessführungen

Im Folgenden werden konkrete Anwendungen der optimalen Prozessführung der in Abschnitt 3.3 vorgestellten Konzepte diskutiert. Diese beinhalten die Anwendung der ADP in der Prozessregelung mit kontinuierlichen Zustandsräumen, die ADP mit ANNs und die merkmalsbasierte Regelung zur Abmilderung des Fluchs der Dimensionalität. Damit wird die kombinatorische Komplexität der vollständigen Suche reduziert und eine kompakte Darstellung mit geringem Speicherplatzbedarf gewählt.

ADP in der Prozessregelung   Beispiele für Anwendungen der ADP zur Regelung von Prozessen mit unendlichem Zeithorizont und kontinuierlichen Zustandsräumen sind in [51, 49, 69] gegeben. Dabei wird in den drei Ansätzen eine zeitunabhängige approximierte Kostenfunktion mittels Approximate Value Iteration bestimmt.

In [51] wird das Konvergenzverhalten eines k-NN-Schätzers und eines stapelweise lernenden ANN analysiert. Während Konvergenz für einen lokalen k-NN-Schätzer aufgrund der nonexpansion-Eigenschaft [51] garantiert werden kann, gibt es keinen solchen Beweis für ANNs. Die Dichte der diskretisierten Daten zur Darstellung des kontinuierlichen Zustandsraumes wird bei der Vorhersage mit dem k-NN-Schätzer mit einer Bestrafungsfunktion bewertet. Bei geringer Datendichte wird damit das Schätzergebnis aufgrund der für die Approximation unzureichende Abdeckung des kontinuierlichen Zustandsraumes mit wenigen Datenpunkten schlecht bewertet. Dies ist von Bedeutung, wenn die Diskretisierung des Zustandsraumes nicht hinreichend fein abhängig vom konkreten Problem durchgeführt wurde.

In [49] wird gezeigt, dass sich das stochastische Optimierungsproblem durch Formulierung der Kostenfunktion bezüglich des post-decision Zustands und algebraische Umformungen in eine innere deterministische Bellman-Gleichung mit einem Erwartungswert um das deterministische Problem herum überführen lässt. So kann der zeitliche Aufwand deutlich verringert werden, indem mehrere unabhängige deterministische Probleme (z. B. durch Parallelisierung) gelöst werden. Zudem wird der Einfluss von eingebrachten Störungen in den Prozessparametern bezüglich der Exploration betrachtet. Durch Exploration kann zwar die Genauigkeit der Approximation verbessert werden, allerdings kann auch eine Verzögerung der Konvergenz und eine geringere Robustheit der Approximation die Folge sein. Daher ist das optimale Verhältnis von Exploration und Exploitation jeweils abhängig vom konkreten Problem und dem damit verbundenen Aufwand zu untersuchen. Exploration beschreibt das Miteinbeziehen neuer Informationen durch das Aufsuchen zuvor unbekannter Zustände, während bei Exploitation auf vorhandenes Wissen durch Anwendung der approximierten Kostenfunktion zurückgegriffen wird.

In [69] wird ein Ansatz zu Real-Time Approximate Dynamic Programming mit einem k-NN-Schätzer vorgestellt. Dabei wird die Auswirkung der Exploration durch unterschiedliche Initialisierungen der Kostenfunktion (optimistisch, pessimistisch, mit Vorwissen) und durch verschiedene heuristische Strategien zur Auswahl von Aktionen untersucht. Durch eine optimistische Initialisierung der Kostenfunktion mit niedrigen Werten bei Minimierungsproblemen wird die Exploration gefördert, während die Exploration durch eine pessimistische Initialisierung der Kostenfunktion mit hohen Werten geschwächt wird. Analog dazu können Kosten für Zustände mit Vorwissen entsprechend optimistisch oder pessimistisch initialisiert werden.

Zur Modellierung von Regelungsproblemen mit endlichem Zeithorizont
ist die Verwendung einer zeitunabhängigen Kostenfunktion, die für alle
Zeitschritte gültig ist, nicht erforderlich. Die Bestimmung einer allgemeingültigen Kostenfunktion mit iterativen Verfahren, deren Konvergenz
sichergestellt werden muss, ist im Vergleich zur zeitabhängigen Darstellung
mit höherem Aufwand verbunden. Bei Regelungsproblemen mit endlichem
Zeithorizont können ebenso zeitabhängige Kostenfunktionen, wie in der
Aufgabenanalyse verlangt, eingesetzt werden. Daher wird im Rahmen
dieser Arbeit eine zeitabhängige Modellierung der Kostenfunktion bevorzugt, so dass die in diesem Abschnitt vorgestellten Ansätze nicht weiter
betrachtet werden.

Formulierungen der Kostenfunktion können in dieser Arbeit aufgrund
der Komplexität des betrachteten Regelungsproblems bezüglich von pre-
decision und post-decision Zustand vorgenommen werden. Zudem sollten
Einflussfaktoren zur Steuerung der Exploration analysiert werden.

ADP mit ANNs Es wurden mehrere ADP-Ansätze mit stapelweise lernenden ANNs mit zeitunabhängiger Kostenfunktion und Approximate
Value Iteration [51] bzw. Neural-fitted Q-iteration [74] umgesetzt, die nicht
weiter betrachtet werden.

Inkrementelle Lernmethoden können sich bewähren, wenn das betrachtete
Problem so komplex ist, dass nicht alle Datensätze gespeichert werden
können oder wenn die Daten erst während des Lernvorgangs verfügbar
werden. Repräsentanten für inkrementell lernende ANNs sind General
Regression Neural Networks (GRNNs) [92] und Incremental Probabilistic
Neural Networks (IPNNs) [34]. GRNNs ermöglichen eine Regression von
kontinuierlichen Daten durch Verwendung eines separaten Neurons in
der versteckten Schicht für jeden neu hinzukommenden Datensatz. Neue
Datensätze mit Ähnlichkeit zu bereits vorhandenen Datensätzen können
in vorhandenen Knoten integriert werden. Dieser Ansatz nutzt eine Wahrscheinlichkeitsdichtefunktion als Aktivierungsfunktion, die aus Daten mit
einem Dichteschätzer bestimmt wird. IPNNs werden als Erweiterung der
GRNNs angesehen. Neue Neuronen in der versteckten Schicht werden bei
diesem Ansatz zur Repräsentation von neuen Trainingsdaten hinzugefügt,
wenn diese nicht ausreichend Ähnlichkeit zu den bereits durch die vorhandenen Knoten verarbeiteten Trainingsdaten aufweisen. Durch die Verwendung

einer mehrdimensional normalverteilten Wahrscheinlichkeitsdichtefunktion als Aktivierungsfunktion ergibt sich eine höhere Genauigkeit mit einer geringeren Anzahl an Neuronen im Vergleich zu GRNNs. In beiden Ansätzen kann das Hinzufügen neuer Neuronen zur versteckten Schicht zu einer großen Anzahl an Neuronen führen, so dass keine kompakte Repräsentation erreicht wird.

Actor Critic Designs (ACDs) beschreiben eine spezielle Form der Repräsentation mit einem Actor-ANN für das Regelgesetz und einem Critic-ANN für die Kostenfunktion. Ein ACD mit stapelweise lernenden ANNs wird in [3] zur Lösung eines Problems mit endlichem Zeithorizont durch Rückwärtsschreiten in der Zeit mit zeitabhängiger Beschreibung vorgestellt, inkrementell lernende ANNs kommen mittels eines ACD in [88] zur Anwendung. Obwohl die ACDs in der Theorie gut durchdrungen wurden, ist die tatsächliche Anwendung auf reale Probleme noch nicht ausreichend untersucht und führt zu hohem Rechenaufwand [66]. Eine Möglichkeit zur Realisierung von ACDs stellen Rekurrente Neuronale Netze dar, deren Training jedoch mit hohem Rechenaufwand und langsamer Konvergenz verbunden ist. Eine Verbesserung bezüglich der Konvergenzgeschwindigkeit wird durch Echo State Networks (ESNs) erzielt. ESNs basierend auf Rekurrenten Neuronalen Netzen mit wenigen mit der Eingabe verbundenen Knoten der versteckten Schicht. Die Verbindungen und Gewichte zwischen Eingabe und versteckter Schicht werden zufällig festgelegt und sind nicht mehr veränderbar. Lediglich die Gewichte zwischen der versteckten Schicht und der Ausgabeschicht werden gelernt, so dass sich ein quadratisches Optimierungsproblem ergibt. Im Rahmen dieser Arbeit wird eine zeitabhängige Modellierung der Kostenfunktion gewählt, so dass Rekurrente Neuronale Netze mit zeitunabhängiger Darstellung nicht weiter untersucht werden.

Merkmalsbasierte Regelung Der Fluch der Dimensionalität resultiert bei der Betrachtung von hochdimensionalen kontinuierlichen Zustandsräumen aus dem exponentiellen Ansteigen der Komplexität mit der Dimensionalität der Zustandsvariablen bei vollständiger Suche mit DP-Methoden. Zusätzlich verursacht die Darstellung von Kosten und Zustandsübergängen mit Lookup-Tabellen einen hohen Speicherbedarf. Durch Verwendung von Funktionsapproximationen anstelle von Lookup-Tabellen ergibt sich eine kompakte Repräsentation der funktionalen Abhängigkeiten. Allerdings kann die Lösung des Optimierungsproblems im hochdimensionalen Zustandsraum selbst mit vorwärtsgerichteten iterativen Methoden noch sehr aufwendig sein. Eine Möglichkeit, den Fluch der Dimensionalität zu verringern, ist die Verwendung einer niedrigdimensionalen Repräsentation des Zustands in Form von Merkmalen, die nur die wesentlichen Charakteristika des Zustands enthalten.

Ein einfaches Vorgehen, das ebenfalls mit Lookup-Tabellen kombiniert werden kann, ist das Zusammenfassen von ähnlichen Zuständen (State Aggregation) [68]. Zur Repräsentation von kontinuierlichen Zustandsräumen jedoch ist eine möglichst feine Diskretisierung im Gegensatz zur Zusammenfassung anzustreben.

Merkmalsbasierte ADP-Methoden zur Lösung von komplexen Problemen durch Verlagerung der Komplexität von der Approximation der Kostenfunktion zur Reduktion des Zustands auf charakteristische Merkmale werden in [93] vorgestellt. Dazu gehören: 1) parametrische Funktionsapproximationen im Zustandsraum, 2) Vorgabe einer Abbildungsvorschrift von Zuständen auf Merkmale anhand von Expertenwissen und 3) die Kombination beider Methoden in Form von parametrischen Funktionsapproximationen im Merkmalsraum. Ein Beispiel für eine parametrische Darstellung der Kostenfunktion ist durch die Überlagerung von radialen Basisfunktionen, deren Koeffizienten dann die Merkmale darstellen, gegeben. Die Aufgabenstellung fordert eine Modellierung der Kostenfunktion bezüglich des kontinuierlichen hochdimensionalen Zustandsraumes durch Regression mit Reduktion auf niedrigdimensionale Zustandsmerkmale. Die Auswahl der Merkmale muss jedoch nicht durch Expertenwissen erfolgen, sondern kann auch rein datengetrieben realisiert werden.

Latent Variable Model Predictive Control ist ein Ansatz zur Kompensation von Störungen anhand der Verfolgung von gegebenen zeitlichen Verläufen mittels nichtlinearer MPC und einer Multi-way Principal Component Analysis der betrachteten Zeitreihen [29]. In [94] wird eine lineare MPC basierend auf den extrahierten Merkmalen einer linearen Hauptkomponentenanalyse (PCA) zur Regelung eines Systems mit Zustandsrückführung zur Berücksichtigung der vergangenen Unsicherheit mit einem Korrekturmodell präsentiert. MPC-Ansätze sind nicht MDP-optimal und werden daher im Kontext dieser Arbeit nicht weiter betrachtet.

Das Konzept eines Markov Decision Process Extraction Network befasst sich mit der Gewinnung von zur Lösung eines Optimierungsproblems relevanten Informationen aus Beobachtungen mittels Rekurrenten Neuronalen Netzen [23]. Die Beobachtungen entsprechen observablen Messgrößen, die mit den nicht zugänglichen Zuständen des MDP korrelieren. Die versteckte Schicht des rückgekoppelten ANN reduziert den Zustand auf die für die Regelung relevanten dynamischen Charakteristika bezüglich redundanter Informationen. Die Modellierung von Zustandsübergängen und Kosten erfolgt in diesem Ansatz mit zeitunabhängigen Funktionen, die gemäß der Aufgabenanalyse für diese Arbeit nicht weiter untersucht werden.

Die Aufgabenstellung kann grundsätzlich mit MDP-optimalen DP- und ADP-Ansätzen realisiert werden, im Rahmen dieser Arbeit werden aufgrund der mittleren Komplexität des Regelungsproblems beide Möglichkeiten untersucht und gegenübergestellt. Laut Aufgabenanalyse wird eine statische (zeitabhängige) Modellierung von Kosten und Zustandsübergängen gewählt, so dass die vorgestellten Ansätze mit dynamischer (zeitunabhängiger) Modellierung, darunter vorwärtsgerichtete und rückgekoppelte ANNs, nicht weiter betrachtet werden. Probabilistische Neuronale Netze (General Regression Neural Networks und Incremental Probabilistic Neural Networks) erfüllen die Anforderungen der Aufgabenstellung, aber diese Verfahren können durch das Hinzufügen von Knoten zur versteckten Schicht während des Trainings zu hochdimensionalen überangepassten Repräsentationen führen. Das in [93] vorgestellte allgemeine Framework für merkmalsbasierte ADP-Methoden ist in Übereinstimmung mit der Aufgabenstellung. Gemäß der Aufgabenanalyse werden ebenfalls Modelle der Kosten und Zustandsübergänge gefordert, die durch Kombination von Methoden der Regression und Dimensionsreduktion in Form von ANNs bestimmt werden.

3.5 Regression

In der Aufgabenanalyse wurde die Notwendigkeit sichtbar, eine Abbildungsvorschrift für das Beobachtermodell, den Zustandsübergang sowie die Kostenfunktion aus Stichprobendaten zu ermitteln. Das Auffinden entsprechender funktionaler Zusammenhänge zwischen Eingangsgrößen

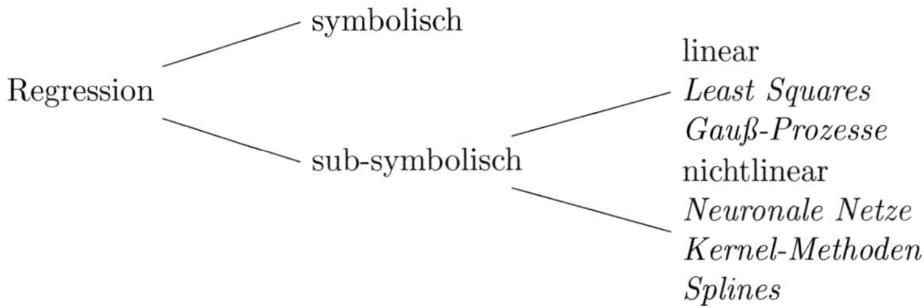

Abbildung 3.1: Einordnung der Methoden der Regression

(Prädiktoren, unabhängigen Variablen) und Ausgangsgrößen (Zielgrößen, abhängigen Variablen) wird als Regression bezeichnet. Eine Übersicht der untersuchten Methoden der Regression findet sich in Abbildung 3.1. Bei der sub-symbolischen Regression wird zwischen linearen und nichtlinearen Verfahren unterschieden. Als Least Squares Regression wird eine lineare Regressionsmethode bezeichnet, welche die Quadratfehlersumme minimiert. Gauß-Prozesse sind ebenfalls Vertreter der linearen Funktionsapproximation basierend auf Kovarianzstrukturen. Dabei wird die Funktion anhand der Kovarianz der gaußverteilten Datenpunkte der Prädiktoren modelliert. Einzelheiten zu Gauß-Prozessen sind in [72] zu finden. Lineare Verfahren sind allerdings ungeeignet für die Abbildung von nichtlinearen hochdimensionalen Beziehungen, welche laut Aufgabenanalyse dargestellt werden müssen.

Die erforderliche nichtlineare Regression kann sowohl durch sub-symbolische als auch durch symbolische Methoden ausgeprägt werden. Während die sub-symbolische Regression auf einer ausgewählten Art von Basisfunktion operiert, deren Parameter bestimmt werden müssen, ergibt sich bei der symbolischen Regression mit der Modellstruktur ein weiterer zusätzlicher Freiheitsgrad, da die Elemente der Modellstruktur bestimmt werden müssen. Mit der symbolischen Regression erhält man eine kompakte und interpretierbare Darstellung der zu approximierenden Funktion, der eine hohe Komplexität der Regressionsrechnung durch die Bestimmung der Strukturelemente gegenüber steht. Theoretische Betrachtungen und Anwendungen der symbolischen Regression finden sich in [45] bzw. [82]. Beide Verfahren erfüllen grundsätzlich die Anforderungen hinsichtlich der Modellierungsfähigkeit. Wenn auf das Einbringen von Expertenwissen bzw.

auf die Interpretierbarkeit der Lösung verzichtet werden kann, sind wegen der einfacheren Handhabung sub-symbolische Verfahren zu bevorzugen, sonst müssen symbolische Verfahren eingesetzt werden.

Zu den nichtlinearen sub-symbolischen Verfahren gehören ANNs bzw. Perzeptronen mit beliebiger nichtlinearer Aktivierungsfunktion, Kernel-Methoden (KM) und Splines. KM benötigen keine fest vorgegebene Modellstruktur und kommen gut mit einem kleinen Stichprobenumfang zurecht, allerdings ist eine Interpretation des funktionalen Zusammenhangs nicht möglich. Dies resultiert aus einer nichtlinearen Transformation der Daten in einen hochdimensionalen Merkmalsraum, in welchem dann eine lineare Methode angewandt werden kann. Die Interpretation des Modells bezüglich des Ursprungsraumes ist somit nicht mehr möglich. Details zu KM können [33, 90] entnommen werden.

ANNs können anhand ihrer Aktivierungsfunktion klassifiziert werden:

- Neuronale Netze mit sigmoiden Funktionen

- Radiale Basisfunktionen-Netze mit Gaußfunktionen

- Polynomiale Neuronale Netze mit Polynomen.

Nach dem Theorem von Kolmogorov [22] kann eine beliebige, kontinuierliche Funktion mit einer Architektur aus drei Schichten und beliebig nichtlinearer Aktivierungsfunktion dargestellt werden, wenn ausreichend viele Knoten in der versteckten Schicht vorhanden sind. Die sigmoide Funktion wird aufgrund der Einfachheit ihrer Ableitung gewählt. In der Regel wird von einer fest vorgegebenen Modellstruktur mit verbundenen Knoten in Schichten ausgegangen. Konstruktive Methoden [24] können alternativ zur automatischen Erzeugung der versteckten Schicht mit ihren Knoten verwendet werden. In Abschnitt 4.3.2.1 wird genauer auf ANNs eingegangen.

Splines sind aus polynomiellen Segmenten zusammengesetzt und können mit relativ niedriger Ordnung eine genaue Repräsentation liefern. Interpolierende Splines, die der Anforderung unterliegen, durch jeden Datenpunkt hindurchzugehen, bieten eine genaue Darstellung, die jedoch zu spezifisch an den ausgewählten Datensatz angepasst sein kann. Smoothing Splines erlauben die Steuerung der Glattheit, so dass die Approximation nicht notwendigerweise durch die Datenpunkte hindurchführt. Ein Spline benötigt jedoch mehrere Parameter pro Segment, so dass abhängig von der Komplexität der Daten ein hochdimensionaler Parameterraum entstehen kann.

Alle drei vorgestellten Methoden erfüllen die gestellten Anforderungen. Jedoch führt die Darstellung der Abbildungen durch Splines zu Repräsentationen, deren Dimensionalität ein Vielfaches (abhängig von der Ordnung der Splines) der Ursprungsdaten darstellt. Den KM fehlt die Interpretierbarkeit des funktionalen Zusammenhangs im Ursprungsraum der Daten. ANNs mit ihrer parametrischen Darstellung in Form der Verbindungsgewichte sind hingegen gut geeignet für die transparente Abbildung der funktionalen Zusammenhänge. Daher werden diese im Rahmen dieser Arbeit für die nichtlineare Modellierung von Black-Box-Beobachtern, Zustandsübergängen und Kosten eingesetzt. Abhängig vom Ausmaß der Nichtlinearität und der Komplexität der Daten werden im Einzelfall auch lineare Verfahren der Regression verwendet.

3.6 Dimensionsreduktion

Die Dimensionsreduktion ermöglicht das Entfernen von Korrelationen und Rauschen aus hochdimensionalen Daten und die Reduktion der Daten auf ihre wesentlichen Charakteristika in Form von Merkmalen. Dabei repräsentiert die intrinsische Dimension die eigentlich zugrundeliegende Dimension der (eventuell verrauschten) Daten, die methodisch bestimmt werden kann [50]. Eine Übersicht der Methoden der Dimensionsreduktion wird in Abbildung 3.2 aufgezeigt und im Folgenden erläutert.

Zunächst wird zwischen wissensbasierten und datengetriebenen Verfahren unterschieden. Bei den wissensbasierten Methoden wird ein analytisches parametrisiertes Modell an konkrete Daten angepasst, so dass die ausgeprägten Modellparameter den Merkmalen entsprechen [85]. Dafür ist allerdings im Gegensatz zu den rein datenbasierten Verfahren ein auf Prozesswissen basierendes analytisches Modell erforderlich.

Die datengetriebenen Methoden, die keine Kenntnis über die analytischen Zusammenhänge in den vorliegenden Daten erfordern, können weiter in

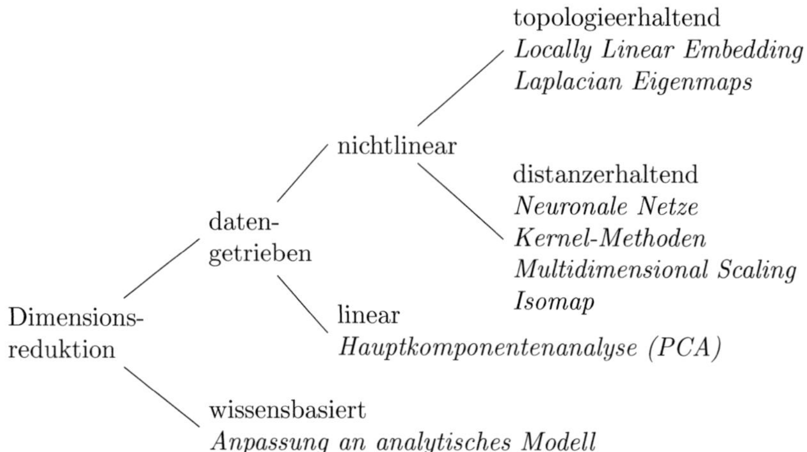

Abbildung 3.2: Einordnung der Methoden der Dimensionsreduktion

lineare und nichtlineare Varianten unterteilt werden. Ein Vertreter der linearen varianzbasierten Verfahren stellt die Hauptkomponentenanalyse (Principal Component Analysis, PCA) dar, die in Abschnitt 4.3.2.3 vorgestellt wird. Dabei werden die Daten anhand ihrer Varianz bezüglich linearer orthogonaler Hauptachsen neu angeordnet und unterliegen damit einer Priorisierung, so dass Dimensionen, die einen geringen Beitrag zur Varianz und damit eine geringe Priorität zur Beschreibung der Daten liefern, vernachlässigt werden können. Mit der linearen PCA lassen sich auch nichtlineare Daten abhängig von der Komplexität des Problems und dem Ausmaß der Nichtlinearität komprimieren. Allerdings entsprechen dann die linearen Hauptachsen nicht unbedingt den nichtlinearen Vorzugsrichtungen größter Varianz, so dass eventuell eine größere Anzahl an Hauptkomponenten zur Beschreibung der nichtlinearen Daten erforderlich ist, um eine geforderte Genauigkeit zu erreichen. Dies steht im Widerspruch zu einer möglichst niedrigdimensionalen Darstellung der Daten zur Regelung.

Nichtlineare Verfahren der Dimensionsreduktion sind jedoch in der Lage, die Struktur der Nichtlinearitäten angemessen abzubilden, so dass die Daten auf tatsächlich niedrigdimensionale Größen komprimiert werden. Eine Übersicht von Vertretern der nichtlinearen Dimensionsreduktion (Lernen von Mannigfaltigkeiten) ist in [50] gegeben. Dazu gehören distanzerhaltende Verfahren wie Autoencoder in Form von ANNs, Multidimensional Scaling, Isomap, Kernel-PCA [80] als Repräsentant der Kernel-Methoden sowie topologieerhaltende Verfahren wie Locally Linear Embedding und Laplacian Eigenmaps. Die Erhaltung von Distanz und Topologie bezieht sich dabei auf die Darstellung der Daten mit Graphen. Multidimensional Scaling kann in der klassischen Variante auf die PCA zurückgeführt werden und entspricht einem Isomap-Ansatz mit geodätischem Abstandsmaß. Einem Großteil der vorgestellten nichtlinearen Methoden fehlt allerdings die Interpretierbarkeit der Dimensionsreduktion. ANNs in Form von Autoencodern [46, 37, 81] hingegen erlauben eine transparente Transformation der hochdimensionalen Daten auf eine niedrigdimensionale versteckte Zwischenschicht, deren Neuronen die Merkmale enthalten.

Die in der Aufgabenanalyse gestellten Anforderungen werden von Autoencodern mittels ANNs erfüllt, da diese in der Lage sind, eine möglichst niedrigdimensionale Darstellung der Daten in Form von zugänglichen Merkmalen zu erzielen. In dieser Arbeit werden daher ANNs mit niedrigdimensionaler versteckter Zwischenschicht zur datenbasierten Dimensionsreduktion in Kombination mit Regression verwendet. Ist analytisches Prozesswissen verfügbar, kommt im Einzelfall ein wissensbasierter Ansatz zum Einsatz.

3.7 Integrierte Regression und Dimensionsreduktion

Bei der Regression von hochdimensionalen Daten kommt die Dimensionsreduktion zum Einsatz, um die Komplexität der Regressionsbeziehung zu verringern oder um eine niedrigdimensionale Repräsentation von Merkmalen zu extrahieren. Die Verfahren zur Regression und Dimensionsreduktion können dabei aufeinanderfolgend (d. h. unabhängig voneinander) ausgeführt oder miteinander kombiniert werden. Im Folgenden werden lineare Varianten der Regression mit integrierter und separater Dimensionsreduktion vorgestellt, bevor die nichtlinearen Erweiterungen diskutiert werden. Dann wird zunächst die nichtlineare Dimensionsreduktion mit ANNs in

Form von Autoencodern betrachtet, bevor auf die Integration der nichtlinearen Dimensionsreduktion in die nichtlineare Regression mittels Bottleneck Neural Networks (BNNs) eingegangen wird. Abschließend werden weitere Verfahren zur nichtlinearen Partial Least Squares Regression (PLS) mit ANNs beleuchtet. Die folgende ausführliche Diskussion dient zur Bewertung der Eignung der einzelnen Methoden im Hinblick auf die Aufgabenstellung und zur Veranschaulichung der daraus resultierenden Entwicklung der im Rahmen dieser Arbeit realisierten Ansätze. Die tatsächlich verwendeten Methoden werden abschließend genannt und in den Abschnitten 4.4 und 4.5 genauer erläutert.

Ein Vertreter der linearen Verfahren zur Regression mit integrierter linearer Dimensionsreduktion ist die PLS, die in Abschnitt 4.3.2.4 vorgestellt wird. Die Kombination wird durch ein aufeinanderfolgendes Ausführen von Dimensionsreduktion und Regression und dem gegenseitigen Austauschen von Informationen in einem iterativen Vorgehen umgesetzt. Dabei wird sichergestellt, dass die Reduktion der Eingangsgrößen unter Berücksichtigung des Zusammenhangs mit den Ausgangsgrößen erfolgt. Findet eine separate Dimensionsreduktion (z. B. mittels PCA) vor der eigentlichen Regression statt, kann nicht gewährleistet werden, dass die Reduktion der Eingangsdaten im Hinblick auf die Ausgangsdaten erfolgt, so dass für die Regression relevante Informationen bei der Reduktion bereits verloren gehen können.

Der enge Zusammenhang von PCA, PLS, Canonical Correlation Analysis (CCA) und der linearen Regression mit mehrdimensionalen Ausgangsgrößen wird in [13] aufgezeigt. Bei der multivariaten linearen Regression werden die Korrelationen in den Ein- und Ausgangsdaten nicht entfernt und es erfolgt keine Verringerung der Komplexität der Regressionsbeziehung. Die PLS maximiert die Kovarianz zwischen den Ein- und Ausgangsdaten, während die CCA die Korrelation maximiert. Die Betrachtung der Zusammenhänge bezüglich der Kovarianz oder der Korrelation ist abhängig von der Aufgabenstellung. Wird zusätzlich zur Vorhersage eine Analyse der maßgeblichen Einflussfaktoren der Prädiktoren auf die Zielgröße angestrebt, ist die nicht normierte Kovarianz zu bevorzugen.

Eine Kombination von linearen und nichtlinearen Methoden wird in [83] aufgrund der inkonsistenten Annahmen über die Beziehungen in den Daten als „quick-and-dirty"-Ansatz bezeichnet. Es existieren ebenfalls rein nichtlineare Erweiterungen der PLS mit ANNs [60, 54], mit KM in Form der Kernel-PLS [75] und mit Splines [96] sowie BNNs zur nichtlinearen Regression mit integrierter nichtlinearer Dimensionsreduktion. Die spezielle Architektur der BNNs ermöglicht eine Reduktion der hochdimensionalen Ein- und Ausgangsdaten der Regression auf eine niedrigdimensionale versteckte Zwischenschicht, die die Merkmale enthält. Auf diese Weise kann eine interpretierbare nichtlineare Regression mit integrierter nichtlinearer Dimensionsreduktion mit zugänglichen Merkmalen realisiert werden.

Wie bereits im Zusammenhang mit der Dimensionsreduktion in Abschnitt 3.6 erwähnt, kann eine lineare Dimensionsreduktion separat auf Ein- und Ausgangsdaten angewandt werden, um die Komplexität eines hochdimensionalen nichtlinearen Regressionsproblems zu verringern. Für die Bestimmung von möglichst niedrigdimensionalen Zustandsmerkmalen für eine Regelung sind jedoch integrierte nichtlineare Verfahren zu bevorzugen.

Autoencoder Das Ziel eines Autoencoders ist die Rekonstruktion der Eingabedaten am Ausgang. Dazu werden verschiedene Ansätze basierend auf ANNs [46, 37, 81] vorgestellt, wobei die Abbildung über eine niedrigdimensionalere Darstellung erfolgt, welche durch eine Zwischenschicht mit einer Anzahl an Neuronen kleiner als die der Ein- und Ausgabe-Neuronen realisiert wird. Die Aktivierungswerte in dieser Zwischenschicht entsprechen dann der niedrigdimensionalen Darstellung der Eingabe.

Die Architektur eines Autoencoders wird mit einem ANN mit drei versteckten Schichten und Symmetrie bezüglich der mittleren versteckten Schicht abgebildet. Die mittlere Schicht erzwingt eine niedrigdimensionale Repräsentation der identischen Ein- und Ausgangsdaten in Form von Merkmalen. Die Mapping-Schicht (encoder, erste versteckte Schicht) dient zur Abbildung der Eingabe auf die mittlere Schicht, während die Demapping-Schicht (decoder, letzte versteckte Schicht) die mittlere Schicht auf die Ausgabe abbildet. Die Mapping- und Demapping-Schichten können durch weitere versteckte Schichten ergänzt werden.

Entscheidend für die Ausprägung der niedrigdimensionalen Darstellung in der mittleren Schicht ist der verwendete Trainingsmechanismus. Backpropagation wird zum Training des gesamten Autoencoders in [46] verwendet. Die sequentielle nichtlineare PCA [46] ermöglicht eine Priorisierung der

Merkmale analog zur erklärten Varianz bei der linearen PCA. Beim sequentiellen Verfahren wird jeweils ein separates ANN für jeden Knoten in der mittleren Schicht erzeugt und das Residuum an das nachfolgende ANN als Eingabe weitergegeben.

[37] verwendet eine Pretraining-Prozedur mit Restricted Boltzmann Machines (RBM), die auf stochastischen Rekurrenten Neuronalen Netzen basieren. Die Gewichte werden sukzessive für jede versteckte Schicht gelernt und dann in einem Deep Autoencoder als Initialwerte eingesetzt, um die zusammengesetzte Lösung mit einem konventionellen Gradientenverfahren zu verbessern.

Ein inverses Modell zur Bestimmung der nichtlinearen Merkmale wird in [81] beschrieben. Dazu wird nur der Teil des symmetrischen Autoencoders von der mittleren Schicht bis zur Ausgabe mit Backpropagation trainiert. Dabei sind die Verbindungsgewichte des betrachteten Teilnetzes sowie die Eingabe an der mittleren Schicht zu Beginn des Trainings unbekannt. Die Merkmale der mittleren Schicht lassen sich dadurch bestimmen, indem eine zusätzliche lineare Schicht, an die die Identitätsmatrix als Eingabe angelegt wird, vor der mittleren Schicht hinzugefügt wird. [81] macht ebenfalls einen Vorschlag zur Formulierung einer hierarchischen Fehlerfunktion, um die Merkmale nach ihrer Priorität zu sortieren.

In der Aufgabenstellung wird nach einer niedrigdimensionalen Repräsentation von Zustandsmerkmalen verlangt, die den Zustand eindeutig beschreiben und zur Regelung verwendet werden können. Durch eine nichtlineare Dimensionsreduktion im hochdimensionalen Zustandsraum ergibt sich eine niedrigdimensionale Darstellung, die jedoch ausschließlich statische Zustandsinformationen beinhaltet. Für die Regelung sind hingegen Merkmale, die ebenfalls die Prozessdynamik (auch in Form von zeitlichen Verläufen observabler Größen) reflektieren, von Bedeutung, so dass Autoencoder mit reiner Selbstabbildung in dieser Arbeit nicht weiter betrachtet werden.

BNNs Die BNNs unterscheiden sich von den Autoencodern dadurch, dass an der Ausgabeschicht nicht wieder die Eingabe rekonstruiert wird, sondern eine transformierte Größe wie bei der PLS im linearen Fall. Dadurch repräsentieren die BNNs eine nichtlineare Regression mit integrierter nichtlinearer Dimensionsreduktion. BNNs benutzen die Architektur eines Autoencoders ohne Symmetriebedingung bezüglich des Bottlenecks, der mittleren versteckten Schicht, so dass sich allgemein eine unterschiedliche Komplexität in den Mapping- und Demapping-Schichten ergibt.

Ein nichtlineares Verfahren zur Regression mit integrierter Dimensionsreduktion wird in [67] vorgestellt. Das Training des BNN wird zuerst mit Backpropagation und dann mit einem stochastischen Verfahren durchgeführt. Die Anwendung beschränkt sich dabei jedoch auf Regressionsprobleme mit niedrigdimensionalen Zielgrößen. Im weiteren Verlauf dieser Arbeit (Abschnitt 4.4.4) wird genauer auf BNNs und deren Erweiterung in Form von Principal Function Approximators eingegangen, um die Zusammenhänge zwischen den zeitlichen Verläufen von Observablen, dem aktuellen Zustand und den damit verbundenen Merkmalen zu beschreiben.

Nichtlineare PLS mit ANNs Die folgenden Ansätze der nichtlinearen PLS mit ANNs nutzen herkömmliche Gradientenverfahren zum Training.

Neural Net PLS (NNPLS) [71] setzt einen linearen Zusammenhang zwischen Ein- und Ausgabe durch Verwendung der linearen PLS voraus. Die Beziehung zwischen den reduzierten Größen der PLS wird jedoch mit einem nichtlinearen ANN modelliert. Dieser Ansatz wird aufgrund der inkonsistenten Annahmen über die Beziehungen in den Daten in die Kategorie „quick-and-dirty" nach [83] eingeordnet.

[60] schlägt eine Kombination aus separater nichtlinearer PCA in Ein- und Ausgabe sowie nichtlinearer Regression durch Minimierung der Differenzen zwischen den resultierenden reduzierten Größen vor. Diese Vorgehensweise ist jedoch empfindlich gegenüber zufälligen Randbedingungen bei der Initialisierung der ANNs.

Ein robuster Ansatz [54] nutzt einen Autoencoder zur Reduktion der Eingabe und verbindet die reduzierte Größen mit einem weiteren ANN mit den Ausgabedaten.

Die nichtlinearen PLS-Varianten ermöglichen eine nichtlineare Regression mit integrierter Dimensionsreduktion, aber die niedrigdimensionalen Darstellungen sind nicht repräsentativ im Sinne einer minimalen Beschreibung von Merkmalen für eine Regelung hinsichtlich der Aufgabenanalyse. Daher werden die vorgestellten nichtlinearen PLS-Varianten im Rahmen dieser Arbeit nicht weiter untersucht.

Aus der Aufgabenanalyse geht hervor, dass Methoden der Regression und Dimensionsreduktion kombiniert werden sollen, um möglichst niedrigdimensionale Zustandsmerkmale für eine Regelung zu bestimmen. BNNs stellen dabei eine Möglichkeit zur nichtlinearen Regression mit integrierter nichtlinearer Dimensionsreduktion mit zugänglichen Merkmalen im Bottleneck dar. Die extrahierten Merkmale beinhalten nicht nur wesentliche Zustandscharakteristika, sondern reflektieren ebenfalls die Prozessdynamik durch den Zusammenhang mit den zeitlichen Verläufen der Eingangsgrößen. Für die Architektur von BNNs mit mehreren versteckten Schichten empfiehlt sich ein Pretraining-Verfahren, um die finale Lösung mit Gradientenverfahren zu verbessern [37]. Der zum inversen Training von Autoencodern genutzte Ansatz [81] kann auf das Pretraining von BNNs erweitert werden. Im Rahmen dieser Arbeit werden auf BNNs basierende Principal Function Approximators zur Vorhersage von hochdimensionalen Zustandsgrößen und zur Extraktion von niedrigdimensionalen Zustandsmerkmalen verwendet, die zur Ableitung der Bauteileigenschaften oder für eine effiziente Prozessführung herangezogen werden können. Im Einzelfall werden Dimensionsreduktion und Regression separat durchgeführt, wenn die maßgebliche Varianz in den Ausgangsdaten aus der maßgeblichen Varianz in den Eingangsdaten bestimmt werden kann. Abhängig vom Ausmaß der Nichtlinearität und der Komplexität der Daten kommen im Einzelfall ebenfalls lineare Verfahren der Regression mit integrierter Dimensionsreduktion in Form der PLS zum Einsatz.

3.8 Schlussfolgerungen

Die Anforderungen der Aufgabenstellung lassen sich mit keinem der in diesem Kapitel untersuchten Konzepte vollständig umsetzen. Lediglich ein allgemeines Framework zur merkmalsbasierten Regelung mit ADP-Methoden [93] gibt einen Rahmen zur Kombination von Funktionsapproximation mit niedrigdimensionalen Merkmalsräumen vor. Dabei beschränkt sich der vorgestellte Ansatz bei der Bestimmung der Merkmale aus hochdimensionalen Zuständen auf das Verwenden von Expertenwissen, rein datengetriebene Methoden zur Dimensionsreduktion werden in diesem Zusammenhang nicht erwähnt. Das Miteinbeziehen von Methoden der Dimensionsreduktion kann als Erweiterung des Frameworks angesehen werden.

Des Weiteren wurden Verfahren identifiziert, welche Teilaspekte der Aufgabenanalyse umsetzen und durch Kombination zur Realisierung des Gesamtkonzepts eingesetzt werden können. Die untersuchten analytischen Materialmodelle können aufgrund des Rechenaufwands nicht direkt als Grundlage für die Regelung zur Prozesslaufzeit verwendet werden, jedoch können sie als Datenbasis zur Erstellung von performanten statistischen Modellen herangezogen werden, die wiederum eine echtzeitfähige Zustandsverfolgung ermöglichen.

Das in der Aufgabenstellung geforderte generische Prozessmodell soll auf einen Beispielprozess ausgeprägt werden. Daher wurden spezielle Tiefziehmodelle untersucht, um Kenntnisse über die Ziele der Optimierung und die Prozessgrößen von Interesse beim Tiefziehen zu erwerben.

Geeignete Konzepte für eine optimale Regelung im Sinne eines Markovschen Entscheidungsprozesses stellen Methoden der Dynamischen Programmierung und der Approximativen Dynamischen Programmierung abhängig von der Komplexität des Optimierungsproblems dar. ADP-Ansätze können einerseits durch Vorwärtsschreiten in der Zeit mit inkrementellem Lernen oder andererseits durch Rückwärtsschreiten in der Zeit mit stapelweisem Lernen realisiert werden. Formulierungen der Kostenfunktion sind bezüglich von pre-decision und post-decision Zuständen möglich. Aufgrund der vorliegenden Prozessdynamik in Form von Zustandsübergängen aus Simulationen sind modellbasierte, nichtlineare Optimierungsverfahren zu bevorzugen. Die nichtlineare Beschreibung der Kostenfunktion kann mit ANNs realisiert werden. ANNs ermöglichen die Verwendung von stapelweisem und inkrementellem Lernen mit Gradientenverfahren sowie die Beeinflussung des globalen bzw. lokalen Verhaltens der Kostenfunktion durch die ausgewählte Aktivierungsfunktion.

Für die echtzeitfähige Zustandsverfolgung anhand von niedrigdimensionalen Zustandsmerkmalen werden Methoden des statistischen Lernens der Regression und Dimensionsreduktion als geeignet identifiziert. Bottleneck Neural Networks und deren Erweiterung in Form von Principal Function

Approximators ermöglichen eine nichtlineare Regression mit integrierter Dimensionsreduktion mit zugänglichen Merkmalen im Bottleneck. Die Merkmale beinhalten dabei nicht nur die wesentlichen Zustandscharakteristika, sondern reflektieren ebenfalls die Prozessdynamik des hochdimensionalen Beobachtermodells, das den Zusammenhang zwischen zeitlichen Verläufen observabler Größen und dem hochdimensionalen Zustand beschreibt. Für die komplexe Architektur der BNNs mit mehreren versteckten Schichten empfiehlt sich ein Pretraining-Verfahren zur Verbesserung der Lösung mit Gradientenverfahren [37]. Ein inverses Trainingsverfahren für Autoencoder [81] kann auf das Pretraining von BNNs erweitert werden. Die für die Regelung benötigten Zustandsübergänge basierend auf den niedrigdimensionalen Zustandsmerkmalen werden aufgrund der geringeren Komplexität mit herkömmlichen ANNs modelliert.

4 Zustandsverfolgung und optimale Prozessführung

Die in der Aufgabenanalyse (Kapitel 2) identifizierten Komponenten der Zustandsverfolgung und optimalen Prozessführung werden im Bezug auf den Stand der Forschung (Kapitel 3) und den darüber hinaus zu berücksichtigenden Teilaspekten näher ausgeführt. Während in Kapitel 3 vorhandene Ansätze und deren Abgrenzung zu alternativen Methoden im Vordergrund standen, liegt der Fokus im weiteren Verlauf dieses Kapitels auf der Begründung und Anwendung der ausgewählten Methoden im Rahmen der vorliegenden Arbeit. In Abschnitt 4.1 wird die Systemarchitektur der benötigten Komponenten zur Prozessausprägung des generischen Modells aufgezeigt. Das generische Prozessmodell zur allgemeinen Beschreibung der Zustandsverfolgung und optimalen Prozessführung sowie der Prozessbeziehungen auf unterschiedlichen Abstraktionsebenen wird in Abschnitt 4.2 vorgestellt. Kapitel 4.3 beinhaltet die zur Umsetzung verwendeten und erweiterten grundlegenden Verfahren der Systemidentifikation, der statistischen Modellierung sowie der optimalen Regelungstheorie. Anschließend wird auf die im Rahmen dieser Arbeit entwickelten Ansätze der Zustandsverfolgung in Abschnitt 4.4 und der optimalen Prozessführung in Abschnitt 4.5 eingegangen und deren Einordnung in das System zur optimalen Prozessführung mit dem generischen Prozessmodell in Abschnitt 4.6 beschrieben. Schließlich wird die Datenerzeugung zur Ausprägung des generischen Prozessmodells mit Methoden der Materialmodellierung in Abschnitt 4.7 erläutert.

4.1 Systemarchitektur

Die Komponenten der Systemarchitektur und deren Interaktion zur Ausprägung des generischen Modells auf eine spezifische Prozessinstanz sind in

Abbildung 4.1 gezeigt. Die Datenbasis wird anhand von FEM-Simulationen (z. B. mit der FEM-Software ABAQUS) erzeugt, alternativ kann die Stichprobe auch aus Experimenten generiert werden. Eine FEM-Simulation beinhaltet ein Materialmodell zur Beschreibung des Materialverhaltens des Bauteils, ein Geometriemodell, Randbedingungen sowie die zeitliche und räumliche Diskretisierung. Eine Ablaufsteuerung veranlasst die automatische Erzeugung der Simulationen mit den geforderten Variationen der Prozessparameter in Form einer Parameterstudie. Die Auswertung der Ergebnisdateien der Simulationen erfolgt ebenfalls automatisiert und transformiert die Daten in ein standardisiertes Ausgabeformat, um es an die MATLAB-Schnittstelle des generischen Prozessmodells zu übergeben.

Das dynamische Prozessmodell besteht aus einem Zustandsschätzer des Beobachters, der den aktuellen Zustand aus einem zeitlichen Verlauf von observablen Messgrößen ermittelt, und einem Zustandsübergangsschätzer des Optimierers, der den Folgezustand aus dem Vorgängerzustand, den Prozessparametern und der Störgröße bestimmt. Der Bauteileigenschaftenschätzer des Beobachters ermöglicht zudem das Ableiten der Bauteileigenschaften aus der kompakten Darstellung der Zustandsmerkmale. Eine Visualisierung des geschätzten Zustands (z. B. von-Mises-Spannungen) wird in ABAQUS vorgenommen, um die Ergebnisse mit den Originaldaten der Simulation graphisch zu vergleichen. Die Bauteileigenschaften am Prozessende (z. B. das Zipfelprofil beim Tiefziehen) werden ebenfalls graphisch zum Vergleich mit Simulationsergebnissen und Experimenten dargestellt.

Bei der optimalen Prozessführung werden die zukünftigen Unsicherheiten durch eine synthetisch eingebrachte Störgröße im Zustandsraum berücksichtigt. Die Störgröße unterliegt einer vorgegebenen Verteilung, aus welcher der Störgrößen-Generator einzelne Zufallspfade für zeitliche Verläufe des Prozesses im Zustandsraum erzeugen kann. Die zukünftigen Unsicherheiten werden dann entweder in Form von Erwartungswerten bezüglich der gegebenen Verteilung oder durch konkrete Zufallspfade ausgedrückt. Die Bestimmung der optimalen Prozessparameter durch den Optimierer erfolgt für jeden betrachteten Zeitschritt anhand der ermittelten Werte des Kostenschätzers. Dabei werden die Kosten aus der Bellman-Gleichung des mehrstufigen Optimierungsproblems (siehe Gleichung 4.39) basierend auf den lokalen Transformationskosten (Produktionsaufwand) und den daraus resultierenden Folgekosten der nachfolgenden Zeitschritte (Produktionsaufwand) sowie den finalen Kosten am Prozessende bestimmt.

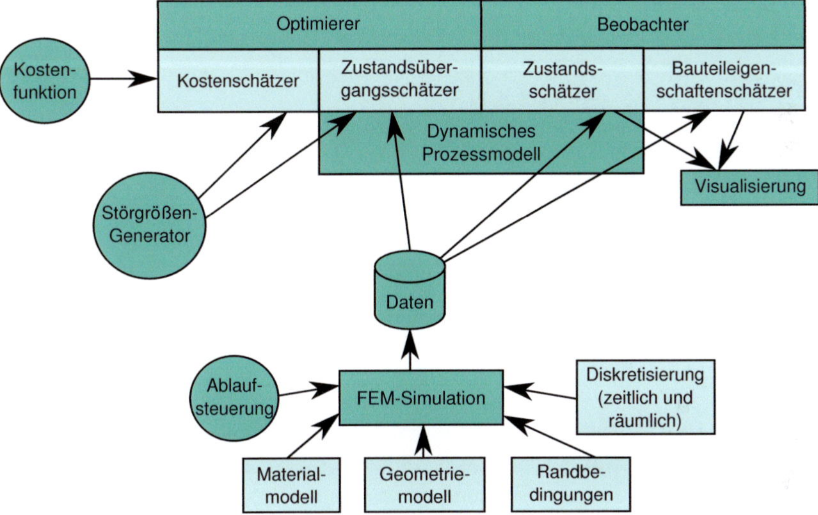

Abbildung 4.1: Systemarchitektur zur Ausprägung des generischen Prozessmodells

4.2 Generisches Prozessmodell

Das im Rahmen dieser Arbeit vorgestellte generische Modell zur Zustandsverfolgung und optimalen Prozessführung ermöglicht die Ausprägung auf verschiedene Prozesse sowie gleiche Prozesse unterschiedlicher Komplexität. Dazu werden die Prozessbeziehungen allgemein als funktionale Abhängigkeiten dargestellt und bei der Anwendung anhand konkreter Daten ausgeprägt. Die modellierten Beziehungen umfassen:

1. den Zusammenhang zwischen zeitlichen Verläufen von Observablen und Zustandsvariablen in Form des Beobachtermodells $\mathbf{x}(t_c) = \mathbf{g}_{t_c}^{-1}(\mathbf{o}(t_0), \ldots, \mathbf{o}(t_c))$ als inverse Ausgabegleichung des dynamischen Systems (Abschnitt 4.3.1)

2. den Zustandsübergang abhängig von Initialzustand, Prozessparametern und Prozessrauschen $\mathbf{x}_{t+1} = \mathbf{f}_t(\mathbf{x}_t, \mathbf{u}_t, \boldsymbol{\nu}_{p_t})$

3. die Kosten abhängig vom Initialzustand $J_t(\mathbf{x}_t)$, die anhand der Bellman-Gleichung bestimmt werden.

Das Beobachtermodell (1) beinhaltet zudem die Beziehungen zur Bestimmung der kompakten Zustandsmerkmale und zur Ableitung der Bauteileigenschaften.

Die Anpassung an spezifische Daten wird durch Methoden des statistischen Lernens realisiert, wobei der hauptsächliche Aufwand in einer vor dem Prozessablauf durchgeführten Trainingsphase liegt. Die sich daraus ergebenden Funktionen, welche die wesentlichen Prozesscharakteristika repräsentieren, sind ohne Probleme während des Ablaufs in Prozess-Echtzeit berechenbar. Bei der statistischen Modellierung wird auf die ausgereiften Methoden der sub-symbolischen Regression (Abschnitt 3.5) zurückgegriffen, da die symbolische Regression erst in neueren Arbeiten im Zusammenhang mit der Prozessbeobachtung und -regelung betrachtet wird [82] und daher für eine Anwendung noch weiter untersucht werden muss. Die ausgeprägten performanten Prozessmodelle sind von großer Bedeutung für die Zustandsverfolgung und optimale Regelung eines Prozesses als Basis für die Beherrschung der Prozesskette.

Im Gegensatz zu einer gemeinsamen Beschreibung für alle Zeitschritte mit einer Funktion wird durch die Berücksichtigung der zeitlichen Abhängigkeit mit mehreren Teilfunktionen der Zustandsübergänge und Kosten eine Basis zur Erweiterung auf Prozessketten aus Prozessen mit unterschiedlichem Verhalten gelegt. Prinzipiell können Ansätze zur Prozesskettenoptimierung auf die Optimierung von Einzelprozessen aus diskreten miteinander verknüpften Zeitschritten angewandt werden. Ebenso kann die Optimierung eines Prozesses mit einer zeitabhängigen Beschreibung von Dynamik und Kosten auf die Prozesskettenoptimierung erweitert werden.

In diesem Abschnitt wird näher auf die allgemeine Beschreibung eines Prozesses eingegangen. Die Ausprägung auf Tiefziehprozesse unterschiedlicher Komplexität sowie einen Prozess des Widerstandspunktschweißens wird in Kapitel 5 beschrieben. Die Einzelheiten der Zustandsverfolgung und der optimalen Regelung für einen endlichen Zeithorizont werden in den Abschnitten 4.4 und 4.5 erläutert.

Eine allgemeine Beschreibung eines Prozesses in Form von Prozessparametern, Observablen, Zustandsmerkmalen und Bauteileigenschaften ist in Abbildung 4.2 dargestellt. Der Beobachter ermöglicht die Gewinnung der (eventuell) hochdimensionalen Zustandsbeschreibung und deren kompakte Repräsentation in Form von niedrigdimensionalen Zustandsmerkmalen aus observablen Größen sowie die Ableitung der Bauteileigenschaften. Die Zustandsmerkmale, die den Zustand des betrachteten, spezifischen Prozesses eindeutig beschreiben, dienen als Grundlage für den Regler zur Bestimmung der optimalen Prozessparameter $\mathbf{u}_{opt}$ unter Abmilderung des Fluchs der Dimensionalität im Vergleich zur Regelung im hochdimensionalen Zustandsraum. Die Robustheit der modellierten ungestörten Prozessbeziehungen bezüglich des Messrauschens in Eingangsgrößen wird bei der Evaluierung in Kapitel 6 sichergestellt und das Prozessrauschen wird durch die Regelung kompensiert.

Das generische Prozessmodell als universelle Beschreibung der Prozessbeziehungen wird in Abbildung 4.3 gezeigt. Zu den Methoden gehören beispielsweise die Regression mit Künstlichen Neuronalen Netzen, die Dimensionsreduktion mittels einer Hauptkomponentenanalyse sowie die Optimierung mittels Approximativer Dynamischer Programmierung. Die allgemeinen Beziehungen zwischen den Prozessgrößen werden in Form von Attributen für einen ausgewählten Prozess dargestellt. Ein Beispiel hierfür ist die Blechhalterkraft als Prozessparameter eines Tiefziehprozesses. Basierend auf Korrelationen konkreter Daten oder anhand von

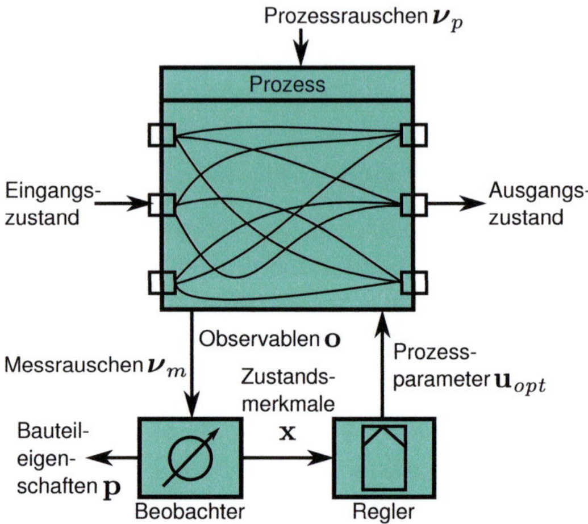

Abbildung 4.2: Allgemeine Beschreibung eines Prozesses zur Zustandsverfolgung und optimalen Regelung

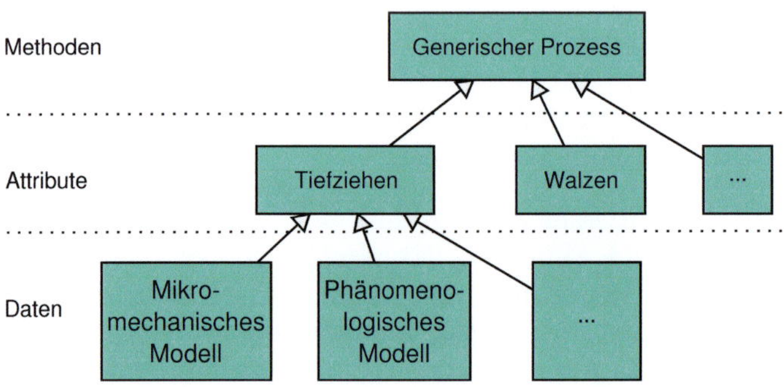

Abbildung 4.3: Generische Prozessmodellierung

analytischem Prozesswissen (z. B. Spannungs-Dehnungs-Relation) muss
ein Zusammenhang zwischen den Prozessgrößen nachgewiesen werden, um
die Existenz der zu modellierenden Beziehungen sicherzustellen. Dann
erfolgt die Anpassung des allgemeinen Modells an konkrete Daten aus numerischen Simulationen oder Experimenten. Dabei erhalten die Attribute
ihre spezifische Ausprägung in Form der Daten, d. h. der Blechhalterkraft aus dem vorigen Beispiel werden konkrete Werte zugeordnet. Mit
dieser Betrachtung ist es möglich, das generische Modell auf verschiedene Prozesse (mittels Attributen) und gleiche Prozesse unterschiedlicher
Komplexität (mittels Daten) auszuprägen. Ein Beispiel hierfür ist die Beschreibung des Tiefziehens mit einem mikromechanischen und mit einem
phänomenologischen Modell.

4.3 Grundlegende Verfahren

Bei der Betrachtung von Fertigungsprozessen in der Blechbauteilverar-
beitung können beliebig detaillierte Materialmodelle entwickelt werden,
um die internen physikalischen Beziehungen der entsprechenden Prozesse
genau zu analysieren oder für eine industrielle Anwendung abzubilden.
Bei der Materialmodellierung, auf die in Abschnitt 4.7 eingegangen wird,
kommt die Finite Elemente Methode (FEM) zur Beschreibung des Materialverhaltens auf unterschiedlichen Skalen zum Einsatz.

Für die Regelung von einzelnen Prozessen und die Optimierung einer
gesamten Prozesskette werden allerdings schnelle und robuste Modelle
benötigt, die nur die wesentlichen Prozesscharakteristika des einen zu re-
gelnden Prozesses berücksichtigen. Dazu wird der Prozess als dynamisches
System in Zustandsraumdarstellung repräsentiert (Abschnitt 4.3.1), wobei
die Zustandsbeschreibung bzw. die daraus extrahierten Zustandsmerkmale
einer niedrigdimensionalen Repräsentation der wesentlichen Prozesscharakteristika entsprechen. Das dynamische System wird durch Systemidentifikation mittels statistischer Modellierung ermittelt (Abschnitt 4.3.2).
Die Beschreibung der funktionalen Abhängigkeiten wird dabei mit Methoden der Regression und Dimensionsreduktion unter Berücksichtigung von
Nichtlinearitäten realisiert. Durch Anpassung an spezielle Ausprägungen in
Form von Daten aus Experimenten oder numerischen Simulationen ergeben

sich die jeweiligen Prozessmodelle. Diese können dann für die optimale
Regelung eines Prozesses mittels DP bzw. ADP basierend auf den extrahierten Zustandsmerkmalen herangezogen werden (Abschnitt 4.3.3). Dabei
erfolgt zu jedem Zeitpunkt die Neubestimmung des optimalen Restpfads
im Zustandsraum anhand des aktuellen Zustands unter Berücksichtigung
von zukünftigen Unsicherheiten.

4.3.1 Systemidentifikation

Ein allgemein nichtlinearer Prozess kann in Form eines dynamischen Systems als Zustandsraummodell dargestellt werden, siehe Abbildung 4.4. Der
Zustand des Prozesses sei dabei durch die Angabe der Werte einer Menge
von Zustandsvariablen $\{x_a\}_{a=1}^A$ bzw. des daraus gebildeten Zustandsvek-
tors $\mathbf{x} = (x_1, x_2, \ldots, x_A)$ vollständig bestimmt. Auf den Prozess wirken
veränderliche äußere Kräfte, welche deterministischer oder stochastischer
Natur sein können. Die deterministischen Kräfte werden durch die Größen
$\{u_b\}_{b=1}^B$ bestimmt, welche auch als Prozessparameter (bzw. Stellgrößen)
bezeichnet und als Parametervektor $\mathbf{u} = (u_1, u_2, \ldots, u_B)$ beschrieben werden. Die stochastischen Kräfte werden häufig als Störungen bezeichnet
und sind durch die Größen $\{\nu_{p_c}\}_{c=1}^C$ bzw. $\boldsymbol{\nu}_p = (\nu_{p_1}, \nu_{p_2}, \ldots, \nu_{p_C})$ gegeben. Die Kräfte sind Funktionen der Zeit, d. h. $\mathbf{u}(t)$ bzw. $\mathbf{u}_t$ und $\boldsymbol{\nu}_p(t)$
bzw. $\boldsymbol{\nu}_{p_t}$. Sie bestimmen zusammen mit der Eigendynamik des Prozesses
den zeitlichen Verlauf des Zustands $\mathbf{x}(t)$ bzw. $\mathbf{x}_t$ (Abbildung 4.5). Für
zeitdiskrete Prozesse ergibt sich daraus die Zustandsgleichung 4.1:

$$\mathbf{x}_{t+1} = \mathbf{f}_t(\mathbf{x}_t, \mathbf{u}_t, \boldsymbol{\nu}_{p_t}). \tag{4.1}$$

Die Zustandsgrößen $\mathbf{x}$ selbst sind meist nicht mit vertretbarem Aufwand
durch die Produktionsmaschine messbar, sondern es ist lediglich eine Menge von zeitlich veränderlichen Messgrößen $\{o_d\}_{d=1}^D$ zugänglich, welche den
Messvektor $\mathbf{o}(t)$ bzw. $\mathbf{o}_t = (o_1(t), o_2(t), \ldots, o_D(t))$ bilden. Diese direkt beobachtbaren Messgrößen $\mathbf{o}_t$ (Observablen) hängen von den Zustandsgrößen
$\mathbf{x}_t$ und dem Fehler des Messgeräts in Form des Messrauschens $\{\nu_{m_e}\}_{e=1}^E$
bzw. $\boldsymbol{\nu}_m = (\nu_{m_1}, \nu_{m_2}, \ldots, \nu_{m_E})$ in der Ausgabegleichung für zeitdiskrete
Prozesse (4.2) ab:

$$\mathbf{o}_t = \mathbf{g}_t(\mathbf{x}_t, \boldsymbol{\nu}_{m_t}). \tag{4.2}$$

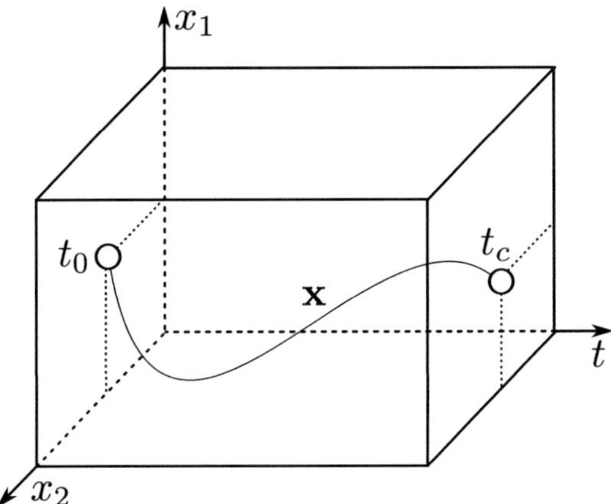

Abbildung 4.4: Zeitliche Entwicklung eines Prozesses mit zwei Zustands-variablen im endlichen Zeitintervall

Das Messrauschen wird im Rahmen dieser Arbeit nicht explizit modelliert, jedoch werden Untersuchungen zur Robustheit der ungestörten Beziehung bezüglich des Einbringens von Messrauschen in die Observablen durchgeführt.

Im Folgenden werden die Definitionen von Beobachtbarkeit und Steuerbarkeit eines Prozesses, die als Voraussetzung für dessen Regelung erfüllt sein müssen, erläutert. Anschließend wird auf die Regelung des Prozesses anhand eines Prozess- bzw. Systemmodells, das durch Systemidentifikation bestimmt wird, eingegangen.

Beobachtbarkeit Der nicht mit vertretbarem Aufwand messbare Zustand $\mathbf{x}_t$ wird zur Charakterisierung des Prozesses benötigt und kann mittels eines Beobachters extrahiert werden, wenn der Prozess beobachtbar ist. Ein Prozess ist vollständig beobachtbar, wenn der Anfangszustand $\mathbf{x}_0$ aus einem endlichen Verlauf von Eingangsgrößen $\mathbf{u}_0 \dots \mathbf{u}_t$ und Ausgabegrößen $\mathbf{o}_0 \dots \mathbf{o}_t$ bestimmt werden kann [56]. Die Ausgabegröße $\mathbf{o}_t$ folgt aus Gleichung 4.2 als Funktion des Zustands $\mathbf{x}_t$.

Steuerbarkeit Ein Folgezustand $\mathbf{x}_{t+1}$ ergibt sich gemäß der Zustands-transformationsfunktion $\mathbf{f}_t$ in Form von Gleichung 4.1 aus dem Vorgänger-zustand $\mathbf{x}_t$, den Prozessparametern $\mathbf{u}_t$ und einer unbekannten Störgröße $\boldsymbol{\nu}_{p_t}$, deren Einfluss mittels einer Regelung kompensiert werden kann, wenn der Prozess steuerbar ist. Ein Prozess ist vollständig steuerbar, wenn von jedem beliebigen Anfangszustand $\mathbf{x}_0$ ein beliebiger Endzustand $\mathbf{x}_t$ durch geeignete Wahl einer endlichen Folge von Parametern $\mathbf{u}_0 \ldots \mathbf{u}_t$ erreicht werden kann [56].

Regelung Eine Zustandsregelung zur Kompensation des Prozessrau-schens (dargestellt in Abbildung 4.5) kann durch Rückführung des Zustands $\mathbf{x}_t$ (Regelgröße) und Vergleich mit einer vorgegebenen Referenzgröße $\mathbf{r}_t$ realisiert werden. Dabei wird der nicht direkt messbare Zustand $\mathbf{x}_t$ des Prozesses in Form einer Näherung („Schätzung") $\tilde{\mathbf{x}}_t$ durch einen Beob-achter zugänglich gemacht, indem das Prozessmodell durch Minimierung der Differenz zwischen gemessenen Ausgangsgrößen $\mathbf{o}_{m_t}$ und geschätzten Ausgangsgrößen $\tilde{\mathbf{o}}_{m_t}$ mit einer zusätzlichen Kraft $\tilde{\mathbf{u}}_t$ an den realen Prozess angepasst wird. Dann werden die Stellgrößen $\mathbf{u}_t$ so bestimmt, dass die Differenz zwischen geschätztem Zustand $\tilde{\mathbf{x}}_t$ und Referenz $\mathbf{r}_t$ minimiert wird. Zur Ermittlung des Zustands kommen Prozessbeobachter zum Ein-satz. Zu den klassischen Ansätzen gehören Luenberger-Beobachter [55] und Kalmanfilter [42] für lineare Systeme. Nichtlineare Varianten stellen nichtlineare Kalmanfilter [41] und Partikelfilter [2] dar. Für die Beobach-tung eines nichtlinearen Systems oder dessen Zustandsverfolgung kann aber der Zustand $\mathbf{x}_t$ aus den Observablen $\mathbf{o}_{m_t}$ auch durch die inverse Ausgabefunktion $\mathbf{x}_t = \mathbf{g}_t^{-1}(\mathbf{o}_{m_t})$ rekonstruiert werden, wenn sie existiert und eindeutig ist. Diese Abbildung kann näherungsweise durch statisti-sche Modellierung ermittelt werden, wenn eine geeignete Stichprobe aus Zuständen und Observablen vorliegt.

Die zeitliche Diskretisierung ist bei der Prozessmodellierung so zu wäh-len, dass das Abtasttheorem nicht verletzt wird. Dieses besagt, dass die Abtastfrequenz größer als das Doppelte der höchsten im zu diskretisieren-den Signal vorkommenden Frequenz sein muss (Nyquist-Theorem) [56]. Somit wird sichergestellt, dass das kontinuierliche Signal exakt aus den diskretisierten Werten wiederhergestellt werden kann.

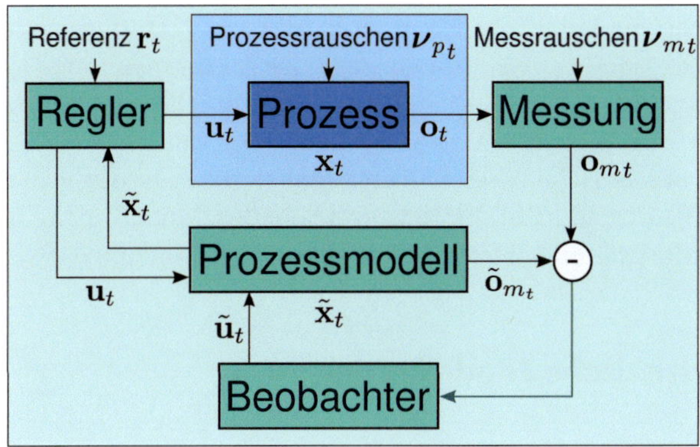

Abbildung 4.5: Zustandsrückführung mit Beobachter

Die Bestimmung des Systemmodells, das im Falle der Zustandsraumdarstellung in Form der Gleichungen 4.1 und 4.2 gegeben ist, wird im Allgemeinen als Systemidentifikation bezeichnet. Weitere Systemmodelle sind in [64] zu finden. Die Modelle des dynamischen Prozesses können statisch (series-parallel) oder dynamisch (parallel) sein. Statische Modelle können mit Methoden der Regression bestimmt werden, während für die Erstellung dynamischer Modelle zusätzlich die Rückführung des Ausgangs auf den Eingang desselben Modells berücksichtigt werden muss. Die Bestimmung der Systemgleichungen wird dadurch erheblich komplexer und es müssen spezielle rekurrente Verfahren verwendet werden, deren Konvergenz sichergestellt werden muss. Ein Beispiel für die Bestimmung von dynamischen Systemen mit Künstlichen Neuronalen Netzen (ANNs) ist in [62] gegeben. Dabei kommen zum einen statische Netze zum Einsatz, die mittels statischer Optimierungsmethoden (z. B. klassischer Backpropagation-Algorithmus) trainiert werden können. Bei der Verwendung rückgekoppelter Netze (Rekurrente Neuronale Netze) wird die Optimierung mit dynamischen Methoden (z. B. Dynamic Backpropagation) realisiert.

Die Modellierung von Prozessen lässt sich anhand des vorliegenden Wissens über die Prozessdynamik in drei Kategorien einteilen [64]. White-Box-Modelle basieren auf physikalischen Annahmen und beinhalten Parameter mit physikalischer Bedeutung. Gray-Box-Modelle besitzen unbekannte oder mit Unsicherheit behaftete Parameter, die aus Daten geschätzt werden müssen. Sind keine Informationen über die Zusammenhänge der betrachteten Größen bekannt, kommen Black-Box-Modelle zum Einsatz, die aus Paaren von Ein- und Ausgangsdaten bestimmt werden können. Dies lässt sich durch statistische Modellierung realisieren. Da die vorliegende Arbeit ihren Schwerpunkt in der datengetriebenen Modellierung hat, werden Gray-Box-Modelle und überwiegend Black-Box-Modelle entwickelt.

4.3.2 Statistische Modellierung

Die Realisierung der Zustandsverfolgung und Regelung zur Prozesslaufzeit erfordert schnelle und robuste Modelle, die durch eine generische Beschreibung auf beliebige Prozesse angepasst werden können. Die Modellierung von Prozessen mit Methoden des statistischen Lernens besteht in der allgemeinen Darstellung der funktionalen Abhängigkeiten der Prozessbeziehungen und der Anpassung der daraus resultierenden Modelle an Daten aus Experimenten oder numerischen Simulationen mithilfe von Regressionsmethoden durch Optimierung einer Zielfunktion. Die so ermittelten Funktionen, welche die Prozessbeziehungen repräsentieren, können zur Laufzeit zur Ermittlung der Zustandsbeschreibung und zur Berechnung der Zustandsübergänge und Kosten bei der Regelung verwendet werden.

Im Rahmen der vorliegenden Arbeit wird eine Methodik entwickelt, die eine allgemeine funktionale Darstellung der Prozessbeziehungen in Form von parametrisierten Prozessmodellen enthält. Dazu werden Verfahren genutzt, um deren Parameter anhand von Prozessdaten so zu bestimmen, dass der Prozess durch die funktionale Darstellung möglichst gut modelliert wird. Da die Zielfunktion im Allgemeinen eine nichtlineare Funktion der Modellparameter ist, wird im Folgenden der Umgang mit dieser nichtlinearen Optimierung beschrieben. Ferner können die Ein- und Ausgangsgrößen der Regression sehr unterschiedliche Wertebereiche aufweisen, so dass solche mit großem Wertebereich das Ergebnis der Regression dominieren. Daher werden Methoden zur Datenvorverarbeitung und -nachverarbeitung in Form von Normierungen vorgeschlagen, um die Wertebereiche anzugleichen. Eine weitere technische Komponente ist die Validierung der Regressionsergebnisse, deren Vorgehensweise vorgestellt wird. In Abbildung 4.6 ist der technische Ablauf der Regressionsrechnung dargestellt, der die Beziehung

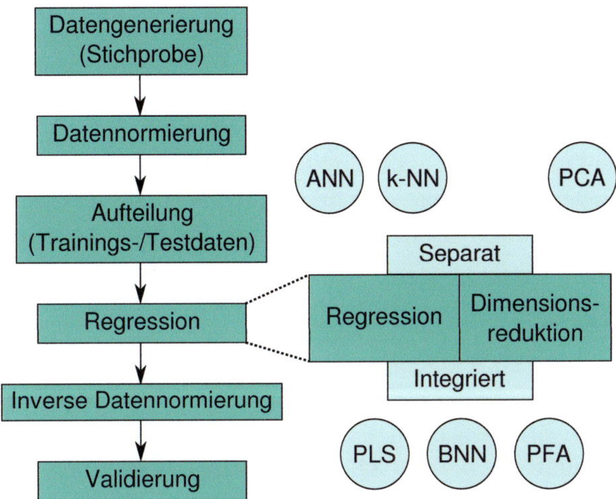

Abbildung 4.6: Beziehung der Methoden der statistischen Modellierung

zwischen den einzelnen Schritten verdeutlicht und eine Einordnung der eingesetzten Methoden der statistischen Modellierung zur Regression und Dimensionsreduktion wie folgt vornimmt.

Die verwendeten Regressionsverfahren werden bezüglich ihres Einsatzes zur Modellierung beschrieben. Diese umfassen die nichtlinearen Künstlichen Neuronalen Netze (ANNs, Abschnitt 4.3.2.1) und den linearen k-Nächste-Nachbarn-Schätzer (k-NN, Abschnitt 4.3.2.2). Bei hochdimensionalen Regressionsbeziehungen kommen zusätzlich Methoden der Dimensionsreduktion zum Einsatz, entweder separat auf Eingangs- und Ausgangsgrößen vor der eigentlichen Regression angewandt oder in Form eines integrierten Vorgehens. Repräsentanten sind die linearen Projektionsmethoden Principal Component Analysis (PCA, Abschnitt 4.3.2.3), eine separat eingesetzte Variante, und Partial Least Squares Regression (PLS, Abschnitt 4.3.2.4), eine Integration von Regression und Dimensionsreduktion. Erweiterungen der Projektionsmethoden bezüglich Zeitreihen und Nichtlinearitäten sind in den Abschnitten 4.3.2.5 und 4.3.2.6 beschrieben. Zu den nichtlinearen Erweiterungen der Regression mit integrierter Dimensionsreduktion gehören Bottleneck Neural Networks (BNNs) und Principal Function Approximators (PFAs), auf welche genauer in Abschnitt 4.4.4 eingegangen wird. Details zu den einzelnen Verfahren der statistischen Modellierung sind in [33] zu finden.

Nichtlineare Optimierung Optimierungsprobleme lassen sich allgemein mit Hilfe einer Kosten- bzw. Zielfunktion formulieren. Häufig wird dabei der mittlere quadratische Fehler (Mean Squared Error, *MSE*) einer Modellfunktion von gemessenen Datenpunkten betrachtet. Die lineare Optimierung unterscheidet sich von der nichtlinearen Optimierung durch die Linearität der Zielfunktion in ihren Parametern. Da die lineare Optimierung ein Spezialfall der konvexen Optimierung ist, entspricht jedes lokale Optimum einem globalen Optimum. Bei der nichtlinearen Optimierung ist dies im Allgemeinen nicht der Fall, hier muss zwischen lokalen und globalen Extremwerten unterschieden werden. Obwohl die Problemstellung oft nach der Suche eines globalen Optimums verlangt, kann dessen Bestimmung nicht sichergestellt werden. Die Suche nach dem Optimum erfolgt bei nichtlinearen lokalen Methoden iterativ in der Nachbarschaft eines gewählten Startpunkts. In vielen Fällen wird ein lokales Optimum in der Nähe des Startpunkts gefunden, d. h. die Optimierung bleibt im lokalen Optimum stecken.

Der Bereich der nichtlinearen Optimierung gliedert sich in lokale und globale Methoden. Zu den lokalen Verfahren gehören ableitungsfreie Methoden, Gradientenverfahren unter Verwendung der ersten Ableitung sowie Ansätze, die zusätzlich Gebrauch von der zweiten Ableitung machen. Die Gradientenverfahren sind in der Regel schneller als ableitungsfreie Methoden bei vergleichbarer Robustheit und verzichten auf die aufwendige Berechnung der zweiten Ableitung. Im Rahmen dieser Arbeit werden daher schnelle und robuste Gradientenverfahren (Resilient Backpropagation und Levenberg-Marquardt, siehe Abschnitt 4.3.2.1 im Kontext von ANNs) zur nichtlinearen Optimierung bei der Regression verwendet, um ein gutes Modell zu bestimmen, für welches ein lokales Optimum meist ausreichend ist. Ein Vorschlag zur Verbesserung des lokalen Optimums mittels Pretrainings wird in Abschnitt 4.4.4 hervorgebracht. Die Verwendung eines Impulsterms bei gradientenbasierten Methoden, wie im Zusammenhang mit ANNs in Abschnitt 4.3.2.1 erläutert wird, versucht das Steckenbleiben durch Beschleunigung in flachen Bereichen der Zielfunktion und Verlangsamung nahe des Optimums zu verhindern. Eine weitere Möglichkeit, die

Einschränkung bezüglich des lokalen Optimums abzumindern, stellt die wiederholte Suche nach lokalen Optima (z. B. ausgehend von verschiedenen Anfangsbedingungen) dar.

Transformation der Daten Zur Kompensation unterschiedlicher Größenordnungen in den Daten werden diese in einer Vorverarbeitung auf einen einheitlichen Bereich abgebildet und mit einer entsprechenden inversen Transformation in der Nachverarbeitung in die ursprüngliche Größenordnung umgewandelt.

Eine Möglichkeit bietet die Standardisierung der Daten $\mathbf{X}$, die für jede Dimension m durch Mittenzentrierung (Subtraktion des Mittelwertes x_{μ_m}) und Division durch die Standardabweichung $x_{\sigma m}$ bezüglich $n = 1, \ldots, N$ Beobachtungen erfolgt:

$$z_{nm} = \frac{x_{nm} - x_{\mu_m}}{x_{\sigma m}}. \tag{4.3}$$

Eine Variante davon stellt die Schwerpunkts- und Varianznormierung dar, die zu mittelwertfreien Variablen mit Einheitsvarianz führt und durch Ersetzen der Standardabweichung mit der Varianz in Gleichung 4.3 berechnet wird. Die Wertebereiche dieser beiden Transformationen sind allerdings nicht begrenzt, so dass eine starke Abhängigkeit von Ausreißern entsteht.

Eine häufig in Kombination mit ANNs verwendete Transformation ist die min-max-Normalisierung (z. B. auf den Bereich [-1, 1]) nach Gleichung 4.4

$$x_{norm} = \frac{(x_{ulim} - x_{llim})(x - x_{min})}{(x_{max} - x_{min})} + x_{llim}, \tag{4.4}$$

wobei x_{ulim}, x_{llim} die Ober- und Untergrenze des Bereichs angeben, auf den normiert werden soll und x_{max}, x_{min} für die Ober- und Untergrenze in den ursprünglichen Daten stehen. Es besteht ebenfalls eine starke Ausreißerabhängigkeit durch den nicht begrenzten Wertebereich der Transformation.

Eine weitere Möglichkeit, Daten auf einen definierten Bereich zu transformieren, bieten sigmoide Funktionen, wie z. B. die logistische Funktion oder der Tangens Hyperbolicus. Beim sogenannten „Softmax-Scaling" (Verallgemeinerung der sigmoiden, logistischen Funktion [9]) ist die Skalierung des jeweiligen Eingangswertes abhängig vom Abstand zum Mittelwert und der Standardabweichung, d. h. bei größerem Abstand wird eine stärkere Komprimierung vorgenommen und bei großer Standardabweichung wird ebenfalls stärker skaliert. Die Ausgangswerte liegen im Bereich zwischen 0 und 1 und ergeben in Summe 1. Diese Transformation ist robust gegenüber Ausreißern, da diese auf den begrenzten Wertebereich abgebildet werden.

Im Rahmen dieser Arbeit wurde der Einfluss der Datentransformation nicht gesondert untersucht, sondern auf die Methoden der MATLAB-Implementierung zurückgegriffen. Daher kommt bei ANNs die min-max-Normalisierung nach Gleichung 4.4 und bei der PLS die Standardisierung nach Gleichung 4.3 zur Anwendung.

Validierung   Für die datenunabhängige Validierung von statistischen Modellen wird die Stichprobe zufällig in Trainings- und Testdaten aufgeteilt. Während die Trainingsdaten für die Erstellung des Modells verwendet werden, wird die Validierung anhand der Testdaten durchgeführt. Da eine einmalige Anwendung dieses Vorgehens nicht zur Unabhängigkeit von konkreten Daten führt, wird es mehrmals nacheinander ausgeführt und die untersuchten Fehlermaße werden über die verschiedenen Durchgänge gemittelt. Auf diese Weise lassen sich Einflüsse zufällig variierender Anfangsbedingungen, die sich durch die Auswahl der Daten oder durch die Initialisierung von Parametern (z. B. Gewichte von ANNs) ergeben, kompensieren. Im Folgenden werden zwei Methoden zur datenunabhängigen Validierung vorgestellt:

1. Random Sampling
   Beim Random Sampling werden die Indizes für Trainings- und Testdaten disjunkt innerhalb eines Durchgangs gewählt. Die Wahl der Indizes im nächsten Durchgang ist unabhängig von den Indizes des aktuellen Durchgangs.

2. Kreuzvalidierung
   Bei einer k-fachen Kreuzvalidierung werden die Daten gleichmäßig auf k Behälter verteilt. In jedem Durchgang werden die Daten aus $k-1$ Behältern zum Training und der verbleibende Behälter zum Test verwendet. Auf diese Weise wird sichergestellt, dass Trainings- und Testdaten disjunkt innerhalb eines Durchgangs sind und zugleich die

Auswahl der Testdaten disjunkt über die verschiedenen Durchgänge erfolgt.

4.3.2.1 Künstliche Neuronale Netze

Im Lösungskonzept dieser Arbeit werden Künstliche Neuronale Netze (ANNs) zur Approximation des Beobachtermodells, des Zustandsübergangs und der Kostenfunktion der Regelung eingesetzt. ANNs stellen eine Möglichkeit dar, nichtlineare Funktionen durch ein parametrisches Modell mit vorgegebener Struktur zu beschreiben. Mittels einer im Allgemeinen nichtlinearen Optimierung, die iterativ erfolgt, werden die Modellparameter an die Trainingsdaten angepasst, so dass die Ausgabe des ANN die Zielgröße der Trainingsdaten möglichst gut approximiert. Zur Lösung des auftretenden Konvergenzproblems werden mehrere, für die vorliegende Aufgabe geeignete Ansätze vorgestellt. Ferner kann die Konvergenz verbessert werden, indem die Eingabevariablen normiert werden, um die Bevorzugung von Variablen mit großem dynamischen Bereich zu unterbinden. Da die Struktur der ANNs vorgegeben werden muss, werden Grundsätze zu deren Festlegung dargestellt. Ebenfalls werden unterschiedliche Lernarten betrachtet. Eine weitere Festlegung muss bezüglich der Anzahl der Optimierungsschritte getroffen werden. Entsprechende Abbruchkriterien werden im Zusammenhang mit der Generalisierungsfähigkeit der ANNs diskutiert. Für weitere Details zu ANNs wird auf [9, 32] verwiesen.

In Abbildung 4.7 ist die Architektur eines vorwärtsgerichteten (feedforward) ANN mit drei Schichten (Eingabe, versteckte Schicht, Ausgabe) dargestellt. Nach dem Theorem von Kolmogorov [22] ist diese Architektur ausreichend, um eine beliebige nichtlineare stetige und differenzierbare Funktion zu approximieren. Die Knoten bzw. Neuronen einer Schicht sind jeweils mit den Knoten der Folgeschicht in Form von gewichteten Verbindungen verknüpft. Alle Knoten außer der Eingabe enthalten außerdem je einen Biaswert, der dem konstanten Anteil entspricht. In den Knoten der versteckten Schicht sowie in der Ausgabe werden Aktivierungsfunktionen auf das Produkt aus Werten von eingehenden Verbindungen und den zugehörigen Gewichten plus Biaswert angewandt. In den versteckten Schichten werden nichtlineare differenzierbare Aktivierungsfunktionen σ_{ANN} verwendet, während eine lineare Abbildung für die Ausgabe ausreichend ist. Eine

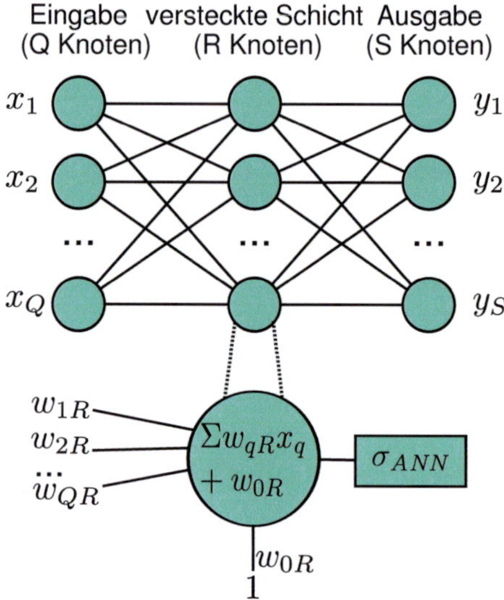

Abbildung 4.7: Architektur eines vorwärtsgerichteten ANN mit drei Schichten

häufig verwendete Aktivierungsfunktion für versteckte Schichten ist die sigmoide, logistische Funktion

$$\sigma_{ANN}(x) = \frac{1}{1 + e^{-x}}, \tag{4.5}$$

deren Wertebereich zwischen 0 und 1 liegt.

Aus Gleichung 4.6 ergibt sich der Wert des s-ten Knotens der Ausgabeschicht

$$\tilde{y}_s = \sum_{r=1}^{R} w_{rs}\sigma_{ANN}\left(\sum_{q=1}^{Q} w_{qr}x_q + w_{0r}\right) + w_{0s} \tag{4.6}$$

aus der Eingabe x_q, den Verbindungsgewichten zwischen Eingabe und versteckter Schicht w_{qr} und den Biaswerten w_{0r}, sowie den Verbindungsgewichten zwischen versteckter Schicht und Ausgabe w_{rs} und dem Biaswert w_{0s}. Zur Bestimmung der Modellparameter wird eine zu optimierende

Zielfunktion formuliert. Häufig wird die Quadratfehlersumme (Sum of Squared Errors, *SSE*) gegeben in Gleichung 4.7 betrachtet. Der

$$SSE = \sum_{n=1}^{N} \sum_{s=1}^{S} (y_s - \tilde{y}_s)_n^{\,2} \tag{4.7}$$

beschreibt die quadratische Abweichung zwischen der tatsächlichen Ausgabe des ANN $\tilde{y}_s$ und einer gegebenen Zielgröße des s-ten Knotens der Trainingsdaten y_s. Dabei wird über alle S Ausgabeknoten und N Stichprobeneinträge der Trainingsdaten summiert. Alternativ kann auch der mittlere quadratische Fehler *MSE*

$$MSE = \frac{SSE}{N} \tag{4.8}$$

aus Gleichung 4.8 verwendet werden. Zur Lösung des nichtlinearen Optimierungsproblems kommen, wie im Zusammenhang mit der nichtlinearen Optimierung bereits erörtert, iterative gradientenbasierte Methoden aufgrund ihrer guten Eigenschaften bezüglich Performance und Robustheit zum Einsatz. Die Gewichte w_{qr_i} der aktuellen Iteration i können dabei aus den Gewichten $w_{qr_{i-1}}$ der vorigen Iteration $i-1$ und einem Änderungsterm Δw_{qr_i} bestimmt werden:

$$w_{qr_i} = w_{qr_{i-1}} + \Delta w_{qr_i} = w_{qr_{i-1}} + \alpha_i \nabla E_i. \tag{4.9}$$

Dabei setzt sich der Änderungsterm Δw_{qr_i} aus der Lernrate α_i und dem Gradienten der Fehlerfunktion $\nabla E_i = \frac{\partial E_i}{\partial w_{qr_i}}$ zusammen. Mit der Lernrate α_i lässt sich die Schrittweite in Form des Änderungsterms Δw_{qr_i} steuern, wobei die Folge der Lernraten folgende Kriterien erfüllen muss, damit Konvergenz erzielt wird [68]:

$$\alpha_i \geq 0 \quad i = 1, 2, \ldots, \tag{4.10}$$

$$\sum_{i=1}^{\infty} \alpha_i = \infty, \tag{4.11}$$

$$\sum_{i=1}^{\infty} \alpha_i^2 < \infty. \tag{4.12}$$

Die Anordnung der Neuronen in mehreren Schichten hat für das Lernen den Nachteil, dass sich Gewichtsänderungen in Schichten, die weiter von der Ausgabeschicht entfernt sind, geringer auf den Ausgabefehler auswirken als solche, die nahe der Ausgabeschicht sind. Dies beeinträchtigt die Konvergenz des einfachen Gradienten(abstiegs)verfahrens. Daher wurden Verfahren entwickelt, welche den Einfluss der Gewichtswerte entweder bei der Gewichtsanpassung berücksichtigen (Backpropagation und Levenberg-Marquardt) oder für eine gleichmäßige Berücksichtigung sorgen (Resilient Backpropagation). Diese sind für eine schnelle Konvergenz in ANNs mit vielen Schichten unerlässlich und werden daher im Lösungsansatz verwendet, um auch eine Modellierung mit vielschichtigen Netzen zu erlauben. Dabei wird Levenberg-Marquardt für das Training kleiner Netze und Resilient Backpropagation vorwiegend für das Lernen der Gewichte von großen Netzen eingesetzt.

Backpropagation   Bei mehrschichtigen ANNs, die neben einer Ein- und Ausgabeschicht eine oder mehrere versteckten Schichten beinhalten, kommt zur Berechnung der Gewichtsänderungen z. B. der Backpropagation-Algorithmus aus den genannten Gründen zum Einsatz. Dabei wird der Fehler am Ausgang an die vorangehenden Schichten propagiert, so dass diese Schichten ebenfalls einen Fehleranteil erhalten, der durch Gewichtsanpassung minimiert werden soll. Da die einfache Delta-Regel zur Berechnung der Gewichtsänderung in Anlehnung an die Darstellung in [61]

$$\Delta w_{qr} = \alpha(t_r - out_r)x_q \tag{4.13}$$

nur für Neuronen mit linearer Aktivierungsfunktion gültig ist, wird in Anhang A die erweiterte Delta-Regel für Neuronen mit sigmoider Aktivierungsfunktion σ_{ANN} hergeleitet [61]. In Gleichung 4.13 steht α für die Lernrate, t_r für die vorgegebene Zielgröße am Knoten r, out_r für die tatsächliche Ausgabe am Knoten r und x_q für die Eingabe am Knoten q (siehe Abbildung A.1 in Anhang A).

Die erweiterte Delta-Regel zur Berechnung der Gewichtsänderung

$$\Delta w_{qr} = \alpha(t_r - out_r)\sigma_{ANN}{}'(in_r)x_q \tag{4.14}$$

kann nun für Neuronen mit sigmoider Aktivierungsfunktion σ_{ANN} verwendet werden. Diese muss differenzierbar sein, damit die partiellen Ableitungen der zu optimierenden Zielfunktion über den Gewichten berechnet werden können. Die Eingabe in_r entspricht dabei der gewichteten Summe aus den Eingangswerten x_q und den zugehörigen Gewichten w_{qr} für alle Q Knoten plus Biaswert w_{0r}. out_r ergibt sich durch Anwendung der Aktivierungsfunktion σ_{ANN} auf die Eingabe in_r.

Bei der Berechnung der Gewichtsänderung für ein beliebiges Neuron r können zwei Fälle [47] unterschieden werden:

1. r ist Ausgabeknoten (mit linearer Aktivierungsfunktion)

2. r ist Knoten der versteckten Schicht (mit sigmoider Aktivierungsfunktion).

Die Ableitung der linearen Aktivierungsfunktion ergibt sich zu 1, während die Ableitung der sigmoiden Aktivierungsfunktion σ_{ANN} gleich $out_r(1 - out_r)$ entspricht. Dann kann die erweiterte Delta-Regel in Form von Gleichung 4.15 formuliert werden:

$$\Delta w_{qr} = \alpha \delta_r x_q \tag{4.15}$$

mit

$$\delta_r = \begin{cases} (t_r - out_r), & \text{falls } r \text{ in Ausgabeschicht} \\ out_r(1 - out_r) \sum_{s=1}^{S} \delta_s w_{rs}, & \text{falls } r \text{ in versteckter Schicht.} \end{cases} \tag{4.16}$$

Dabei beschreibt δ_r den Fehleranteil bzw. die Zuständigkeit des Knotens r am Fehler des Ausgangs. Der Fehler am Ausgang wird dann von Schicht zu Schicht in Form des Fehleranteils δ_r aufgrund der Kettenregel der Differentiation nach vorne propagiert, um anhand dessen eine Anpassung der Gewichte vorzunehmen. Für den ersten Fall (r ist Ausgabeknoten mit linearer Aktivierungsfunktion) ergibt sich der Fehleranteil aus Abweichung zwischen der vorgegebenen Zielgröße t_r und der tatsächlichen Ausgabe out_r. Im zweiten Fall (r ist Knoten der versteckten Schicht mit sigmoider Aktivierungsfunktion) wird der Fehleranteil als gewichtete Summe über die Fehleranteile der S Ausgabeknoten berechnet.

Levenberg-Marquardt Eine weitere Möglichkeit, die Konvergenz des Gradientenabstiegsverfahrens zu verbessern, stellt der Levenberg-Marquardt-Algorithmus (LM) [58] als eine Kombination aus dem Gradientenverfahren

und der Gauß-Newton-Methode (gedämpfter Gauß-Newton-Algorithmus)
dar. Er basiert auf ersten und zweiten Ableitungen, wobei die Hessematrix
durch das Quadrat der Jakobimatrix $\mathbf{J}$ ausgedrückt werden kann, unter der
Annahme, dass die Residuen klein sind. Beim Gradientenverfahren wird
die Richtung des steilsten Abstiegs (negativer Gradient, $\Delta w_{qr} = -\nabla E$)
gewählt. Das Optimierungsproblem der Gauß-Newton-Methode ergibt sich
durch Taylorreihenentwicklung bis zum quadratischen Term und aus der
notwendigen Bedingung für ein Minimum [58] zu:

$$(\mathbf{J}^T\mathbf{J})\mathbf{h}_{gn} = -\nabla E. \tag{4.17}$$

Durch Einführung des Dämpfungsparameters λ folgt das Optimierungsproblem des LM:

$$(\mathbf{J}^T\mathbf{J} + \lambda\mathbf{I})\mathbf{h}_{lm} = -\nabla E. \tag{4.18}$$

Abhängig vom Dämpfungsparameter λ wird die Schrittweite $\mathbf{h}_{lm}$, die
dem Änderungsterm Δw_{qr} entspricht, gewählt. Wenn λ sehr klein ist,
dominiert die Gauß-Newton-Methode ($\mathbf{h}_{lm} \approx \mathbf{h}_{gn}$). Für große λ überwiegt
der Einfluss des Gradientenverfahrens ($\mathbf{h}_{lm} \approx -\frac{1}{\lambda}\nabla E$). In der Nähe eines
Minimums konvergiert die Gauß-Newton-Methode unter Berücksichtigung
der zweiten Ableitung schneller als das Gradientenverfahren. Letzteres
kann wiederum verwendet werden, um sich dem Minimum schnell zu
nähern [70]. Durch Kombination der beiden Verfahren ergibt sich eine gute
Approximation mit einer relativ geringen Anzahl an Iterationsschritten.
Bei großen Jakobi- und Hessematrizen kann der Speicheraufwand des LM
allerdings sehr hoch werden.

Resilient Backpropagation   Der Resilient Backpropagation-Algorithmus
(RProp) [73] ist eine weitere Modifikation des Gradientenabstiegsverfahrens
zur Verbesserung der Konvergenz. RProp nutzt den rohen Gradienten der
Fehlerfunktion als Funktion aller Gewichte, verwendet jedoch für die Berechnung der aktuellen Gewichtsänderung nur die Richtung der Ableitung,
nicht aber deren Betrag. Dadurch werden alle Gewichte unabhängig von ihrer Schicht gleich behandelt, da die Beträge der partiellen Ableitungen nicht
eingehen. Somit kompensiert RProp ebenfalls die Schichtabhängigkeit der
Gewichte, ist weniger komplex und schneller als Standard-Backpropagation
und damit gut für das Training komplexer Netze geeignet. Bei hoher Komplexität der Daten kann durch Betrachtung alleinig der ersten Ableitung
eine höhere Robustheit erzielt werden.

Die aktuelle Gewichtsänderung Δw_{qr_i} ergibt sich aus Gleichung 4.19:

$$\Delta w_{qr_i} = \begin{cases} -\Delta_{qr_i}, & \text{falls } \frac{\partial E_i}{\partial w_{qr_i}} > 0, \\ +\Delta_{qr_i}, & \text{falls } \frac{\partial E_i}{\partial w_{qr_i}} < 0, \\ 0, & \text{sonst.} \end{cases} \tag{4.19}$$

Wenn die Ableitung positiv ist, befindet sich das Minimum in negativer Richtung, in welcher die Änderung durchgeführt wird (Fall 1). Ist die Ableitung negativ, erfolgt eine Änderung in positiver Richtung (Fall 2). Ist die Ableitung 0, so ist die notwendige Bedingung für ein Minimum erfüllt und es wird keine Gewichtsänderung durchgeführt (Fall 3). Diese Unterscheidung wird anhand von Abbildung 4.8 verdeutlicht. Der Änderungswert

$$\Delta_{qr_i} = \begin{cases} \eta^+ \cdot \Delta_{qr_{i-1}}, & \text{falls } \frac{\partial E_{i-1}}{\partial w_{qr_{i-1}}} \cdot \frac{\partial E_i}{\partial w_{qr_i}} > 0, \\ \eta^- \cdot \Delta_{qr_{i-1}}, & \text{falls } \frac{\partial E_{i-1}}{\partial w_{qr_{i-1}}} \cdot \frac{\partial E_i}{\partial w_{qr_i}} < 0, \\ \Delta_{qr_{i-1}}, & \text{sonst.} \end{cases} \tag{4.20}$$

lässt sich aus Gleichung 4.20 abhängig von den Konstanten η^+ und η^- bestimmen. Haben die Ableitung der Fehlerfunktion $\frac{\partial E_i}{\partial w_{qr_i}}$ der aktuellen Iteration i und die Ableitung der Fehlerfunktion $\frac{\partial E_{i-1}}{\partial w_{qr_{i-1}}}$ der vorigen Iteration $i-1$ dasselbe Vorzeichen, wird ein konstanter Faktor $\eta^+ > 1$ für die Gewichtung der vorigen Gewichtsänderung $\Delta_{qr_{i-1}}$ gewählt (Fall 1). Damit kann das Minimum schneller erreicht werden. Falls ein Vorzeichenwechsel zwischen $\frac{\partial E_i}{\partial w_{qr_i}}$ und $\frac{\partial E_{i-1}}{\partial w_{qr_{i-1}}}$ auftritt, wurde das Minimum gerade übersprungen und der konstante Faktor η^- muss < 1 gewählt werden (Fall 2). Hat ein Vorzeichenwechsel im aktuellen Iterationsschritt stattgefunden, soll im folgenden Iterationsschritt keine Anpassung des Änderungswertes Δ_{qr_i} vorgenommen werden. Dies wird erreicht, indem $\frac{\partial E_{i-1}}{\partial w_{qr_{i-1}}}$ zu 0 gesetzt wird und in der nächsten Iteration keine Änderung im Vergleich zur aktuellen Iteration erfolgt (Fall 3).

Jede der vorgestellten Methoden verbessert die Konvergenz der ANNs wesentlich gegenüber der einfachen Gradientenabstiegsmethode („Vanilla Gradient Descent"). Dabei weist RProp die geringste Komplexität in Zeit und Speicherbedarf in Abhängigkeit von der Anzahl der Gewichte auf. LM

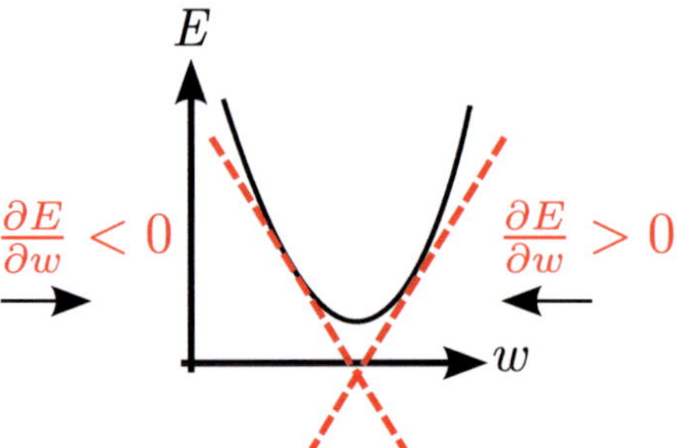

Abbildung 4.8: Fehlerminimierung in negativer Gradientenrichtung

konvergiert sehr schnell, hat aber einen Speicherbedarf, der quadratisch mit der Anzahl der Gewichte ansteigt [40]. Backpropagation ist ähnlich schnell wie RProp mit linearem Speicherbedarf [40]. Für kleine Netze sollte folglich LM, für größere RProp verwendet werden.

Auswahl der Architektur   Die Anzahl der Knoten in den jeweiligen Schichten bei der Konstruktion eines ANN ist problemabhängig. Die Anzahl der Ein- und Ausgangsknoten ergibt sich direkt aus dem Regressionsproblem, während die Anzahl der Knoten in der versteckten Schicht von der Komplexität des funktionalen Zusammenhangs abhängt. Werden zu viele Knoten in dieser Schicht gewählt, kann es zu einer Überanpassung der Gewichte kommen, so dass keine generalisierende Abbildung gefunden wird, sondern die Daten nur auswendig gelernt werden. Werden zu wenig Knoten verwendet, kann die Komplexität des Problems nicht ausreichend beschrieben werden. Die Wahl der Höchstanzahl der versteckten Knoten abhängig vom Stichprobenumfang ist in Gleichung 4.21 für ein ANN mit N_{lay} versteckten Schichten aufgezeigt

$$N_{dof} = QR_1 + \sum_{n=2}^{N_{lay}} R_n R_{n-1} + SR_{N_{lay}} + \sum_{n=1}^{N_{lay}} R_n + S, \qquad (4.21)$$

wobei N_{dof} für die Anzahl der Freiheitsgrade des ANN (Gewichts- und Biaswerte) steht, und Q, R_n, S jeweils der Anzahl der Knoten in der Eingangsschicht, der n-ten versteckten Schicht und der Ausgangsschicht entsprechen. Für nur eine versteckte Schicht $N_{lay} = 1$ vereinfacht sich diese Beziehung aus Gleichung 4.21 zu:

$$N_{dof} = R(Q + S) + R + S. \tag{4.22}$$

Für eine robuste Vorhersage mit ANNs muss die Approximation bezüglich der Freiheitsgrade überbestimmt sein. Dabei muss gelten, dass $\phi \geq 1$ in Gleichung 4.23

$$SN = \phi N_{dof}, \tag{4.23}$$

wobei N der Anzahl an Beobachtungen (Stichprobenumfang) in den Trainingsdaten entspricht und ϕ den Grad der Bestimmtheit der Approximation angibt. Richtlinien zur Auswahl von Knoten in Backpropagation ANNs werden in [16] vorgestellt.

Konstruktive Methoden ermöglichen die automatische Bestimmung der Struktur eines ANN, so dass diese nicht fest vorgegeben werden muss. Ein Beispiel für eine Realisierung ist der Cascade Correlation-Algorithmus [24], bei welchem schrittweise versteckte Neuronen hinzugefügt werden mit dem Ziel, die Korrelation zwischen der Ausgabe des neuen Neurons und dem verbleibenden Gesamtfehler zu maximieren. Dieses Verfahren neigt allerdings zu einer übermäßigen Anpassung an spezifische Daten (overfitting) und wurde daher nicht weiter untersucht. Möglicherweise lösen jedoch neuere Modifikationen des Cascade Correlation-Algorithmus dieses Problem.

Den entgegengesetzten Weg zur Anpassung der Struktur gehen die sogenannten Netz-Pruning-Techniken, die ein großes initiales Netz schrittweise verkleinern, bis eine optimale Struktur erreicht wird. Die Verkleinerung wird dadurch erzielt, indem der Kostenfunktion (üblicherweise die Quadratfehlersumme) ein Regularisierungsterm hinzugefügt wird, welcher hohe Gewichtswerte bestraft. Wenn Gewichtswerte unter eine gegebene Schwelle fallen, werden die zugehörigen Verbindungen aus dem Netz entfernt. Wenn ein Neuron keine Verbindungen mehr hat, wird auch dieses aus dem Netz entfernt. In der vorliegenden Arbeit wird der Grundgedanke des Netz-Pruning aufgegriffen, indem die Regularisierung beim Training, jedoch ohne die Pruning-Schritte, verwendet wird. Stattdessen wird mit einer angepassten Struktur gemäß Gleichung 4.23 trainiert.

Trainingsarten Beim Training von ANNs wird zwischen zwei Trainingsarten differenziert. Stapelweises Lernen (batch learning) und inkrementelles Lernen (incremental learning) unterscheiden sich in der Bestimmung des Fehlerwertes und im Zeitpunkt, zu welchem eine Gewichtsanpassung durchgeführt wird. Wird keine Angabe bezüglich der Trainingsart gemacht, handelt es sich in der Regel um stapelweise lernende ANNs. Beim stapelweisen Lernen wird der Fehlerwert nach einer Gewichtsänderung als Mittelwert über die Fehler aller Trainingsdaten berechnet und dann zur Neubestimmung der Gewichtswerte verwendet. Beim inkrementellen Lernen hingegen wird der Fehlerwert für jedes Element der Trainingsdaten bestimmt und damit eine Gewichtsanpassung vorgenommen. Das Lernen im Stapelmodus glättet über die Fehlerwerte der einzelnen Stichprobenelemente und führt damit zu stabilerer Konvergenz, während das inkrementelle Lernen stärker stochastischen Charakter hat (insbesondere, wenn die Elemente in zufälliger Reihenfolge aus der Stichprobe gezogen werden). Dadurch ist die Gefahr des Steckenbleibens in einem lokalen Minimum der Kostenfunktion unter Verwendung eines inkrementellen Trainingsverfahrens geringer als beim stapelweisen Lernen. In beiden Fällen lässt sich die Gefahr des Steckenbleibens in einem lokalen Minimum mit zu hohem Restfehler durch das Hinzufügen eines Impulsterms (auch Momentumterm genannt) abmildern, indem die Änderung im vorherigen Lernschritt anteilsmäßig bei der Gewichtsanpassung mit berücksichtigt wird. Dadurch wird auf dem Lernpfad ein „Impuls" erzeugt, der die Überwindung kleiner lokaler Minima bewirken kann.

Beim stapelweisen Lernen wird die Gewichtsänderung Δw_i der Iteration i mittels deterministischen Gradientenabstiegs [68] aus dem Gradienten der Fehlerfunktion ∇E_i und der Lernrate α_i (analog zu Gleichung 4.9) berechnet:

$$\Delta w_i = \alpha_i \nabla E_i. \tag{4.24}$$

Die Lernrate sollte dabei mit der Anzahl der Iterationen abnehmen, damit die Gewichte des ANN konvergieren. Wenn die Folge der Lernratenwerte die Kriterien in Gleichungen 4.10 bis 4.12 erfüllen, ist die Konvergenz garantiert. Über die Auswirkung der Wahl der Folge auf die Konvergenzgeschwindigkeit gibt es leider keine grundsätzlichen Regeln.

Beim inkrementellen Lernen wird die Gewichtsänderung Δw_i in Iteration i mittels stochastischen Gradientenabstiegs [68], hier unter zusätzlicher

Berücksichtigung der Gewichtsänderung der vorigen Iteration Δw_{i-1} bestimmt:

$$\Delta w_i = \eta \Delta w_{i-1} + (1 - \eta)\alpha_i \nabla E_i. \tag{4.25}$$

Dabei gibt der Momentumterm $\eta \in [0, 1]$ den Einfluss der vorigen Gewichtsänderung im Verhältnis zum neuen Gradientenbeitrag an. Der stochastische Charakter des inkrementellen Lernens liegt darin begründet, dass die Approximation als abhängig von Prädiktoren in Form von Zufallsgrößen angesehen werden kann. Der Gradient basiert auf einer Realisierung der Zufallsgrößen, so dass man auch von einem stochastischen Gradienten spricht [68]. Um die Gefahr des Steckenbleibens in einem lokalen Minimum zu verringern, wird in der vorliegenden Arbeit das inkrementelle Lernen mit Momentumterm verwendet.

Generalisierungsfähigkeit Wie bereits im Zusammenhang mit der Bestimmung der Architektur eines ANN erwähnt, besteht für Netze mit einer Anzahl an Freiheitsgraden größer als zur Beschreibung der Daten nötig, die Gefahr der Überanpassung an die Stichprobendaten. Dies äußert sich darin, dass der Fehler für die zum Training verwendeten Daten sehr gering ist, aber für Daten der gleichen Stichprobe, die nicht zum Training genutzt wurden, sehr groß wird. Diesem Phänomen der Überanpassung muss entgegengewirkt werden, um die gewünschte Abstraktion von den spezifischen Daten in Form der Generalisierungsfähigkeit zu erreichen.

Eine Möglichkeit zur Verbesserung der Generalisierungsfähigkeit besteht im rechtzeitigen Abbruch des Trainingsvorgangs, noch bevor die Überanpassung auftreten kann. Beim Lernen werden die verfügbaren Daten (häufig zufällig) in Trainings- und Testdaten aufgeteilt, um eine datenunabhängige Validierung des Modells im Anschluss an die Trainingsphase durchzuführen. Für stapelweises Lernen werden die Trainingsdaten weiter unterteilt in eigentliche Trainingsdaten und Validierungsdaten. Anhand der Trainingsdaten werden die Modellparameter modifiziert, während die Validierungsdaten zur Überwachung des Trainingsvorgangs anhand des berechneten Validierungsfehlers dienen. Wenn eine Überanpassung der Gewichte (overfitting) auftritt, nimmt der Validierungsfehler über mehrere Zeitschritte zu und das Training wird abgebrochen (early stopping), um eine generalisierende Approximation zu erhalten. Mittels Kreuzvalidierung kann das Training mehrfach wiederholt werden, um die Unabhängigkeit des Modells von konkreten Daten zu gewährleisten oder um zwischen verschiedenen Modellen das beste auszuwählen.

Eine weitere Möglichkeit, die Generalisierungsfähigkeit zu verbessern, ist die Verwendung einer modifizierten Fehlerfunktion zur Regularisierung. Dazu wird die gewählte Fehlerfunktion um einen zusätzlichen Term zur Bestrafung von großen Gewichten erweitert. Ein Beispiel hierfür ist die modifizierte Fehlerfunktion

$$MSEREG = \gamma \ MSE + (1 - \gamma) \ MSW \qquad (4.26)$$

mit

$$MSW = \frac{1}{M} \sum_{m=1}^{M} (w_m)^2, \qquad (4.27)$$

wobei M die Anzahl der Gewichte und $\gamma \in [0, 1]$ die Intensität der Regularisierung angibt. Damit wird sichergestellt, dass die Gewichte möglichst klein gewählt werden zur Erhaltung einer glatten Approximation, die weniger zur Überanpassung neigt.

Beide Methoden gewährleisten bzw. verbessern die Generalisierung des Ergebnisses. Sie sind ferner unabhängig voneinander und können daher auch zusammen für das Training der ANNs verwendet werden.

4.3.2.2 k-Nächste-Nachbarn-Schätzer

Nichtparametrische Verfahren kommen völlig ohne Training aus, was sie für viele Anwendungen attraktiv macht. Dem Vorteil der fehlenden Trainingsphase steht jedoch eine höhere Komplexität in der Anwendung der definierten Regressionsfunktion gegenüber. Ein k-Nächste-Nachbarn-Schätzer (k-NN) ist ein nichtparametrischer Algorithmus zur Vorhersage einer Zielgröße durch Mittelung der entsprechenden Werte der Zielgröße in einer Nachbarschaft. Er ist unabhängig von Annahmen über eine Wahrscheinlichkeitsverteilung der Daten und gehört zu den Methoden des instanzenbasierten Lernens. Dabei werden die (repräsentativen) Trainingsdaten gespeichert und Vorhersagen für zuvor unbekannte Daten können basierend auf den gespeicherten Trainingsdaten (z. B. durch Mittelung) vorgenommen werden.

Beim k-NN-Schätzer wird die Nachbarschaft von Punkten im Raum durch ein Abstandsmaß definiert. Hierfür wird häufig die Euklidische Distanz zwischen den Punkten $\mathbf{p}$ und $\mathbf{q}$ im M-dimensionalen Raum

$$d(\mathbf{p}, \mathbf{q}) = \sqrt{\sum_{m=1}^{M} (\mathbf{p}_m - \mathbf{q}_m)^2} \qquad (4.28)$$

gewählt. Die Vorhersage der Zielgröße $\bar{\mathbf{y}}$ für einen Punkt $\mathbf{x}$ aus den Werten $\mathbf{y}_i(\mathbf{x}_i)$ der k nächsten Nachbarn erfolgt mittels Gleichung 4.29

$$\bar{\mathbf{y}}(\mathbf{x}) = \frac{1}{k} \sum_{i=1}^{k} \frac{w_i \mathbf{y}_i(\mathbf{x}_i)}{\sum_{j=1}^{k} w_j}, \qquad (4.29)$$

wobei w_i bzw. w_j jeweils die Gewichtung des zugehörigen Punkts $\mathbf{x}_i$ anhand seines Abstands zum Punkt $\mathbf{x}$ beschreibt. Gemäß Gleichung 4.29 ist der k-NN-Schätzer ein lokal linearer Schätzer, der zwischen den Werten der k nächsten Nachbarn interpoliert. Verschiedene Gewichtungsschemata werden in [65] beschrieben und miteinander verglichen. Dazu gehören das arithmetische und das geometrische Mittel, die Gewichtung mittels des inversen Abstands sowie die exponentielle Gewichtung. Im Rahmen dieser Arbeit wird die exponentielle Gewichtung zur stärkeren Berücksichtigung der Werte von näheren Nachbarn eingesetzt.

Die optimale Anzahl der nächsten Nachbarn ist problemabhängig und kann per Kreuzvalidierung bestimmt werden. Weitere Details zu k-NN-Schätzern finden sich in [47, 33]. k-NN-Schätzer haben wie bereits festgestellt den Vorteil, dass kein Training erforderlich ist. Jedoch sind sie als lineare Schätzer nicht in der Lage, eventuelle Nichtlinearitäten zwischen den k nächsten Nachbarn zu berücksichtigen. Ferner muss für jeden Vorhersageschritt die Menge der k nächsten Nachbarn ermittelt werden, d. h. es muss jedes Mal eine Rangfolge bezüglich der Abstände erstellt werden.

4.3.2.3 Hauptkomponentenanalyse

Zur Erstellung einer echtzeitfähigen Prozessführung muss der Rechenaufwand so gering wie möglich gehalten werden, ohne wesentliche Information über den Prozess zu verlieren. Daher werden Verfahren benötigt, welche die Daten in möglichst niedrigdimensionalen Darstellungsräumen repräsentieren. Dies lässt sich ermöglichen, wenn die Variablen im ursprünglichen Darstellungsraum teilweise voneinander abhängig sind. Die Hauptkomponentenanalyse (Principal Component Analysis, PCA) ist ein lineares Verfahren zur varianzbasierten Dimensionsreduktion in hochdimensionalen Daten. Sie wird oft in Kombination mit Regressionsmethoden eingesetzt, um die Komplexität des Regressionsproblems zu reduzieren bzw. die Regression mit einer kleineren Stichprobe durchzuführen. Dabei werden Korrelationen zwischen den einzelnen Variablen entfernt. Die Daten $\mathbf{X}$ werden in einer zweidimensionalen Matrix dargestellt, in welcher die erste Dimension dem Stichprobenumfang N und die zweite Dimension der Anzahl an Variablen M entspricht.

Eine Hauptachsentransformation der Daten $\mathbf{X}$ in ihrem ursprünglichen Raum beschreibt die Anordnung eines neuen orthogonalen Koordinatensystems anhand der Richtungen größter Varianz. Dies ist in Abbildung 4.9 schematisch veranschaulicht. Die erste neue Koordinatenachse $\mathbf{p}_1$ entspricht der ersten Hauptkomponente und zeigt in Richtung der größten Varianz. Die zweite Hauptkomponente $\mathbf{p}_2$ ist orthogonal zu ersten, da es sich um eine lineare Transformation handelt. Sie zeigt in Richtung der zweitgrößten Varianz. Weitere Hauptkomponenten können analog bestimmt werden, wobei die Varianz mit der Ordnung der Komponenten abnimmt.

Das folgende PCA-Modell beschreibt die Daten $\mathbf{X}$ mit den Hauptkomponenten

$$\mathbf{X} = \sum_{w=1}^{W} \mathbf{t}_w \mathbf{p}_w^T = \mathbf{T}\mathbf{P}^T, \qquad (4.30)$$

wobei W der Anzahl der Hauptkomponenten entspricht. $\mathbf{P}$ beschreibt die Basisvektoren des neuen Koordinatensystems und $\mathbf{T}$ repräsentiert die Daten im neuen Koordinatensystem. Durch Auslassen höherwertiger Hauptkomponenten, die weniger Varianz beschreiben, kann nun eine Dimensionsreduktion erreicht werden ($W' < W$).

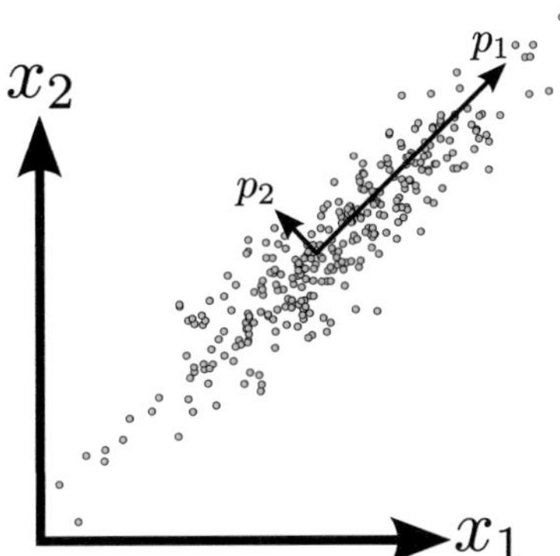

Abbildung 4.9: Hauptachsentransformation bei der Hauptkomponenten-analyse

Die Eigenwerte und Eigenvektoren (Basisvektoren) können anhand der empirischen Kovarianzmatrix (daher Division durch $N - 1$) berechnet werden

$$\mathbf{K} = \frac{1}{N - 1}\mathbf{X}^T\mathbf{X},\qquad(4.31)$$

wobei $\mathbf{X}$ die durch Subtraktion des empirischen Schwerpunkts mitten-zentrierten Daten beschreibt und N für die Anzahl der Elemente in der Stichprobe steht. Durch Sortierung der Eigenvektoren anhand der Größe ihrer Eigenwerte (welche proportional zur Varianz sind) wird die Priorität (Ordnung) der Hauptkomponenten festgelegt. Der größte Eigenwert erklärt den größten Anteil der Varianz und repräsentiert somit die erste Haupt-komponente [10]. Die Hauptachsentransformation kann auch geometrisch interpretiert werden, indem die Kovarianzmatrix $\mathbf{K}$ als eine Beschreibung der Drehung um den Koordinatenursprung aufgefasst wird, so dass die Achsen des gedrehten Koordinatensystems mit den Eigenvektoren zusam-men fallen. Der Schwerpunkt der Daten entspricht dann der Verschiebung des Ursprungs vom ursprünglichen in das neue Koordinatensystem.

Wenn die Anzahl der Variablen M in den Daten $\mathbf{X}$ wesentlich größer als der Stichprobenumfang N ist, empfiehlt [33], die Singulärwertzerlegung (Singular Value Decomposition, SVD)

$$\mathbf{X} = \mathbf{U}\mathbf{S}\mathbf{V}^T\qquad(4.32)$$

zur effizienten Lösung des Problems zu verwenden. Die N Eigenwerte von $\mathbf{X}^T\mathbf{X}$ können aus den Einträgen der Diagonalmatrix

$$\lambda_n = \frac{1}{N-1}(\mathbf{S}^T\mathbf{S})_{nn} \tag{4.33}$$

entnommen werden. Die orthonormale Matrix $\mathbf{V}$ enthält die zugehörigen Eigenvektoren $\mathbf{P}$ von $\mathbf{X}^T\mathbf{X}$. Die reduzierte Größe $\mathbf{T}$ wird durch Multiplikation von $\mathbf{U}$ und $\mathbf{S}$ bestimmt. Details zur PCA für hochdimensionale Daten finden sich in [33, 10]. Der Zusammenhang zwischen PCA und SVD wird anschaulich in [59] beschrieben.

Mit der PCA steht somit eine Methode zur Dimensionsreduktion zur Verfügung, welche die linearen Hauptachsen der Daten einer Stichprobe ermittelt. Die Projektionskoeffizienten erlauben die Darstellung der ursprünglichen Daten in der neuen (reduzierten) Basis, so dass die Komplexität der Daten für die gestellte Aufgabe verringert werden kann. Es können damit aus den Zustandsvariablen niedrigdimensionale Zustandsmerkmale und aus den Observablen bzw. aus deren zeitlichen Verläufen niedrigdimensionale Observablenmerkmale gewonnen werden. Eine Regression für die Abbildung von Observablen auf Zustandsgrößen erfolgt dann auf den niedrigdimensionalen Merkmalen, welche durch Umkehrung der Transformationen wieder auf die ursprünglichen Größen abgebildet werden können. Ebenso ist es vorteilhaft, eine Prozessregelung auf den komprimierten Zustandsmerkmalen aufzusetzen.

4.3.2.4 Partial Least Squares

Die Dimensionsreduktion mit der PCA dient, wie im vorherigen Abschnitt beschrieben, als ein Vorverarbeitungsschritt der Regression, um aus Daten z. B. den Zusammenhang zwischen Observablen und Zuständen zu modellieren. Ein Konzept, welches beide Schritte integriert, ist Partial Least Squares (PLS) in Form eines linearen Verfahrens zur Regression mit integrierter Dimensionsreduktion. Die ursprüngliche Idee bestand darin, vor der eigentlichen Regression eine Dimensionsreduktion mittels PCA in Eingabedaten $\mathbf{X}$ und Ausgabedaten $\mathbf{Y}$ vorzunehmen [26]. Allerdings wird bei der Dimensionsreduktion der Eingabe der Zusammenhang mit der Ausgabe nicht berücksichtigt. Dabei kann es vorkommen, dass Komponenten in der Eingabe entfernt werden, welche zwar eine geringe Varianz aufweisen, aber stark mit den Ausgabedaten korreliert sind. Damit geht für die Regression wesentliche Information verloren, was im schlimmsten Fall zu deren Versagen führen kann.

Die Erweiterung in Form eines iterativen Verfahrens ermöglicht eine Kombination von Regression und Dimensionsreduktion in jedem Iterationsschritt. Dadurch wird sichergestellt, dass die reduzierten Größen $\mathbf{T}$ und $\mathbf{U}$ analog zur PCA gute Näherungen für die ursprünglichen Daten $\mathbf{X}$ und $\mathbf{Y}$ darstellen. Gleichzeitig wird die Kovarianz zwischen $\mathbf{T}$ und $\mathbf{U}$ maximiert, so dass bei der Dimensionsreduktion der Eingabedaten auch der Zusammenhang mit den Ausgabedaten berücksichtigt wird. Das PLS-Modell kann nun folgendermaßen formuliert werden:

$$\mathbf{X} = \mathbf{T}\mathbf{P}^T, \tag{4.34}$$

$$\mathbf{Y} = \mathbf{U}\mathbf{Q}^T, \tag{4.35}$$

$$\mathbf{U} = \beta\mathbf{T}. \tag{4.36}$$

Dabei entsprechen $\mathbf{P}$ und $\mathbf{Q}$ den neuen Koordinatensystemen der reduzierten Größen $\mathbf{T}$ und $\mathbf{U}$. Die Regressionskoeffizienten β werden nach Abschluss des iterativen Verfahrens durch lineare Regression von $\mathbf{U}$ auf $\mathbf{T}$ bestimmt. Die äußeren Beziehungen des PLS-Modells werden in Gleichungen 4.34 und 4.35 beschreiben, die innere Beziehung entspricht Gleichung 4.36, welche die beiden äußeren Beziehungen durch Austausch der reduzierten Größen $\mathbf{t}_j$ und $\mathbf{u}_j$ der j-ten PLS-Komponente in jedem Iterationsschritt miteinander verknüpft. Das PLS-Modell kann zum einen zur Vorhersage von Zielgrößen verwendet werden. Zum anderen können Einflüsse von der Eingabe auf die PLS-Komponenten und auf die Ausgabe aufgezeigt werden. Details zum PLS-Modell und dessen Bestimmung finden sich in [26, 97]. Der PLS-Algorithmus nach [43] ist in Anhang B aufgeführt.

Die PLS ist für die simultane Dimensionsreduktion und Regression sehr gut geeignet, wenn die Ein- und Ausgabedaten durch lineare Koordinatenachsen angemessen darstellbar sind und deren Zusammenhang in guter Näherung mit einem linearen Modell beschrieben werden kann.

4.3.2.5 Projektionsmethoden für Zeitreihen

Die beobachtbaren Größen eines Prozesses liegen meist als eine bis zum aktuellen Zeitpunkt diskret abgetastete Zeitreihe in einem Zwischenspeicher vor. Die zuvor diskutierten Projektionsmethoden (PCA, PLS) berücksichtigen nicht explizit die Zeit, so dass eine entsprechende Repräsentation der Zeitreihen für deren Verwendung gefunden werden muss. Die Erweiterungen zu PCA und PLS sind Multi-way PCA (MPCA) und Multi-way PLS (MPLS). Zur Darstellung der Daten $\mathbf{X}$ in einem zweidimensionalen Datenfeld der Größe $N \times M$ (N Stichprobenelemente mit M Variablen) kommt eine Dimension der Zeit (mit L Intervallen) hinzu. Da die Projektionsmethoden nicht direkt auf dreidimensionale Datenfelder angewandt werden können, müssen diese in Form von zweidimensionalen Datenfeldern neu angeordnet werden. Für die praktische Verwendung sind dabei nur zwei mögliche Arten der Neuanordnung von Bedeutung [100]. Beim A-unfolding ($LN \times M$) werden die L Zeitschritte und N Einträge der Stichprobe in der ersten Dimension zusammengefasst, und die zweite Dimension enthält die M Variablen pro Zeitschritt (Abbildung 4.10). Beim D-unfolding ($N \times LM$) stellen die N Einträge der Stichprobe die erste Dimension dar, und die zweite Dimension wird durch die L Zeitschritte mit je M Variablen charakterisiert (Abbildung 4.11). Wenn Korrelationen in Raum (zwischen Variablen) und Zeit entfernt werden sollen, ist D-unfolding die besser geeignete Darstellung [95]. Nach Anwendung der PCA bleibt dann die Varianz in Richtung der Stichprobe übrig, die im Rahmen dieser Arbeit analysiert werden soll.

Es wird empfohlen [95], eine Mittenzentrierung der Daten vorab vorzunehmen, um nur die Varianz zu modellieren. Von einer Skalierung wird abgeraten, da diese vorhandenes Rauschen verstärken könnte. Allerdings wird darauf hingewiesen, dass die Transformationen in Vor- und Nachverarbeitung immer problemabhängig gewählt werden müssen. Die Schlussfolgerungen für die Transformationen gelten damit nur für die konkrete Anwendung in der Prozessüberwachung.

Während nach Anwendung der MPCA und MPLS nur statische zeitliche Zusammenhänge betrachtet werden, können bei Verwendung dynamischer Projektionsmethoden auch Korrelationen in der Zeit analysiert werden, da diese erhalten bleiben. Hierzu gehören Dynamic PCA (DPCA) und

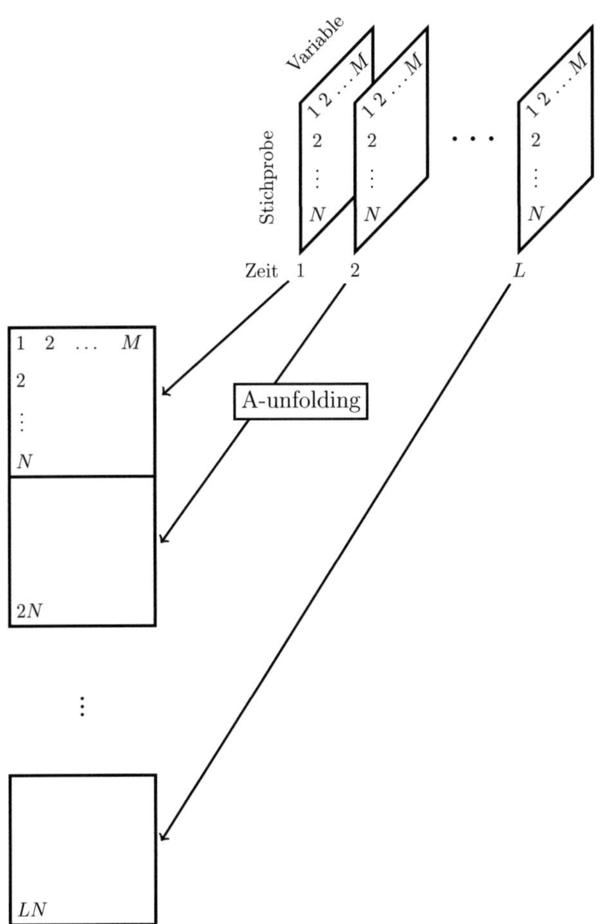

Abbildung 4.10: A-unfolding

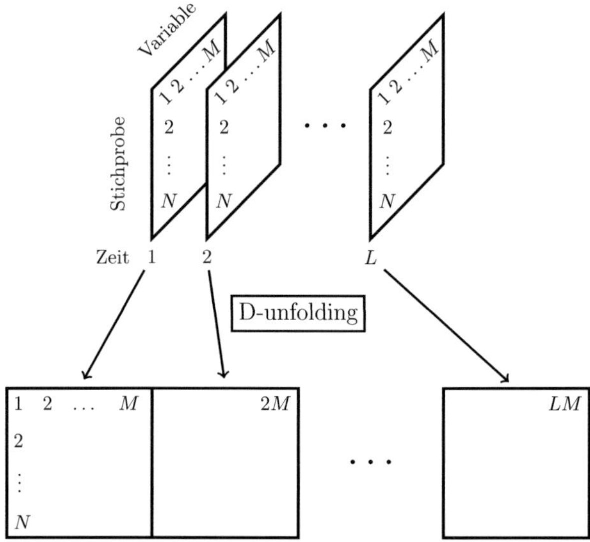

Abbildung 4.11: D-unfolding

Dynamic PLS (DPLS). Dabei wird die Anordnung der Zeitreihen in Form eines zeitversetzten gleitenden Fensters der Länge d mit Zeitabhängigkeiten in beiden Dimensionen des resultierenden zweidimensionalen Datenfelds vorgenommen [17]. Die erste Dimension enthält dann $L - d$ Zeitschritte der M Variablen und die zweite Dimension besteht aus d Zeitschritten der M Variablen für jeweils eines der N Stichprobenelemente. In [17] wird die Anwendung von DPCA und DPLS in der Prozessüberwachung mit herkömmlichen statischen Methoden der MPCA und MPLS verglichen.

Für die Zustandsverfolgung und Regelung in dieser Arbeit sind nur statische Zusammenhänge zwischen zeitlichen Verläufen von Observablen und dem aktuellen Zustand bei der Regression von Interesse, deren Komplexität mit Methoden der MPCA und MPLS reduziert werden kann. Zur Einordnung der Methoden bezüglich der Aufgabenstellung wurden auch die dynamischen Varianten DPCA und DPLS vorgestellt, obwohl diese nicht verwendet werden, aber Gegenstand zukünftiger Erweiterungen im Zusammenhang mit dynamischer Modellierung sein können.

4.3.2.6 Nichtlineare Projektionsmethoden

Wie bereits erwähnt, sind die Methoden der PCA und PLS linear, d. h. die resultierenden Modelle erfassen nur lineare Transformationen der betrachteten Größen. In vielen Fällen der Prozessmodellierung ist dies ausreichend, da entweder der Prozess selbst lineares Verhalten aufweist oder bei hoher zeitlicher Abtastung die linearen Anteile der Prozessgrößen überwiegen. Falls jedoch die linearen Modelle für die Beschreibung bestimmter Prozesse nicht ausreichen, müssen nichtlineare Erweiterungen der PCA bzw. PLS oder intrinsisch nichtlineare Methoden benutzt werden.

Eine Erweiterung linearer auf nichtlineare Methoden ist immer durch eine Abbildung vom Originalraum in einen höherdimensionalen Beschreibungsraum möglich, in welchem die Aufgabe eine lineare Form besitzt. Lässt sich die Aufgabe durch eine Abbildung vom Originalraum in einen Inneren-Produkt-Raum (mit Norm) darstellen, kann die Lösung ohne explizite Angabe der Transformation als Linearkombination der Kernel-Funktionen gefunden werden. Dazu muss die Abbildung so gewählt werden, dass die hochdimensionalen Skalarprodukte als Kernel-Funktionen ausgedrückt werden können. Der wesentliche Schritt dieses Vorgehens ist die Formulierung des Regressionsproblems in einer dualen Form. Die resultierende Kernel-PCA [80] und Kernel-PLS [75] stellen dann vollwertige (nicht approximative) nichtlineare Erweiterungen der PCA bzw. PLS dar.

Intrinsisch nichtlinear sind hingegen Methoden, denen die intrinsische Dimension der Daten, d. h. deren eigentlich zugrundeliegende Dimension, vorgegeben wird. Dazu gehören ANNs zur Bestimmung nichtlinearer Hauptkomponenten (Autoencoder [81]) bzw. zur kombinierten nichtlinearen Dimensionsreduktion und Regression (Bottleneck Neural Networks [67]). Diese Verfahren haben gegenüber den Kernel-Methoden den Vorteil, dass durch die Umkehrbarkeit der Abbildungsfunktionen die Auswirkungen der Operationen im Merkmalsraum auf den Originalraum genau rekonstruierbar und analysierbar sind. Die Bottleneck Neural Networks bzw. deren Erweiterungen sind daher im Gegensatz zu den Kernel-Methoden Teil des Lösungsansatzes und werden in Abschnitt 4.4.4 ausführlich beschreiben.

4.3.3 Optimale Regelungstheorie

Das Forschungsgebiet der optimalen Regelung hat seine Wurzeln in verschiedenen Disziplinen und verwendet daher nicht immer einheitliche Begrifflichkeiten. Ein Ursprung ist die Regelungstechnik aus den Ingenieurwissenschaften, die vorwiegend kontinuierliche Zustände und Aktionen betrachtet. Diskrete Zustände und Aktionen in Markovschen Entscheidungsprozessen (Markov Decision Processes, MDPs) sind hauptsächlich Gegenstand der Gebiete der künstlichen Intelligenz (Artificial Intelligence, AI) und des Verstärkenden Lernens (Reinforcement Learning, RL) aus der Informatik, sowie des Operations Research (OR) aus den Wirtschaftswissenschaften, der Mathematik und der Informatik. Eine gute Einführung in die Lösung von Entscheidungsproblemen mittels Dynamischer Programmierung (DP) bzw. Approximativer Dynamischer Programmierung (ADP) ist in [5, 6, 68] gegeben.

Die Aufgabe der optimalen Regelung ist die Bestimmung des Regelgesetzes eines dynamischen Systems durch Vorgabe einer zu optimierenden Kostenfunktion, die abhängig vom aktuellen Zustand und den möglichen Aktionen (Prozessparametern) des Systems ist. Handelt es sich um ein zeitdiskretes System, kann die Kostenfunktion durch die Bellman-Gleichung beschrieben werden, bei einem zeitkontinuierlichen System entspricht dies der Hamilton-Jacobi-Bellman-Gleichung. Beschränkt man sich auf den zeitdiskreten Fall, kann das mehrstufige Entscheidungsproblem als Markovscher Entscheidungsprozess aufgefasst werden.

4.3.3.1 Markovsche Entscheidungsprozesse

Ein Markovscher Entscheidungsprozess (MDP) ist ein stochastischer Prozess, der die Markov-Eigenschaft besitzt, d. h. die Entscheidung ist abhängig vom aktuellen Zustand des Prozesses, nicht aber von vorherigen Zuständen. Ein deterministischer Zustandsübergang ist in Abbildung 4.12 dargestellt. Dabei findet der Übergang von einem Initialzustand x_t^i abhängig von der gewählten Aktion u_t^j mit $j = 1, \ldots, J$ in einen Folgezustand x_{t+1}^j statt.

Nimmt man nun unbekannte stochastische Einflüsse hinzu, lässt sich dies in einem stochastischen Zustandsübergang, wie in Abbildung 4.13 gezeigt, veranschaulichen. Für den Übergang in einen Folgezustand x_{t+1}^j kann nun

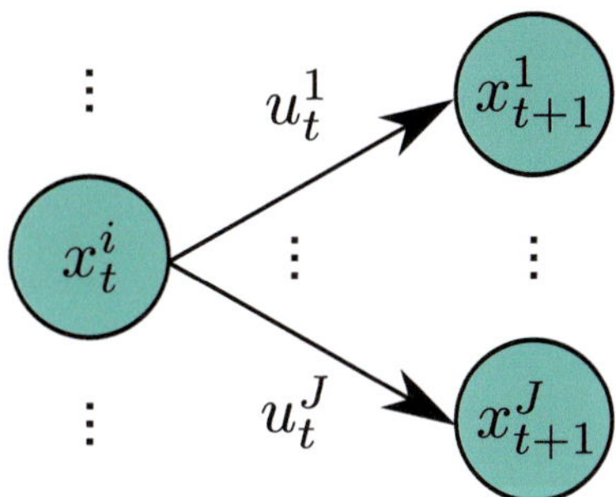

Abbildung 4.12: Deterministischer Zustandsübergang

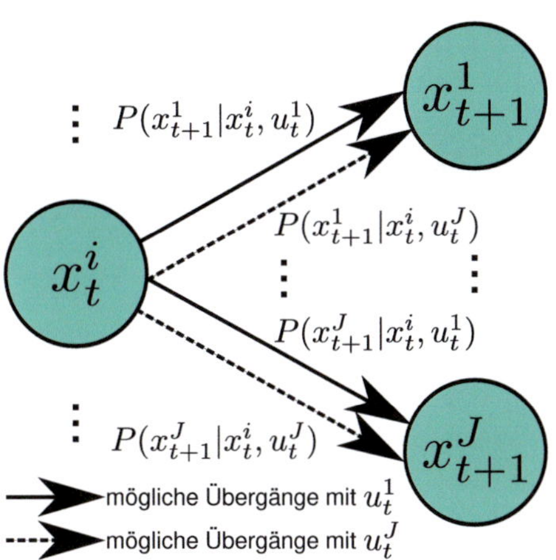

Abbildung 4.13: Stochastischer Zustandsübergang

nur noch die bedingte Wahrscheinlichkeit $P(x_{t+1}^j | x_t^i, u_t^j)$ abhängig vom Initialzustand x_t^i und der Aktion u_t^j angegeben werden.

Ein MDP zur Beschreibung eines mehrstufigen stochastischen Entscheidungsproblems wird formal durch folgende Elemente beschrieben:

1. Zustandsraum (state space)
   $x_t \in X_t = \{1, \ldots, |X_t|\}$
   mit $|X_t|$: Kardinalität des diskretisierten Zustandsraumes zum Zeitpunkt t

2. Aktionsraum (action space)
   $u_t \in U_t = \{1, \ldots, |U_t|\}$
   mit $|U_t|$: Kardinalität des diskretisierten Aktionsraumes zum Zeitpunkt t

3. Kostenfunktion (value function)
   $c_t(x_t, u_t)$: abhängig von Initialzustand x_t und Aktion u_t zum Zeitpunkt t

4. Zustandsübergangsfunktion (state transition function)
   $x_{t+1} = f_t(x_t, u_t, \nu_{p_t})$ mit ν_{p_t}: unbekannte stochastische Störgröße zum Zeitpunkt t mit Kardinalität des Zustandsraumes $|X_t|$ und Übergangswahrscheinlichkeit $P(x_{t+1} | x_t, u_t) \in [0, 1]$

5. Regelgesetz (policy)
   $\pi_t \colon X_t \to U_t$ zum Zeitpunkt t.

Der Prozesspfad ist definiert als eine Folge von Zuständen x_t im Zustandsraum eines möglichen zeitlichen Ablaufs des Prozesses mit endlichem Zeithorizont T unter stochastischen Einflüssen:

$$\{x_t\}_{t=1}^T = (x_1, x_2, \ldots, x_T). \tag{4.37}$$

Die Gesamtkosten lassen sich als Summe der lokalen Kosten c_t in jedem Zeitschritt t des endlichen Zeithorizonts T darstellen. Der Erwartungswert $\langle \rangle$ repräsentiert die Unsicherheit in den stochastischen Zustandsübergängen. Durch Lösung des Optimierungsproblems (Minimierung der Kostenfunktion) ergibt sich das Regelgesetz π und die daraus resultierenden optimalen Gesamtkosten:

$$J = \min_\pi \langle \sum_{t=1}^T \kappa_t c_t^\pi(x_t, u_t^\pi(x_t)) \rangle. \tag{4.38}$$

Der Discount-Faktor $\kappa_t \in (0,1]$ beschreibt den Einfluss der lokalen Kosten über die Zeit t und wird im weiteren Verlauf dieser Arbeit als 1 angenommen, um alle Zeitschritte gleichermaßen zu berücksichtigen.

Das Optimalitätsprinzip von Bellman [4] besagt, dass sich die optimale Gesamtlösung aus optimalen Teillösungen bestimmen lässt. Dies setzt zum einen voraus, dass das Gesamtproblem eine optimale Struktur (optimal substructure) aufweist, d. h. dass sich die Lösung des Gesamtproblems aus Lösungen der Teilprobleme darstellen lässt. Zudem muss gelten, dass sich die Teilprobleme überschneiden (overlapping subproblems), d. h. dass die Lösung eines Teilproblems bei der Lösung eines weiteren Teilproblems verwendet werden kann. Ein Beispiel hierfür ist die Berechnung der Fibonacci-Folge. Ein weiteres Beispiel, in welchem beide Voraussetzungen erfüllt sind, ist die Berechnung des kürzesten Pfads in einem Graphen. Den Verbindungen zwischen den Knoten sind Kosten zugeordnet und der kürzeste Pfad entspricht dann den minimalen Gesamtkosten, die sich additiv aus den Kosten der einzelnen Verbindungen zusammensetzen.

Nach dem Optimalitätsprinzip von Bellman kann das Optimierungsproblem in Form der stochastischen Bellman-Gleichung

$$J_t(x_t) = \min_{u_t \in U_t} \left\{ c_t(x_t, u_t) + \kappa \langle J_{t+1}(x_{t+1}) \rangle \right\} \tag{4.39}$$

mit

$$\langle J_{t+1}(x_{t+1}) \rangle = \sum_{x'_{t+1} \in X_{t+1}} P(x'_{t+1} | x_t, u_t)\, J_{t+1}(x'_{t+1}) \tag{4.40}$$

und

$$\sum_{x'_{t+1} \in X_{t+1}} P(x'_{t+1} | x_t, u_t) = 1 \tag{4.41}$$

formuliert werden. Dabei entspricht c_t den lokalen Kosten im Zeitschritt t, die mit der Aktion u_t abhängig vom Initialzustand x_t des Prozessschritts verbunden sind, und J_{t+1} repräsentiert die Folgekosten, die sich abhängig vom Endzustand x_{t+1} des Prozessschritts ergeben. Zustandsübergänge und Kosten werden in der Regel in Lookup-Tabellen über dem diskretisierten Zustandsraum dargestellt. Eine Lookup-Tabelle ist eine Datenstruktur zum Speichern von mehrfach verwendeten Ergebnissen, die bei wiederholter Nachfrage nicht neu berechnet werden müssen, sondern aus der Tabelle entnommen werden können. Auf diese Weise kann eine Laufzeitverbesserung erreicht werden. Lookup-Tabellen können allerdings sehr groß werden, so dass der Vorteil der Laufzeitverbesserung durch den hohen Speicherbedarf verringert wird.

Die Komplexität der Zustandsübergangsfunktion $X_t \times U_t \times X_t$ ist abhängig von der Kardinalität des Zustandsraumes $|X_t|$, der Kardinalität des Aktionsraumes $|U_t|$ und der Kardinalität des Störgrößenraumes $|X_t|$. Die Komplexität der Kostenfunktion ist abhängig von der Kardinalität des Zustandsraumes $|X_t|$.

Allgemein wird zwischen Problemen mit endlichem Zeithorizont T und unendlichem Zeithorizont $T \to \infty$ unterschieden. Im ersten Fall können die Gesamtkosten um eine Bewertungsfunktion des Endzustands (z. B. Qualitätsmerkmale eines Produktes) erweitert werden. Im Falle eines unendlichen Horizonts gibt es nur eine allgemeingültige Kostenfunktion für alle Zeitschritte unter Auslassung des Zeitindex. Diese Funktion kann mit einem iterativen DP-Verfahren (z. B. Value Iteration) bestimmt werden. In den betrachteten Fertigungsprozessen wird ein Einfluss auf ein Bauteil für eine endliche Zeit ausgeübt, so dass ein Problem mit endlichem Zeithorizont vorliegt. Im Unterschied dazu haben Fließprozesse, wie sie z. B. in chemischen Reaktoren bei der Erdölraffinierung vorkommen, einen „unendlichen" Zeithorizont.

4.3.3.2 Dynamische Programmierung

Die Bellman-Gleichung kann mittels Dynamischer Programmierung (DP) [5, 6] rückwärts für alle Zeitschritte von $t = T - 1$ bis $t = 1$ für einen Prozess mit endlichem Zeithorizont T gelöst werden, wie in Algorithmus 4.1 verdeutlicht wird. Dabei wird für jeden Zeitschritt t per vollständiger Suche jede mögliche Kombination aus Initialzustand x_t und Aktion u_t mit der Kostenfunktion bewertet. Sind die Gesamtkosten J_{tmp} aus lokalen Kosten c_t und Folgekosten J_{t+1} kleiner als der bisherige Wert, wird ihr Wert als optimale Gesamtkosten J_t in der Lookup-Tabelle für den Initialzustand x_t übernommen. Die Folgekosten J_{t+1} ergeben sich jeweils aus dem zuvor betrachteten Zeitschritt $t + 1$ bzw. aus der Initialisierung der Kosten des Endzustands $J_T(x_T)$ im ersten Schleifendurchlauf. Die Lookup-Tabelle der Kosten $J_T(x_T)$ kann mit Nulleinträgen initialisiert oder zur Bewertung des Endzustands x_T herangezogen werden. Die Lookup-Tabellen

```
1   Initialisiere J_T(x_T)   ∀x_T ∈ X_T
2   for  t = T − 1 : 1
3      for all  x_t ∈ X_t
4         Initialisiere J_t(x_t)
5         for all  u_t ∈ U_t
6            J_tmp = c_t(x_t, u_t) + κ  Σ  P(x'_{t+1}|x_t, u_t) J_{t+1}(x'_{t+1})
                                      x'_{t+1}∈X_{t+1}
7            if  (J_tmp < J_t(x_t))
8               J_t(x_t) = J_tmp
9            end if
10        end for
11     end for
12  end for
```

Algorithmus 4.1: Rückwärts-DP-Algorithmus für endlichen Zeithorizont T

der optimalen Kosten $J_t(x_t)$ werden bei Minimierungsproblemen in der Regel mit hohen Werten initialisiert. Da im Rahmen dieser Arbeit nur Prozesse mit endlichem Zeithorizont T betrachtet werden, deren Dynamik mit mehreren statischen Teilfunktionen abgebildet wird, kommt der Rückwärts-DP-Algorithmus zum Einsatz.

Für Prozesse mit unendlichem Zeithorizont $T \to \infty$ muss eine allgemeingültige Kostenfunktion J für alle Zeitschritte mit einem iterativen Verfahren gefunden werden. Dieses Vorgehen wird im Zusammenhang mit dynamischen Modellen verwendet, die die Dynamik mit einer Gesamtfunktion beschreiben. Daher werden im Folgenden zwei häufig angewandte Varianten erläutert, die allerdings nicht in dieser Arbeit genutzt werden, aber Gegenstand zukünftiger Erweiterungen sein können.

Value Iteration   Der Value Iteration-Algorithmus (Algorithmus 4.2) ist ähnlich zum Rückwärts-DP-Algorithmus mit endlichem Zeithorizont. Er unterscheidet sich von diesem in einer zeitunabhängigen Kostenfunktion J und einer Iterationsschleife (mit Zählvariable $i = 1 \ldots I$), die mittels Abfrage eines Konvergenzkriteriums frühzeitig verlassen werden kann. Die Abbruchbedingung für die Konvergenz basiert auf der Maximumsnorm

1   Initialisiere $J^0(x)$ $\forall x \in X$
2   **for** $i = 1 : I$
3   **for all** $x \in X$
4        $J^i(x) = \min\limits_{u \in U}\{c(x,u) + \kappa \sum\limits_{x' \in X} P(x'|x,u)J^{i-1}(x')\}$
5   **if** $(\|J^i - J^{i-1}\| < \frac{\epsilon(1-\kappa)}{2\kappa})$
6   Beende
7   **end if**
8   **end for**
9   **end for**

Algorithmus 4.2: Value Iteration-Algorithmus für unendlichen Zeithorizont $T \to \infty$

$\|J\| = \max\limits_{x}|J(x)|$, d. h. wenn die größte Änderung der Kosten bezüglich aller Einträge der Lookup-Tabelle des diskreten Zustandsraumes klein genug ist. Die Schleife über die einzelnen Zeitschritte entfällt in diesem Fall.

Policy Iteration   Beim Policy Iteration-Algorithmus (Algorithmus 4.3) wird eine Zuordnung zwischen Zuständen X und ihren zugehörigen optimalen Aktionen U in Form einer Lookup-Tabelle für das Regelgesetz π vorgenommen. Die Berechnung des optimalen Regelgesetzes erfolgt pro Iteration n in zwei Schritten: 1) Policy Evaluation mit einem fest vorgegebenen Regelgesetz und 2) Policy Improvement zur Verbesserung des Regelgesetzes [52]. Im ersten Schritt (Policy Evaluation) wird die Kostenfunktion J_π bezüglich des festen Regelgesetzes π^n solange iterativ für alle Zustände x ausgewertet bis Konvergenz erreicht ist. Im zweiten Schritt (Policy Improvement) wird das Regelgesetz $\pi^n(x \to u^n)$ dann basierend auf $J_{\pi^{n-1}}$ aus dem ersten Schritt verbessert. Wenn Konvergenz bezüglich der Aktion u^n für alle Zustände x erreicht ist, wird der Algorithmus beendet.

Der Policy Iteration-Algorithmus konvergiert in der Regel schneller als Value Iteration bezüglich der Anzahl an benötigten Iterationen, allerdings kann der Policy Evaluation-Schritt mit hohem Aufwand verbunden sein.

1   Initialisiere $\pi^0(x) \quad \forall x \in X$

2   Initialisiere $J_{\pi^0}(x) \quad \forall x \in X$

3   **for** $n = 1 : N$

4   **for** $i = 1 : I$ // Policy Evaluation

5   **for all** $x \in X$

6         $J_\pi^i(x) = c(x, \pi(x)) + \kappa \langle J_\pi^{i-1}(x_{t+1}) \rangle$

7   **if** $(\|J_\pi^i - J_\pi^{i-1}\| < \frac{\epsilon(1-\kappa)}{2\kappa})$

8   Beende Policy Evaluation

9   **end if**

10   **end for**

11   **end for**

12   // Policy Improvement

13     $u^n(x) = \arg\min_{u \in U}\{c(x, u) + \kappa \langle J_{\pi^{n-1}}(x_{t+1}) \rangle\}$

14   **if** $(u^n(x) \approx u^{n-1}(x)) \quad \forall x \in X$

15   Beende

16   **end if**

17   **end for**

Algorithmus 4.3: Policy Iteration-Algorithmus für unendlichen Zeithorizont $T \to \infty$

In den meisten Fällen konvergiert der Policy Evaluation-Schritt jedoch innerhalb weniger Iterationen.

Unabhängig vom konkreten Lösungsverfahren (Rückwärts-DP, Value Iteration, Policy Iteration) kommt der Fluch der Dimensionalität bei hochdimensionalen Zustands- und Aktionsräumen unter Berücksichtigung von Unsicherheiten zum Tragen. Dieser resultiert aus der vollständigen Suche in den hochdimensionalen Zustands- und Aktionsräumen und aus der Bestimmung des Erwartungswertes der Kostenfunktion. Für den Rückwärts-DP-Algorithmus ergibt sich durch vollständige Suche mit Rückwärtsschreiten in der Zeit ein Problem, dessen Laufzeitkomplexität mit zunehmender Dimensionalität in Zustands- (bzw. Störgrößen-) und Aktionsräumen exponentiell wächst. Die Komplexität wächst hingegen nur linear mit der Zeit.

Ist diese kombinatorische Komplexität beherrschbar, z. B. für deterministische oder einfache stochastische Probleme, kann die DP, eventuell unter Zuhilfenahme von Methoden der Dimensionsreduktion, zur Lösung verwendet werden. Ansonsten bietet die Approximative Dynamische Programmierung Lösungsansätze mit Approximationen und deren iterativer Bestimmung mit geringerer Komplexität.

4.3.3.3 Approximative Dynamische Programmierung

Das Ziel der Approximativen Dynamischen Programmierung (ADP) [68] ist das Abmildern des Fluchs der Dimensionalität, der mit der vollständigen Suche in hochdimensionalen Zustands- und Aktionsräumen sowie der Berechnung von Erwartungswerten der Kostenfunktion einhergeht. Ein wichtiger Unterschied zur klassischen DP ist das iterative Vorwärtsschreiten in der Zeit auf stochastischen Pfaden, die mit einem Zufallszahlengenerator erzeugt werden können, oder die sich aus Simulationen oder realen Experimenten (möglicherweise erst zur Prozesslaufzeit) ergeben.

Der Erwartungswert der Folgekosten $\langle J_{t+1}(x_{t+1}) \rangle$ kann mittels Sample Average Approximation (SAA) durch seinen Mittelwert $\frac{1}{I} \sum_{i=1}^{I} J_{t+1}(x_{t+1_i})$ approximiert werden, der sich aus I Realisierungen der Zufallsgröße x_{t+1} ergibt. Die Übergangswahrscheinlichkeit $P(x_{t+1}|x_t, u_t)$ wird dabei als $\frac{1}{I}$ angenommen, was einer hypothetischen Gleichverteilung entspricht. Eine

Approximation des Erwartungswertes kann dadurch mit relativ geringem Aufwand (abhängig von der Anzahl an Beobachtungen I, über die gemittelt wird) durchgeführt werden.

Das Zwischenergebnis der ADP-Lösung kann nach jeder Iteration genutzt werden, so dass schnell ein Kostenmodell unabhängig von dessen Güte vorliegt. Ausgehend von einer vorzugebenden Anfangslösung (Initialisierung) ergibt sich somit eine laufende Verbesserung, da durch die Stochastik immer wieder neue Pfade durchlaufen werden und dadurch eine Exploration des Zustandsraumes durchgeführt wird.

Unter Verwendung einer post-decision Zustandsvariablen [77, 68] muss der Erwartungswert der Kostenfunktion nicht explizit berechnet werden. Die Formulierung der Kostenfunktion bezüglich des post-decision Zustands führt eine Vertauschung von Erwartungswert- und Minimierungsoperator in der Bellman-Gleichung herbei. Auf diese Weise entsteht ein deterministisches Minimierungsproblem (innerer Operator), dessen Erwartungswert (äußerer Operator) durch Mittelung approximiert werden kann [49]. Daraus ergibt sich eine Approximation des Erwartungswertes der Kostenfunktion. Der Zustandsübergang unter Berücksichtigung einer post-decision Zustandsvariablen ist in Abbildung 4.14 dargestellt. Es wird vorausgesetzt, dass die Zustandsübergangsfunktion f_t in zwei Teilschritte zerlegt werden kann

$$x_t^u = f_t^u(x_t, u_t), \tag{4.42}$$

$$x_{t+1} = f_t^{\nu_p}(x_t^u, \nu_{p_t}), \tag{4.43}$$

wobei f_t^u dem deterministischen Anteil und $f_t^{\nu_p}$ dem stochastischen Anteil entspricht. Der post-decision Zustand beschreibt den Status unmittelbar nach der Entscheidung u_t noch bevor der stochastische Einfluss ν_{p_t} zum Tragen kommt.

Die Funktionsweise des Approximate Value Iteration-Algorithmus für einen endlichen Zeithorizont T unter Verwendung einer post-decision Zustandsvariablen ist in Algorithmus 4.4 erläutert. Der Erwartungswert der Kostenfunktion wird in jedem Zeitschritt durch Mittelung über mehrere stochastische Pfade $\nu_{p_{it}}$ approximiert.

Durch Lösen der Bellman-Gleichung in jedem Zeitschritt t jeder Iteration i ergibt sich zu gegebenem Initialzustand x_t^i eine Schätzung der Kostenfunktion $\hat{J}_t^i$ aus den lokalen Kosten c_t und den Folgekosten $\tilde{J}_t^{u,i-1}$ zum

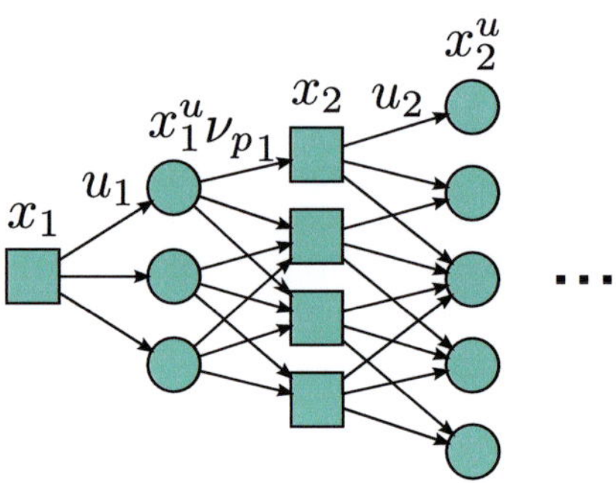

Abbildung 4.14: Zustandsübergang mit post-decision Zustandsvariable

1   Initialisiere $\tilde{J}_t^{u,0}(x_t)$ **for** $t = 1 : T-1$ $\forall x_t \in X_t$

2   **for** $i = 1 : I$

3   Initialisiere x_1^i

4   Wähle zufälliges Rauschen $\nu_{p_{i1...iT-1}}$

5   **for** $t = 1 : T-1$

6   // optimale Entscheidung u_t^i

7        $\hat{J}_t^i = \min_{u_t \in U_t} \{c_t(x_t^i, u_t) + \tilde{J}_t^{u,i-1}(x_t^{u,i})\}$

8   **if** $(t > 1)$

9   // stochastische Mittelung

10          $\tilde{J}_{t-1}^{u,i}(x_{t-1}^{u,i}) = (1 - \eta_i)\tilde{J}_{t-1}^{u,i-1}(x_{t-1}^{u,i}) + \eta_i \hat{J}_t^i$

11   **end if**

12        $x_t^u = f_t^u(x_t, u_t^i)$ // Zustandsübergang (deterministisch)

13        $x_{t+1} = f_t^{\nu_p}(x_t^u, \nu_{p_{it}})$ // Zustandsübergang (stochastisch)

14   **end for**

15   **end for**

Algorithmus 4.4: Approximate Value Iteration-Algorithmus mit post-decision Zustandsvariable für endlichen Zeithorizont T

Zeitpunkt t aus der vorigen Iteration $i - 1$ bezüglich des post-decision Zustands $x_t^{u,i}$. Die zugehörige optimale Aktion wird mit u_t^i bezeichnet. Eine Aktualisierung der Kostenfunktion $\tilde{J}_{t-1}^{u,i}$ (Lookup-Tabelle) wird nun für den Zustand $x_{t-1}^{u,i}$ basierend auf dem Wert der vorigen Iteration $\tilde{J}_{t-1}^{u,i-1}$ und dem neu geschätzten Wert $\hat{J}_t^i$ vorgenommen. Auf diese Weise wird sichergestellt, dass die Informationen der vorigen Iterationen mit berücksichtigt werden und nicht verloren gehen. Die Gewichtung der beiden Werte wird durch $\eta_i \in [0, 1]$ festgelegt. Im ersten Zeitschritt wird keine Aktualisierung vorgenommen, da $\tilde{J}_0^{u,i}$ nicht benötigt wird. Nach der Aktualisierung findet der Zustandsübergang (deterministischer und stochastischer Anteil) statt. Während für einen endlichen Zeithorizont in der Regel zeitabhängige Kostenfunktionen J_t verwendet werden, kann der Algorithmus für eine zeitunabhängige Kostenfunktion J im Falle eines unendlichen Zeithorizonts angepasst werden.

Die quadratische Laufzeitkomplexität des vorwärtsgerichteten Approximate Value Iteration-Algorithmus ergibt sich aus der linearen Komplexität des iterativen Vorgehens kombiniert mit der linearen Komplexität der zeitlichen Diskretisierung.

Eine Möglichkeit, die Komplexität des Speicherplatzbedarfes bei hochdimensionalen Zustandsräumen zusätzlich zu reduzieren, ist die Verwendung einer kontinuierlichen Repräsentation der Kostenfunktion $\tilde{J}$ in Form einer Approximation. Neuro-Dynamic Programming (NDP) [7] umfasst die Approximation mit ANNs und weiteren Regressionsmethoden. Bei NDP ist es ebenfalls möglich, mit einem klassischen Rückwärts-DP-Ansatz eine temporäre Lookup-Tabelle der Kostenfunktion zu erzeugen und deren Inhalt als Trainingsdaten zur Funktionsapproximation zu verwenden (Sequential Backward Approximation). Dies setzt allerdings voraus, dass das Problem für einen Zeitschritt durch vollständige Suche gelöst werden kann, während bei Vorwärts-ADP nur ein Teil des relevanten Zustandsraumes in Form der stochastischen Pfade betrachtet wird. Daher können mit Vorwärts-ADP theoretisch beliebig komplexe Probleme gelöst werden, allerdings lässt sich mit endlichem Aufwand nur eine begrenzte Modellgüte der Kostenfunktion erreichen, da sich die Lösung erst über mehrere Prozessabläufe verbessert. Durch die begrenzte Modellgüte muss für die im Rahmen dieser Arbeit definierte Kostenfunktion, die abhängig vom Endzustand (Qualität) und von den Prozessparametern (Produktionsaufwand) ist, eine anfänglich schlechtere Qualität oder zu hoher Produktionsaufwand in Kauf genommen werden. Ferner kann der ADP-Algorithmus in einem lokalen Minimum der Kostenfunktion stecken bleiben, wodurch sich eine sub-optimale Lösung ergibt.

Wenn eine Lösung des Problems aufgrund der kombinatorischen Komplexität (z. B. bei stochastischen Problemen mit kontinuierlichem Zustandsraum) nicht durchführbar ist, können ADP-Methoden verwendet werden. Außerdem kann die ADP eingesetzt werden, wenn bereits eine gute Lösung vorliegt, die im Laufe der Prozessausführung weiter verbessert werden soll. Eine geeignete Anfangslösung kann z. B. ein DP-Ansatz liefern, nachdem die Komplexität des ursprünglichen Problems durch Dimensionsreduktion und vertretbar grobe Diskretisierung auf ein beherrschbares Maß reduziert wurde. Sind die Informationen bezüglich Kosten und Zuständen nicht vorab vorhanden und werden erst zur Prozessausführung verfügbar, muss auf iterative Vorwärts-ADP-Ansätze zurückgegriffen werden. Die Wahl eines geeigneten Funktionsapproximators sollte jeweils abhängig vom konkreten Problem erfolgen.

4.4 Zustandsverfolgung

Als Grundlage für eine optimale Prozessführung zur Laufzeit dienen schnelle und robuste Modelle der Zustandsverfolgung. Der Prozess kann dabei als zeitdiskretes nichtlineares dynamisches System in Zustandsraumdarstellung beschrieben werden. Durch Systemidentifikation ergibt sich eine funktionale Abhängigkeit des Zustands von observablen Größen in Form des Beobachtermodells sowie eine funktionale Abhängigkeit des aktuellen Zustands vom Vorgängerzustand, den Prozessparametern und den Störgrößen in Form des Zustandsübergangsmodells. Letzteres wird im Kontext der optimalen Prozessführung in Abschnitt 4.5 betrachtet.

Analytische Materialmodelle können zur genauen Beschreibung und Interpretation der Prozessbeziehungen genutzt werden, allerdings können diese Modelle aufgrund des benötigen Rechenaufwands nicht direkt als Basis für eine Regelung eingesetzt werden. Die Abbildung der Prozessbeziehungen der Zustandsverfolgung wird daher in Form von Black-Box-Modellen mit Methoden des statistischen Lernens zur Regression und Dimensions-reduktion basierend auf Simulationen mit Materialmodellen oder Experimenten als Datenbasis umgesetzt. Beim statistischen Lernen liegt der hauptsächliche Aufwand in einer vorab durchgeführten Trainingsphase, so dass eine echtzeitfähige Vorhersage zur Prozesslaufzeit (im Sinne der Erfüllung des Nyquist-Theorems [56]) im Gegensatz zu komplexen analytischen Materialmodellen möglich ist. Im Folgenden wird die Regression des Beobachtermodells (Abschnitt 4.4.1) zur Vorhersage von Zustand und Bauteileigenschaften aus den Observablen beschrieben. Dabei wird ein Überblick über die realisierten Ansätze gegeben und die Anordnung der Zeitreihen erläutert. Anschließend wird auf die Einzelheiten der realisierten Ansätze in den Abschnitten 4.4.2, 4.4.3 und 4.4.4 eingegangen.

4.4.1 Regression des Beobachtermodells

Der Black-Box-Beobachter beinhaltet die Modellierung (Abbildung 4.2):

1. der komplexen Beziehung zwischen den zeitlichen Verläufen observabler Größen und den aktuellen Zustandsvariablen sowie den daraus extrahierten Zustandsmerkmalen

2. der weniger komplexen Beziehung zwischen den Zustandsmerkmalen und den Bauteileigenschaften.

Mit der Regression werden die funktionalen Abhängigkeiten als approximierte Funktionen dargestellt. Während eine direkte Anwendung der Regression im Falle von niedrigdimensionalen Beziehungen möglich ist, kommen bei hochdimensionalen Beziehungen Methoden der Dimensionsreduktion zum Einsatz. Dazu gehören varianzbasierte Verfahren (z. B. PCA) und wissensbasierte Dimensionsreduktion mit Prozesswissen in Form von analytischen Modellen (Abschnitt 4.4.3). Die Dimensionsreduktion extrahiert wesentliche Charakteristika, die den Prozesszustand eindeutig beschreiben. Die auf diese Weise gewonnenen Zustandsmerkmale können dann für eine Regelung im kontinuierlichen Zustandsraum unter Abmilderung des Fluchs der Dimensionalität herangezogen werden. Die Robustheit der funktionalen Abhängigkeiten des Beobachtermodells wird mit Untersuchungen zum Einbringen von Messrauschen und zur Eindeutigkeit der Abbildung sichergestellt (Abschnitt 6.1.5).

Die Komplexität der hochdimensionalen Beziehung resultiert aus der Betrachtung einer Zeitreihe der Eingangsgrößen in Form einer Historie sowie aus hochdimensionalen (meist korrelierten) Ausgangsgrößen zum aktuellen Zeitpunkt t_c. Eine schematische Darstellung zur Vorhersage des aktuellen Zustands $\tilde{\mathbf{x}}(t_c)$ aus zeitlichen Verläufen von Observablen $\mathbf{o}(t_0), \ldots, \mathbf{o}(t_c)$ mittels Regression ist in Abbildung 4.15 gegeben. Im Anschluss an die Vorstellung der realisierten Ansätze wird die Anordnung von Zeitreihen der Observablen bei der Zustandsvorhersage erläutert.

Realisierte Ansätze   Die Nichtlinearitäten der Regressionsbeziehungen des Beobachtermodells ergeben sich aus den theoretischen Zusammenhängen des nichtlinearen Materialverhaltens der betrachteten Prozesse. Lineare Methoden können ebenfalls zur Abbildung von nichtlinearen Zusammenhängen verwendet werden, allerdings ergeben sich daraus abhängig vom Ausmaß der Nichtlinearitäten und der Komplexität der Prozessbeziehungen Einschränkungen bezüglich der Genauigkeit. In dieser Arbeit werden ANNs mit sigmoider Aktivierungsfunktion zur Darstellung der nichtlinearen Prozessbeziehungen der Zustandsverfolgung gewählt, da sich die parametrische Darstellung als günstig für die transparente Abbildung der funktionalen Zusammenhänge bei der Regression (z. B. zur Bestimmung der Zustandsmerkmale) erweist. Im Rahmen der generischen Prozessmodellierung (Abschnitt 4.2) wurden folgende drei Ansätze zur Vorhersage von Zustandsgrößen aus Observablen abhängig von der Komplexität des Prozesses und des Verwendungszwecks realisiert:

1. Eine nichtlineare Vorhersage (Non-Linear Prediction, NLP) mit separater linearer Dimensionsreduktion in Ein- und Ausgangsgrößen (Separate Linear Dimension Reduction, SLDR) wurde anhand von stapelweise lernenden ANNs und PCA an Tiefziehprozessen niedriger

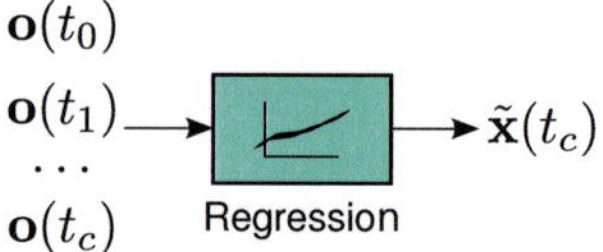

Abbildung 4.15: Vorhersage des Zustands aus zeitlichen Verläufen von Observablen

und mittlerer Komplexität realisiert (NLP-SLDR, Abschnitt 4.4.2). Der Fokus liegt bei diesem Ansatz auf der reinen Vorhersage von nichtlinearen Zusammenhängen zwischen zeitlichen Verläufen von Observablen und hochdimensionalen miteinander korrelierten Zustandsvariablen. Die Dimensionsreduktion dient in diesem Zusammenhang lediglich zur Reduktion der Komplexität des Regressionsproblems und nicht zur Bestimmung einer minimal niedrigdimensionalen Darstellung mit nichtlinearen Charakteristika, so dass ein lineares Verfahren ausreichend ist. Durch die separate Anwendung der Dimensionsreduktion ist allgemein nicht sichergestellt, dass die Reduktion der Eingangsgrößen im Hinblick auf den Zusammenhang mit der vorherzusagenden Zielgröße erfolgt. Für die untersuchten Prozesse liegt allerdings ein ausreichender Zusammenhang zwischen der maßgeblichen Varianz in den Eingangsgrößen und der maßgeblichen Varianz in den Ausgangsgrößen vor, so dass eine separate Anwendung angemessen ist.

2. Eine lineare Vorhersage (Linear Prediction, LP) mit integrierter linearer Dimensionsreduktion (Integrated Linear Dimension Reduction, ILDR) wurde mittels PLS an einem Prozess des Widerstandspunktschweißens umgesetzt (LP-ILDR, Abschnitt 4.4.3). Die reine Vorhersage einer skalaren Bauteileigenschaft erfolgt anhand von Zustandsmerkmalen aus wissensbasierter Dimensionsreduktion. Dabei wird ein analytisches parametrisiertes Modell mit nichtlinearer Kurvenanpassung an Observablen aus experimentellen Daten angepasst und die ausgeprägten Modellparameter entsprechen dann den extrahierten Zustandsmerkmalen. Die Nichtlinearitäten in den Observablen werden dabei im analytischen Modell hinreichend repräsentiert. Zur Abbildung der niedrigdimensionalen Regressionsbeziehung zwischen den Merkmalen und der skalaren Zielgröße ist ein lineares Modell ausreichend. Durch die integrierte Dimensionsreduktion der PLS lassen sich ebenfalls maßgebliche Einflussfaktoren der Merkmale auf die Zielgröße identifizieren.

3. Eine nichtlineare Vorhersage (Non-Linear Prediction, NLP) mit integrierter nichtlinearer Dimensionsreduktion (Integrated Non-Linear Dimension Reduction, INLDR) wurde mit Principal Function Approximators (PFAs) an Tiefziehprozessen mittlerer und hoher Komplexität durchgeführt (NLP-INLDR, Abschnitt 4.4.4). Das Haupt-

augenmerk dieses Ansatzes liegt neben der Vorhersage des hochdimensionalen Zustands auf der Extraktion von Zustandsmerkmalen, die den Zustand eindeutig beschreiben und als Basis für die Regelung verwendet werden können. Zur Abmilderung des Fluchs der Dimensionalität der Regelung wird eine wirklich niedrigdimensionale Repräsentation gefordert, die für den komplexen Prozess mit nichtlinearen Methoden zu realisieren ist. Daher wird hier eine nichtlineare Regression mit integrierter nichtlinearer Dimensionsreduktion mit ANNs zur transparenten Repräsentation der nichtlinearen Beziehungen realisiert. Dabei werden die Vorzüge der vorigen Ansätze bezüglich Nichtlinearitäten (NLP-SLDR) und integrierter Dimensionsreduktion (LP-ILDR) in diesem Ansatz kombiniert. Die spezielle Architektur der Bottleneck Neural Networks (BNNs) ermöglicht eine Reduktion der Ein- und Ausgangsdaten der Regression auf eine niedrigdimensionale versteckte Zwischenschicht, die die Merkmale enthält (Abschnitt 3.7). PFAs sind eine Erweiterung von BNNs mit einem in dieser Arbeit entwickelten Pretraining-Verfahren.

Die niedrigdimensionale Repräsentation der Zustandsmerkmale wurde zur Ableitung der Bauteileigenschaften mit einem weiteren ANN einfacher Struktur aufgrund der geringen Komplexität des Regressionsproblems genutzt.

Anordnung von Zeitreihen   Eine Zeitreihe bzw. Historie ist im Kontext der Zustandsverfolgung eine zeitabhängige Folge von Messungen observabler Größen, die als Prädiktoren in eine funktionale Abhängigkeit mit dem Zustand eingehen. Für jeden betrachteten Beobachtungszeitpunkt t_{ci} wird eine Historie von Observablen $\mathbf{o}(t_{0i}), \ldots, \mathbf{o}(t_{ci})$ sowie der aktuelle Zustand $\mathbf{x}(t_{ci})$ ausgewählt (Abbildung 4.16). Dabei kann entweder die gesamte Historie mit gemeinsamem Startzeitpunkt $(t_{01} = t_{02})$ oder eine Teilmenge der Historie mit unterschiedlichen Startzeitpunkten $(t_{01} \neq t_{02})$ zur Vorhersage des Zustands herangezogen werden. Die gesamte Historie wird zur Nutzung der vollständigen Information verwendet, während eine verringerte Historie aus ausgewählten vorangehenden Zeitschritten die Komplexität der Regressionsbeziehung reduziert. Untersuchungen dazu werden in Abschnitt 6.1.2.2 durchgeführt.

$$\mathbf{x}(t_{c1}) = \mathbf{f}_1(\mathbf{o}(t_{01}), \ldots, \mathbf{o}(t_{c1}))$$
$$\mathbf{x}(t_{c2}) = \mathbf{f}_2(\mathbf{o}(t_{02}), \ldots, \mathbf{o}(t_{c2}))$$

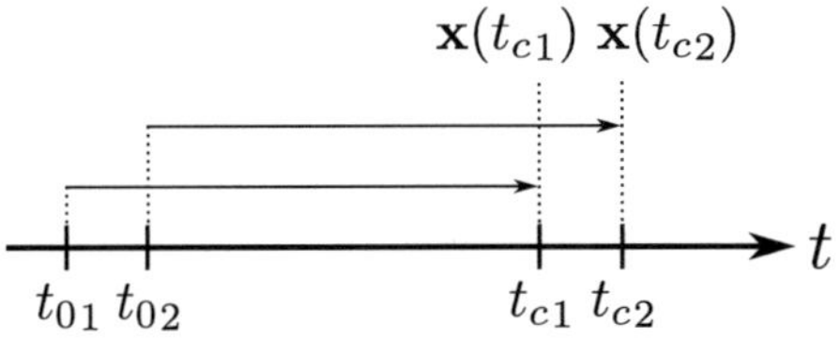

Abbildung 4.16: Historien für verschiedene Beobachtungszeitpunkte t_{ci} (für $i = 1, 2$)

Zur Anordnung der Zeitreihen in 2D-Matrizen der Dimension $N \times LM$ wird D-unfolding, wie in Abschnitt 4.3.2.5 im Zusammenhang mit den Projektionsmethoden für Zeitreihen erläutert, verwendet. Dabei repräsentiert die Anzahl der Beobachtungen N die erste Dimension und die L Zeitschritte mit je M Variablen sind in der zweiten Dimension zusammengefasst, d. h. Blöcke von Variablen für jeden Zeitschritt sind nebeneinander angeordnet. Die Historie der Zeitschritte $t_0 \ldots t_c$ wird dazu auf die Zeitschritte $1 \ldots L$ abgebildet. Diese Anordnung dient zur Betrachtung der Korrelationen zwischen den Beobachtungen, die die Prozessdaten und ihre Beziehungen charakterisiert. Bei der Anwendung einer PCA zur Dimensionsreduktion werden die Korrelationen in Raum und Zeit entfernt, und es verbleiben die Korrelationen zwischen den Beobachtungen.

4.4.2 Nichtlineare Prädiktion mit separater linearer Dimensionsreduktion

Der NLP-SLDR-Ansatz realisiert eine nichtlineare Vorhersage der Zustandsvariablen aus Observablen durch ein stapelweise lernendes ANN (Abschnitt 4.3.2.1) mit separater linearer Dimensionsreduktion in Ein- und Ausgangsgrößen mittels PCA (Abschnitt 4.3.2.3). Der universelle Ansatz wird auf zwei Prozesse des Tiefziehens unterschiedlicher Komplexität (grundlegend und erweitert, Abschnitt 5.1) angewandt [84, 86]. Das

Konzept des NLP-SLDR-Ansatzes wird wie folgt beschrieben, bevor auf die Festlegung der ANN-Architektur und das Training eingegangen wird.

Konzept Durch die separate Anwendung der Dimensionsreduktion auf die Ein- und Ausgabe der Regressionsbeziehung besteht die Gefahr, dass durch die Reduktion im Eingang wesentliche Informationen für die Regression verloren gehen und sich ein ungenaues Abbildungsmodell ergibt. Liegt ein ausreichender Zusammenhang zwischen der maßgeblichen Varianz in den Eingangsgrößen und der maßgeblichen Varianz in den Ausgangsgrößen wie im Falle der untersuchten Prozesse vor, kann die Dimensionsreduktion separat in Ein- und Ausgangsgrößen erfolgen. Die Anwendung der linearen Dimensionsreduktion in Kombination mit einem nichtlinearen Regressionsverfahren ist angemessen, da die Reduktion ausschließlich zur Verringerung der Komplexität des hochdimensionalen Regressionsproblems eingesetzt wird und nicht zur Bestimmung einer minimal niedrigdimensionalen Darstellung der Daten dient.

Das Vorgehen zur Vorhersage der Zustandsvariablen zum aktuellen Zeitpunkt $\tilde{\mathbf{x}}(t_c)$ aus einer Historie von Observablen $\mathbf{o}(t_0), \ldots, \mathbf{o}(t_c)$ wird in Abbildung 4.17 verdeutlicht. Dabei wird zwischen einer Trainings- und einer Anwendungsphase unterschieden. Zuerst wird die PCA separat auf Observablen $\mathbf{o}$ und Zustandsvariablen $\mathbf{x}$ mit Mittenzentrierung der Daten, wie in Abschnitt 4.3.2 beschrieben, angewandt. Eine Teilmenge der Daten wird als Eingang $\mathbf{c}_o$ und Zielgröße $\mathbf{c}_x$ zum Training des ANN mit adaptiver Architektur genutzt. Nach dem Trainingsvorgang ist das ANN in der Lage, die Zustandsvariablen in ihrem reduzierten Raum $\mathbf{c}_{\tilde{x}}(t_c)$ aus einer disjunkten Teilmenge von unbekannten Observablen $\mathbf{o}(t_0), \ldots, \mathbf{o}(t_c)$, die zuvor auf die Größen $\mathbf{c}_{\tilde{o}}(t_0, \ldots, t_c)$ komprimiert wurden, vorherzusagen. Der approximierte Zustand im reduzierten Raum $\mathbf{c}_{\tilde{x}}(t_c)$ wird einer inversen PCA-Transformation unterzogen, um seine Darstellung im hochdimensionalen Ursprungsraum $\tilde{\mathbf{x}}(t_c)$ zu erhalten.

Festlegung der ANN-Architektur Bevor das ANN trainiert werden kann, muss seine Struktur festgelegt werden, d. h. wie die Neuronen in den versteckten Schichten angeordnet werden. Möglichkeiten zur Bestimmung einer geeigneten Struktur wurden bereits in Abschnitt 4.3.2.1 aufgezeigt, so dass hier der Grad der Bestimmtheit der Approximation aufgegriffen

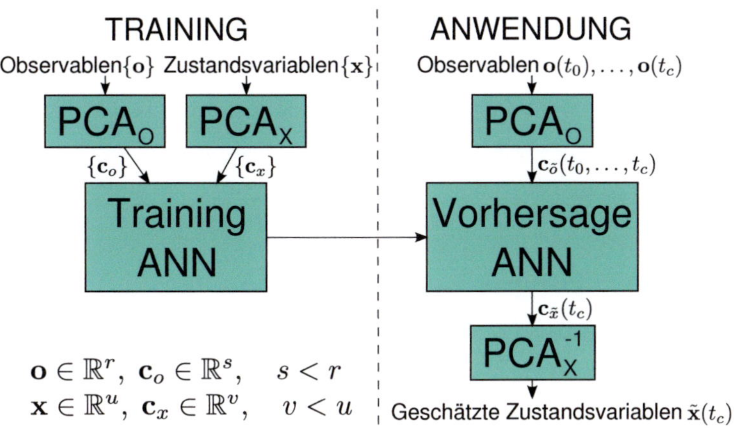

Abbildung 4.17: NLP-SLDR: Vorhersage des Zustands aus Observablen

wird. Zur Approximation einer beliebigen, nichtlinearen Funktion ist eine Struktur mit einer versteckten Schicht ausreichend (universeller Funktionsapproximator) [22]. Für ein ANN mit einer versteckten Schicht und einer vorgegebenen Anzahl an Knoten in Ein- und Ausgangsschicht folgt die Anzahl der Knoten der versteckten Schicht direkt aus dem Grad der Bestimmtheit ϕ gemäß Gleichung 4.23. Eine adaptive Architektur des ANN ergibt sich durch Ermitteln des optimalen Grades der Bestimmtheit ϕ. Ausgehend vom Minimum der exakten Bestimmtheit ($\phi = 1.0$) wird der Grad der Bestimmtheit ϕ systematisch unter Auswertung des mittleren quadratischen Fehlers (*MSE*) als Fehlerfunktion variiert. Eine erste grobe Schätzung ergibt sich durch einen Vergleich der Ergebnisse von $\phi = 1.0$ bis zum theoretisch maximal möglichen Wert ($\stackrel{\wedge}{=}$ ANN mit einem Knoten in der versteckten Schicht, für das die Eigenschaft der universellen Funktionsapproximation nicht gilt) mit einer Schrittweite von 10. Sukzessive Verfeinerungen mit Schrittweiten 1.0 und 0.1 werden solange um den optimalen Wert der vorigen Iteration durchgeführt, bis der optimale Wert der aktuellen Iteration gefunden ist.

Training Die Komplexität des Regressionsproblems wurde vorab durch eine Dimensionsreduktion mittels PCA in Eingangs- und Ausgangsgrößen reduziert. Das resultierende kleine ANN mit einer versteckten Schicht wird daher mit dem Levenberg-Marquardt-Algorithmus (LM) trainiert. Zur Erhaltung der Generalisierungsfähigkeit des ANN wird ein frühzeitiger Trainingsabbruch anhand der Validierungsdaten gewählt. Der LM sowie der Vorgang des frühzeitigen Trainingsabbruchs wurden im Zusammenhang mit ANNs in Abschnitt 4.3.2.1 beschrieben.

4.4.3 Lineare Prädiktion mit integrierter linearer Dimensionsreduktion

Der LP-ILDR-Ansatz ermöglicht eine lineare Vorhersage mit integrierter linearer Dimensionsreduktion mittels PLS und wird exemplarisch auf den Prozess des Widerstandspunktschweißens (Abschnitt 5.2) angewandt [85]. Dabei wird anhand von observablen Größen eine Vorhersage des Durchmessers der resultierenden Schweißlinse als Qualitätsmaß (Bauteileigenschaft) realisiert. Als Observablen dienen zeitliche Verläufe von Elektrodenspannung und Schweißstrom, aus welchen der dynamische Widerstand als zeitlicher Verlauf berechnet wird. Im Folgenden wird das Konzept des LP-ILDR-Ansatzes mit wissensbasierter Dimensionsreduktion zur Extraktion von Zustandsmerkmalen vorgestellt, bevor näher auf die Einzelheiten des eingebetteten analytischen Widerstandsmodells eingegangen wird.

Konzept Im Gegensatz zum NLP-SLDR-Ansatz (Abschnitt 4.4.2), bei welchem die Dimensionsreduktion separat in Ein- und Ausgangsdaten durchgeführt wird, erfolgt hier eine integrierte Dimensionsreduktion unter gleichzeitiger Beachtung von Ein- und Ausgang. Das bedeutet, dass die vorherzusagende Zielgröße bei der Dimensionsreduktion des Eingangs ebenfalls berücksichtigt wird, so dass sich eine ergebnisorientierte Dimensionsreduktion des Eingangs ergibt. Im Falle der separaten Dimensionsreduktion in Ein- und Ausgang ist nicht sichergestellt, dass die Reduktion der Eingangsdaten unter Berücksichtigung der Zielgröße vorgenommen wird, so dass für das Regressionsergebnis relevante Informationen verloren gehen können.

Die Modellierung ist hier einfacher als beim NLP-SLDR-Ansatz, da wegen der Verwendung der linearen PLS keine Modellstruktur festgelegt werden

muss. Das allgemeine Vorgehen zur Realisierung der Vorhersage der Bauteileigenschaften aus Observablen wird in Abbildung 4.18 gezeigt. Dabei wird
zwischen der Modellerstellung in der Trainingsphase und der Verwendung
des Modells zur Vorhersage in der Anwendungsphase unterschieden. In
beiden Fällen wird in einem ersten Schritt eine wissensbasierte Merkmalsextraktion durchgeführt. Dabei wird im Vergleich zur rein datengetriebenen
Dimensionsreduktion (z. B. PCA) a priori vorhandenes Wissen in Form
eines analytischen parametrisierten Modells eingebracht. Durch Anpas-
sung des Modells an die zeitlichen Observablenverläufe $\mathbf{o}(t_0), \ldots, \mathbf{o}(t_c)$ des
dynamischen Widerstands mittels Nichtlinearer Kurvenanpassung (NCF)
ergibt sich eine kompakte Darstellung der Zustandsmerkmale mittels der
ausgeprägten Modellparameter $\boldsymbol{\alpha}$.

Ein PLS-Modell (Abschnitt 4.3.2.4) wird anhand der Zustandsmerkma-
le $\boldsymbol{\alpha}$ als Eingangsgröße und der Bauteileigenschaft $\mathbf{p}$ am Prozessende t_c
in Form des Durchmessers der resultierenden Schweißlinse als Zielgröße
erstellt. Dabei wird eine Standardisierung der Eingangsdaten zur gleichermaßen Berücksichtigung der Prädiktoren und eine Mittenzentrierung der
Ausgangsdaten zur Konzentration der Vorhersage auf die Varianz durchgeführt. Die Einzelheiten der Datentransformation wurden in Abschnitt 4.3.2
beschrieben. Nach der Erstellung ist das PLS-Modell imstande, eine Vor-
hersage der Bauteileigenschaften $\tilde{\mathbf{p}}(t_c)$ anhand von Zustandsmerkmalen $\tilde{\boldsymbol{\alpha}}$
durchzuführen. Diese Merkmale $\tilde{\boldsymbol{\alpha}}$ wurden zuvor aus Observablenverläufen
$\mathbf{o}(t_0), \ldots, \mathbf{o}(t_c)$ einer disjunkten Teilmenge, die nicht zur Modellerstellung
genutzt wurde, mittels NCF extrahiert. Zusätzlich zur Vorhersage erfolgt
eine Analyse der Einflüsse der Zustandsmerkmale auf die Bauteileigenschaften anhand der Regressionskoeffizienten und spezieller PLS-Kenngrößen,
wie in Abschnitt 6.1.3 gezeigt wird.

Wissensbasierte Merkmalsextraktion Eine wissensbasierte Merkmalsextraktion zeichnet sich durch Anpassung eines analytischen parametrisierten
Modells an konkrete Daten der Observablen durch NCF aus. Im Kontext
der Prozessbeobachtung beschreibt eine parametrisierte zeitabhängige
Funktion $f(t, \alpha_1, \ldots, \alpha_n)$ das Verhalten einer skalaren oder vektorwertigen
dynamischen Größe während der Prozesslaufzeit. Die Funktion repräsen-
tiert dabei das dynamische Prozessmodell, das aus vorhandenem Wissen

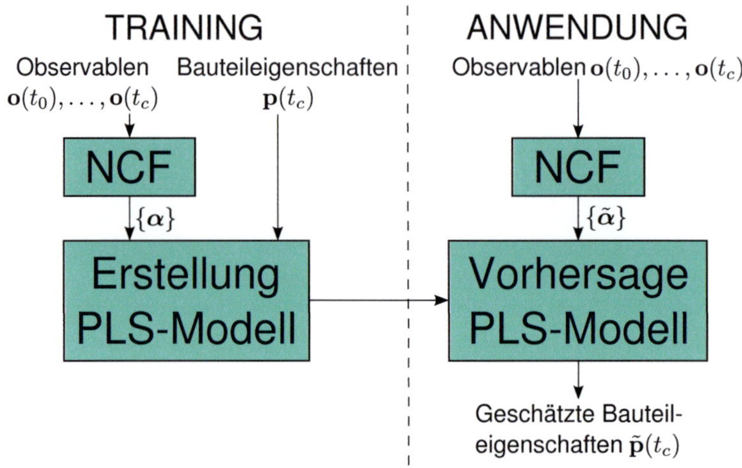

Abbildung 4.18: LP-ILDR: Vorhersage der Bauteileigenschaften aus Observablen

abgeleitet wird. Ein Beispiel für eine solche Funktion mit additiver Überlagerung ihrer Einzelkomponenten $f_1 \ldots f_n$ ist gegeben durch:

$$f(t, \alpha_1, \ldots, \alpha_n) = f_1(t, \alpha_1) + \cdots + f_n(t, \alpha_{n-1}, \alpha_n) \tag{4.44}$$

$$= \alpha_1 \cdot e^t + \cdots + \frac{1}{1 + \alpha_{n-1} \cdot e^{t - \alpha_n}}.$$

Die Bestimmung der freien Modellparameter $\boldsymbol{\alpha}$ erfolgt durch Anpassung der allgemeinen Beschreibung an konkrete Daten mittels NCF. Dabei wird die Quadratfehlersumme (SSE), die aus der Abweichung zwischen Modell und Daten resultiert, als Zielfunktion der allgemein nichtlinearen Optimierung gewählt. Durch physikalische Einschränkungen der Modellparameter mit Unter- und Obergrenzen sowie skalierungsinvarianten Beziehungen ergeben sich die Nebenbedingungen der Optimierung. Das nichtlineare Optimierungsproblem wird aufgrund der Nebenbedingungen mit dem Active-set-Algorithmus [27] gelöst, der in jeder Iteration ein quadratisches

Ersatzproblem mit herkömmlichen Methoden (z. B. gradientenbasiert) behandelt.

Für jeden Datensatz werden die Modellparameter α separat bestimmt. Auf diese Weise können auch Unterschiede in der zeitlichen Diskretisierung verschiedener Datensätze ausgeglichen werden, indem der zeitliche Verlauf variabler Länge auf eine feste Anzahl von Parametern für jeden Datensatz angepasst wird. Ein Beispiel für eine Kurvenanpassung an das im Folgenden beschriebene Widerstandsmodell ist in Abbildung 6.6 (Abschnitt 6.1.3) gegeben. Ein ähnlicher Ansatz zur Vorhersage einer Bauteileigenschaft mit einem ANN aus den Merkmalen eines Widerstandsmodells wird in [78, 79] beschrieben. Allerdings erfolgt dabei keine explizite Berücksichtigung des Schweißlinsenwiderstands und die Vorhersage mit einem ANN ist aufgrund der Abhängigkeit der Lösung von den Anfangsgewichten weniger robust als mit der PLS.

Analytisches Widerstandsmodell Das analytische Widerstandsmodell beschreibt den dynamischen Widerstand als Funktion der Zeit $R_D(t)$ mit mehreren zeitabhängigen Modellkomponenten, dargestellt in Abbildungen 5.4 und 5.5 (Abschnitt 5.2). Details zu den theoretischen Begründungen des Widerstandsverlaufs finden sich in [85].

Die Temperatur während des Widerstandspunktschweißens ist eine monoton steigende Funktion der Zeit. Ihr zeitlicher Verlauf wird durch eine Temperaturerhöhung in der Kontaktregion zwischen den Schweißelektroden durch das Einbringen von Energie in Form von Joulescher Wärme beschrieben, bis sich durch Wärme-Dissipation und den eventuellen Energiebedarf bei der Verflüssigung im Schweißlinsenbereich ein Gleichgewicht einstellt.

Der Gesamtwiderstand R_D setzt sich wie folgt aus den einzelnen Komponenten R_0 (statischer Anteil), R_B (Stoffwiderstand), R_C (Kontaktwiderstand) und R_S (Schweißlinsenwiderstand) zusammen:

$$R_D = R_0 + R_B + R_C + R_S. \tag{4.45}$$

Der Stoffwiderstand nimmt mit steigender Temperatur und resultierender Zunahme der Zeit durch das Ansteigen des spezifischen Widerstands im Material zu:

$$R_B(t) = \alpha_{BL} \cdot (1 - e^{-\alpha_{BC} \cdot t}). \tag{4.46}$$

Der Kontaktwiderstand nimmt mit zunehmender Kontaktfläche durch Weichwerden der Oberfläche bei konstantem Schweißzangendruck ab und kann weiter in den Kontaktfilmwiderstand R_{CF}, der sich aus Verunreinigungen der Bauteiloberfläche ergibt, und den verbleibenden Kontakteinschnürungswiderstand R_{CC} zerlegt werden:

$$R_C(t) = R_{CF}(t) + R_{CC}(t) = \alpha_{CFD} \cdot e^{-\alpha_{CFC} \cdot t} + \alpha_{CCD} \cdot e^{-\alpha_{CCC} \cdot t}. \quad (4.47)$$

Der Schweißlinsenwiderstand nimmt mit dem Ausprägen der Schweißlinse ab:

$$R_S(t) = -\alpha_{SH} \cdot \frac{1}{1 + e^{-\alpha_{SC} \cdot (t - \alpha_{SD})}}. \quad (4.48)$$

Der statische Anteil umfasst die konstanten Anteile aller Komponenten:

$$R_0(t) = \alpha_0 = const.. \quad (4.49)$$

Die Prozessmerkmale, die mittels NCF durch Anpassung des Modells an konkrete Daten ermittelt werden, sind dann durch die Modellparameter $(\alpha_0, \alpha_{BL}, \alpha_{BC}, \alpha_{CCD}, \alpha_{CCC}, \alpha_{CFD}, \alpha_{CFC}, \alpha_{SC}, \alpha_{SH}, \alpha_{SD})$ gegeben.

4.4.4 Nichtlineare Prädiktion mit integrierter nichtlinearer Dimensionsreduktion

Mit dem NLP-INLDR-Ansatz wird eine nichtlineare Vorhersage mit integrierter nichtlinearer Dimensionsreduktion mit Principal Function Approximators (PFAs) realisiert. Der allgemeingültige Ansatz wird auf zwei Prozesse des Tiefziehens unterschiedlicher Komplexität (erweitert und mikromechanisch, Abschnitt 5.1) ausgeprägt. In beiden Fällen wird die Modellierung der komplexen Beziehung zwischen Observablen, Zustandsvariablen und den kompakten Zustandsmerkmalen realisiert. Im Falle des mikromechanischen Tiefziehprozesses wird zusätzlich die Ableitung der Bauteileigenschaften aus den Zustandsmerkmalen umgesetzt.

Wenn die Ein- und Ausgabedaten der Regression jeweils untereinander nichtlineare Zusammenhänge aufweisen, die mit einer Dimensionsreduktion entfernt werden sollen, und ferner die Regressionsbeziehung ebenfalls nichtlinear ist, eignen sich Verfahren, die beide Methoden integriert kombinieren, am Besten zur Modellierung.

Durch die in die Regression integrierte Dimensionsreduktion mittels PFAs wird wie bei der linearen PLS sichergestellt, dass die Reduktion des Eingangs unter Berücksichtigung des Ausgangs erfolgt, so dass für die Regression relevante Informationen nicht verloren gehen. Die Vermischung linearer Methoden zur Dimensionsreduktion und nichtlinearer Methoden zur Regression führt laut [83] zur Inkonsistenz bezüglich der zugrundeliegenden Beziehungen in den Daten. Durch die durchgängige Berücksichtigung der Nichtlinearitäten in Dimensionsreduktion und Regression mit PFAs sind die Annahmen über die modellierten Beziehungen konsistent und es wird eine wirklich niedrigdimensionale Repräsentation der Merkmale erzielt.

PFAs basieren auf Bottleneck Neural Networks (BNNs) und unterscheiden sich von diesen durch das im Rahmen dieser Arbeit entwickelte Pretraining-Verfahren. Im Folgenden werden die PFAs mit ihren theoretischen Grundlagen vorgestellt, bevor das spezielle Training und die Auswahl der Architektur näher erläutert wird. Abschließend wird auf die Ableitung der Bauteileigenschaften aus den Zustandsmerkmalen, die mit einem PFA aus der komplexen Beziehung zwischen Observablen und Zustandsvariablen extrahiert wurden, eingegangen.

Principal Function Approximators Ein Principal Function Approximator basiert auf der Architektur eines Bottleneck Neural Network, gezeigt in Abbildung 4.19. Ein BNN ist eine Verallgemeinerung eines ANN-Autoencoders [46, 37, 81], bei welchem die Architektur symmetrisch zur mittleren versteckten Schicht gewählt wird, da die Daten am Eingang auf identische Daten am Ausgang abgebildet werden. Bei BNNs wird keine Symmetrie gefordert, da die Daten an Ein- und Ausgang allgemein unterschiedlich sind. Ein BNN besteht aus einer Eingabeschicht I, einer Ausgabeschicht O, einer Mapping-Schicht M, einer Demapping-Schicht D und einer zentralen Bottleneck-Schicht B. Die Ein- und die Ausgabeschicht werden durch das Regressionsproblem bestimmt. Die Mapping-Schicht beschreibt die nichtlineare Beziehung zwischen der Eingabe und dem Bottleneck, während die Demapping-Schicht den Zusammenhang zwischen dem Bottleneck und der Ausgabe abbildet. Das Bottleneck stellt eine niedrigdimensionale Darstellung der wesentlichen Charakteristika der Regressionsbeziehung in Form von Merkmalen dar. Ein Vorteil dieser Architektur ist die Funktion des Bottlenecks als Rauschfilter, das nur von den Merkmalen durchlaufen wer-

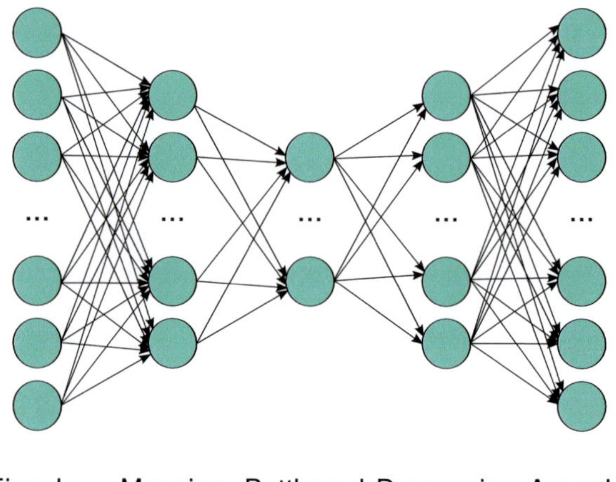

Abbildung 4.19: Architektur eines Principal Function Approximator

den kann. Mit BNNs kann eine nichtlineare Regression realisiert werden, ein Beispiel zur Approximation von niedrigdimensionalen Zielgrößen ist in [67] gegeben. Das wesentliche Unterscheidungskriterium von PFAs zu BNNs liegt im Trainingsverfahren, das im Anschluss an die theoretischen Grundlagen beschrieben wird.

Theoretische Grundlagen   Die Idee der nichtlinearen Regression mit integrierter nichtlinearer Dimensionsreduktion mit PFAs liegt in der linearen PLS begründet. Die Ziele der PLS sind gegeben durch: 1) die Erhaltung einer reduzierten Darstellung von Ein- und Ausgangsdaten sowie 2) die Maximierung der Kovarianz zwischen den reduzierten Größen (Abschnitt 4.3.2.4). Die Erweiterung zur Berücksichtigung von Nichtlinearitäten erfolgt durch die Modellierung mit stapelweise lernenden ANNs zur transparenten Darstellung der nichtlinearen Beziehungen. Die Herleitung der funktionalen Abhängigkeiten bei PFAs im Bezug zur PLS wird in Abbildung 4.20 aufgezeigt. Die linearen Abbildungen $\mathbf{P}$, $\mathbf{Q}$ und β des PLS-Modells werden durch die nichtlinearen Abbildungen $\mathbf{p}$, $\mathbf{q}$ und $\mathbf{b}$ ersetzt. Die reduzierten Größen $\mathbf{T}$ und $\mathbf{U}$ des PLS-Modells werden in

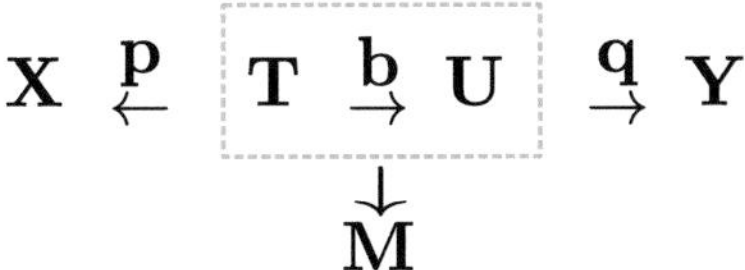

Abbildung 4.20: Funktionale Abhängigkeiten bei Principal Function Approximators

den Merkmalen des Bottlenecks **M** des PFA zusammengefasst. Die Beziehung zwischen den beiden reduzierten Größen **T** und **U** entspricht dann der Identitätsfunktion, so dass die Kovarianz im Sinne der linearen PLS automatisch maximal ist.

Eine hierarchische Bewertung der Merkmale im Bottleneck analog zur erklärten Varianz der PLS wird bei der Verwendung der PFAs im Rahmen dieser Arbeit nicht benötigt, kann aber durch eine hierarchische Fehlerfunktion wie in [81] für Autoencoder beschrieben, berücksichtigt werden. Die Darstellung der Einflüsse der Prädiktoren auf die Zielgrößen erfolgt bei den PFAs anhand der Verbindungsgewichte des BNN. In den Ausgangsdaten wird eine Mittenzentrierung (Abschnitt 4.3.2) vorgenommen, um den Fokus der Vorhersage auf die verbleibende Varianz zu legen.

Training Das Training von ANNs mit gradientenbasierten Optimierungsmethoden ist anfällig für das Steckenbleiben in lokalen Minima, wenn die zugrundeliegende Zielfunktion der Optimierung eine Struktur mit mehreren Minima aufweist. Die Auswahl verschiedener Anfangsbedingungen für die Gewichte des ANN kann dabei zu einer besseren Lösung führen. Das Vorschalten eines Pretraining-Verfahrens zum Auffinden günstiger Anfangsbedingungen für den eigentlichen Trainingsvorgang ist daher die zentrale Idee beim Training von PFAs. Im Folgenden wird das im Rahmen dieser Arbeit entwickelte Pretraining-Verfahren vorgestellt. Für das Pretraining wird das BNN am Bottleneck in zwei separate ANNs aufgeteilt, wobei das Bottleneck in beiden Teilen enthalten ist.

Der Trainingsvorgang, anschaulich dargestellt in Abbildung 4.21, besteht aus drei Teilschritten: 1) lokalem inversen Lernen des Demapping-ANN (rechtes Teilnetz von Bottleneck bis Ausgabe), 2) lokalem Lernen des

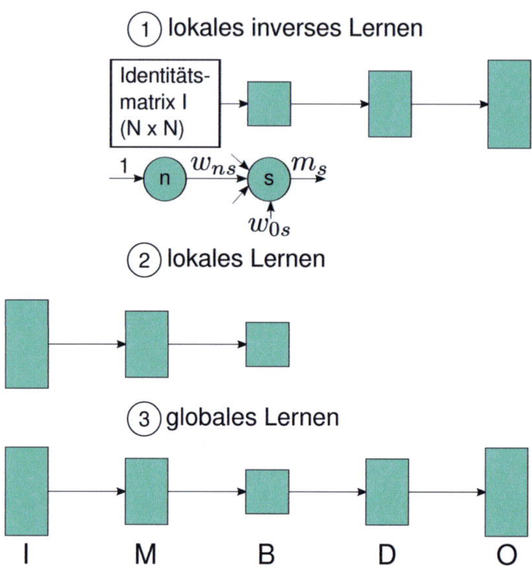

Abbildung 4.21: Training eines Principal Function Approximator

Mapping-ANN (linkes Teilnetz von Eingabe bis Bottleneck) und 3) globalem Lernen der Gesamtstruktur (Gesamtnetz von Eingabe bis Ausgabe). Die ersten beiden Teilschritte können zum Pretraining zusammengefasst werden. Dabei werden gute Initialwerte für die anschließende globale Trainingsphase bestimmt.

Zuerst werden die Gewichte des lokalen Demapping-ANN mit einem inversen Verfahren gemäß [81] gelernt. Dabei müssen die Gewichte aus der durch das Regressionsproblem gegebenen Ausgabe allein bestimmt werden, da die Werte des Bottlenecks als die Eingabe des lokalen Demapping-ANN unbekannt sind. Dazu wird eine weitere lineare Schicht vor der Eingabe des lokalen Demapping-ANN hinzugefügt. Die zusätzliche Eingabeschicht wird mit der Identitätsmatrix $\mathbf{I}$ der Dimension $N \times N$ beaufschlagt, wobei N der Anzahl an Beobachtungen der Trainingsdaten entspricht. Die Werte der Knoten der Bottleneck-Schicht m_s ergeben sich dann als die Summe der Verbindungsgewichte w_{ns} zwischen der zusätzlichen Eingabeschicht und dem Bottleneck multipliziert mit der Identität ($x_n = 1$) plus Biaswert w_{0s}:

$$m_s = \sum_{n=1}^{N} w_{ns} x_n + w_{0s}. \tag{4.50}$$

Dieser Zusammenhang wird anhand der Verbindung von Knoten n zu Knoten s in Abbildung 4.21 veranschaulicht. Damit wird jedem Knoten der Bottleneck-Schicht ein „Eins"-Eintrag pro Beobachtung zugeordnet, so dass dessen zugeordnetes Verbindungsgewicht w_{ns} gelernt wird.

Nach dem Training des lokalen Demapping-ANN wird das lokale Mapping-ANN anhand der durch das Regressionsproblem gegebenen Eingabe und der zuvor bestimmten Werte des Bottlenecks trainiert. Die darauffolgende globale Trainingsphase der Gesamtstruktur erfolgt anhand gegebener Ein- und Ausgabe sowie den gelernten Gewichten des Pretrainings als Initialisierung. Aufgrund der Komplexität der Struktur des BNN wird das Pretraining sowie das globale Training mit dem RProp-Algorithmus (Abschnitt 4.3.2.1) durchgeführt. Zur Vermeidung der Überanpassung wird für alle beteiligten ANNs eine Regularisierung vorgenommen.

Auswahl der Architektur Die Größen der Ein- und Ausgabeschicht des PFA sind durch die Dimensionen der Prädiktoren und Zielgrößen des Regressionsproblems gegeben. Das Bottleneck zur Repräsentation der Merkmale ist die Schicht mit den wenigsten Knoten. Die Größe der Bottleneck-Schicht kann nach oben durch die Anzahl der Komponenten eines PLS-Modells begrenzt werden unter der Annahme, dass mit einer nichtlinearen Repräsentation weniger Komponenten zur einer wirklich niedrigdimensionalen Darstellung benötigt werden.

Die Komplexität der Mapping- und Demapping-Schichten ist nach oben hin durch die Anzahl der Stichprobeneinträge bei ANN-Autoencodern beschränkt [46] und nach unten hin durch die Anzahl der Knoten in der Bottleneck-Schicht. Weitere Einschränkungen ergeben sich durch den Grad der Bestimmtheit ϕ der Approximation gemäß Gleichung 4.23. Die Größe der Mapping- und Demapping-Schichten wird bei PFAs so gewählt, dass die Mapping-Schicht doppelt so viele Knoten wie die Demapping-Schicht enthält. Das bedeutet, dass die Mapping-Schicht eine höhere Komplexität aufweist, aber gleichzeitig einer geringeren Kompression im Vergleich zur

Demapping-Schicht unterliegt. Die Intensität der Kompression kann als Maß für die Stärke des Einflusses auf die Merkmale der Bottleneck-Schicht angesehen werden, d. h. die höhere Kompression der Demapping-Schicht hat einen größeren Einfluss auf die Merkmale als die Mapping-Schicht. Auf diese Weise kann eine Regression mit integrierter ergebnisorientierter Dimensionsreduktion verwirklicht werden.

Als Eingabe des Beobachtermodells können nicht nur die aktuellen Messwerte der beobachtbaren Größen herangezogen werden, sondern auch deren Historie in wählbarer Länge. Daher muss zur Vorhersage der Zustandsvariablen zum aktuellen Zeitpunkt eine angemessene Historie von Observablen ausgewählt werden. Ist die Historie zu kurz, enthält sie nicht genügend Informationen, um die Beziehung mit dem Zustand eindeutig zu beschreiben. Die Länge ist ebenfalls nach oben hin begrenzt, da sie einen Einfluss auf die Robustheit der Approximation bezüglich des Grades der Bestimmtheit ϕ, dem Verhältnis aus gegebener Anzahl an Stichprobeneinträgen und freien Modellparametern, hat (Abschnitt 4.3.2.1). Die Länge der Historie wird daher problemabhängig unter Beachtung der Komplexität des Prozesses und des Grades der Bestimmtheit ϕ bestimmt (Abschnitt 6.1.4).

Ableitung der Bauteileigenschaften Die Ableitung der Bauteileigenschaften aus der niedrigdimensionalen Repräsentation der Zustandsmerkmale wird aufgrund der geringen Komplexität des Regressionsproblems mit einem ANN einfacher Struktur mit einer versteckten Schicht umgesetzt. Der Ablauf des zweistufigen Regressionsverfahrens mit einem PFA und einem ANN wird in Abbildung 6.10 (Abschnitt 6.1.4) veranschaulicht. Der PFA modelliert dabei die komplexe Beziehung zwischen Observablen, Zustandsvariablen und Zustandsmerkmalen, während das ANN den Zusammenhang zwischen Zustandsmerkmalen und Bauteileigenschaften abbildet.

Die Architektur des ANN mit einer versteckten Schicht wird durch Variation der Anzahl an Knoten der versteckten Schicht unter Auswertung der Performance bestimmt, wie in Abschnitt 6.1.4.2 beschrieben wird. Das Training des ANN wird analog zu den PFAs mit dem RProp-Algorithmus (Abschnitt 4.3.2.1) unter Verwendung einer Regularisierung zur Erhaltung der Generalisierungsfähigkeit durchgeführt.

4.5 Optimale Prozessführung

Die optimale Führung eines Prozesses als Zielsetzung der vorliegenden Arbeit leitet sich aus dem übergeordneten Bestreben der Beherrschung der gesamten Prozesskette ab. Mit den im Rahmen dieser Arbeit vorgestellten Methoden der optimalen Regelung wird die Optimierung eines Prozesses als Markovscher Entscheidungsprozess (MDP) realisiert, eine Erweiterung auf Prozessketten ist durch Betrachtung der Kette als MDP möglich. Das Konzept eines klassischen diskreten DP-Ansatzes mit linearer Interpolation zur Optimierung einer Prozesskette wird in [87] vorgestellt.

Im Gegensatz zum klassischen Ansatz der Regelung, bei welchem ein optimaler Pfad einer vorgegebenen Zustandstrajektorie nachgeführt wird, ist das Ziel der optimalen Regelung, auf Fluktuationen im Prozess, d. h. auf stochastisches Prozessrauschen, zu reagieren und den optimalen Restpfad im Zustandsraum neu zu bestimmen. Dabei werden die optimalen Prozessparameter, die mit größter Wahrscheinlichkeit zum optimalen Ergebnis bei geringstem Aufwand führen, ausgewählt. Dazu wird eine Zielfunktion der Optimierung unter Berücksichtigung der Bauteilqualität anhand des Endzustands des Prozesses und dem damit verbundenen Produktionsaufwand der Prozessparameter formuliert.

Die Simulationen als Datenbasis der optimalen Regelung beinhalten lediglich die deterministischen Zustandsübergänge, so dass die stochastischen Zustandsübergänge in Form von synthetischen Störgrößen eingebracht werden. Die stochastischen Einflüsse werden in diesem Sinne als Wahrscheinlichkeitsdichten des Folgezustands mit dem Erwartungswert des deterministischen Übergangs anhand einer vorgegebenen Wahrscheinlichkeitsverteilung modelliert.

Die optimale Regelung eines Prozesses als MDP basiert auf der Markov-Eigenschaft, die besagt, dass eine Transformation in einen Folgezustand mit gegebenen Prozessparametern und stochastischen Einflüssen einzig abhängig vom Vorgängerzustand und nicht von zeitlich vorangehenden Zustandsverläufen ist. Ein MDP wird durch ein mehrstufiges Optimierungsproblem mit der Bellman-Gleichung abgebildet. Dabei werden die betrachteten Zeitschritte $t = 1, \ldots, T$ des mehrstufigen Optimierungsproblems durch Vorwärtspropagation des Zustands $\mathbf{x}_t$ und Rückwärtspropa-

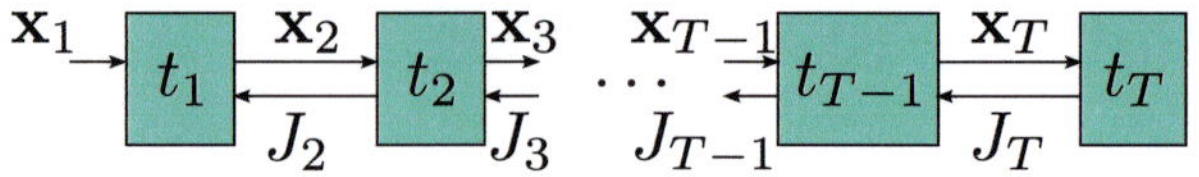

Abbildung 4.22: Verknüpfung der einzelnen Zeitschritte des mehrstufigen Optimierungsproblems

gation der Kosten J_t, wie in Abbildung 4.22 verdeutlicht, miteinander verknüpft.

Die Lösung des Optimierungsproblems enthält für jeden Zeitschritt eine optimale Aktion u_t. Mit der DP (Abschnitt 4.3.3.2) können diskrete deterministische und einfache stochastische Probleme durch vollständige Suche gelöst werden. Bei hochdimensionalen Problemen mit kontinuierlichen Zustandsräumen und stochastischen Einflüssen kann die kombinatorische Komplexität der DP jedoch zum Fluch der Dimensionalität führen. Dann kann die ADP (Abschnitt 4.3.3.3) genutzt werden, um diese Problematik durch ein iteratives Vorgehen mit Mittelung über stochastische Pfade und Funktionsapproximation abzumildern. Zusätzlich trägt eine niedrigdimensionale Repräsentation des kontinuierlichen Zustandsraumes mittels Zustandsmerkmalen zur wesentlichen Verminderung des Fluchs der Dimensionalität bei.

Im Folgenden wird ein Überblick über die im Rahmen dieser Arbeit realisierten Ansätze zur optimalen Regelung gegeben. In Abschnitt 4.5.1 wird auf das Konzept eines optimalen Reglers unter Berücksichtigung der Zielfunktion der Optimierung und der Modellierung des Prozessrauschens eingegangen. Schließlich werden die verschiedenen Ansätze in den Abschnitten 4.5.2, 4.5.3 und 4.5.4 vorgestellt.

Realisierte Ansätze Die in dieser Arbeit realisierten Ansätze zur optimalen Regelung unterscheiden sich in der Komplexität der zugrundeliegenden Methoden. Anhand der unterschiedlichen Realisierungen wird ein direkter Vergleich der Komplexität der Methoden an einem gemeinsamen Optimierungsproblem, das mit allen drei Varianten lösbar ist, ermöglicht. Die Komplexität ist zum einen abhängig von der Repräsentation des Zustandsraumes in diskreter oder kontinuierlicher Form und zum anderen von der Art der Lösung des Optimierungsproblems. Dabei wird die vollständige

Suche einem auf relevante Zustände beschränkten Suchraum gegenübergestellt. Die deterministischen Zustandsübergänge sind durch Simulationen
gegeben, so dass in dieser Arbeit eine modellbasierte Darstellung der Zustandsübergänge im Gegensatz zu einer modellfreien Beschreibung des
Optimierungsproblems (z. B. Q-learning) bevorzugt wird. Zur kontinuierlichen Darstellung von Kosten und Zustandsübergängen werden ANNs
aufgrund der Transparenz der approximierten funktionalen Abhängigkeiten ausgewählt. ANNs ermöglichen außerdem einen Vergleich von offline
(stapelweiser) und online (inkrementeller) Art des Lernens sowie einen
Vergleich globaler sigmoider Funktionen und lokaler radialer Basisfunktionen zur Aktivierung. Die realisierten Ansätze im Rahmen der generischen
Prozessmodellierung (Abschnitt 4.2) umfassen:

1. Ein klassischer diskreter Rückwärts-DP-Ansatz (Classical Discrete
   Dynamic Programming, CDDP) zur Modellierung der Kostenfunktion bezüglich des pre-decision Zustands wurde mit Lookup-Tabellen
   und einem k-NN-Schätzer zur expliziten Interpolation implementiert
   (Abschnitt 4.5.2). Dieser Ansatz basiert auf ausgereiften herkömmlichen Methoden und dient als Referenz zum Vergleich mit den
   folgenden ADP-Ansätzen. Zur Repräsentation der Kosten und deterministischen Zustandsübergänge werden diskrete Lookup-Tabellen in
   Kombination mit einem k-NN-Schätzer zur expliziten Interpolation
   zwischen diskreten Tabelleneinträgen verwendet. Im Zusammenhang
   mit kontinuierlichen Zustandsräumen und stochastischen Einflüssen
   kann die Darstellung mit Lookup-Tabellen allerdings einen hohen
   Speicherplatzbedarf mit sich bringen. Die stochastischen Einflüsse
   werden mit der stochastischen Bellman-Gleichung berücksichtigt. Die
   Lösung des Optimierungsproblems erfolgt durch vollständige Suche
   in Kombination mit Rückwärtsschreiten in der Zeit und erfordert
   daher einen hohen kombinatorischen Aufwand.

2. Ein kontinuierlicher Rückwärts-ADP-Ansatz (Backward Approximate Dynamic Programming, BADP) zur Modellierung der Kostenfunktion bezüglich des pre-decision Zustands wurde mit impliziter
   Interpolation durch stapelweise lernende ANNs umgesetzt (Abschnitt
   4.5.3). Die Lösung des Optimierungsproblems durch vollständige Suche mit Rückwärtsschreiten in der Zeit bringt erneut einen hohen
   kombinatorischen Aufwand mit sich. Allerdings wird die Lösung bei
   diesem Ansatz nur in einer temporären Lookup-Tabelle gespeichert,

die als Grundlage für das Training eines stapelweise lernenden ANN
verwendet und anschließend entfernt wird. Der Speicherplatzbedarf
wird dadurch wesentlich reduziert und es muss keine explizite Interpolation zur Prozeslaufzeit durchgeführt werden. Die finale Darstellung
der Kosten und deterministischen Zustandsübergänge erfolgt bei
diesem Ansatz mit stapelweise lernenden ANNs. Die stochastischen
Einflüsse werden mit der stochastischen Bellman-Gleichung zum
Ausdruck gebracht.

3. Ein kontinuierlicher Vorwärts-ADP-Ansatz (Forward Approximate
   Dynamic Programming, FADP) zur Modellierung des Erwartungswertes der Kostenfunktion bezüglich des post-decision Zustands wurde mit impliziter Interpolation durch inkrementell lernende ANNs
   realisiert (Abschnitt 4.5.4). Bei diesem Ansatz wird die mit hoher
   Komplexität verbundene vollständige Suche der bisher betrachteten
   Ansätze durch Vorwärtsschreiten in der Zeit mit einem iterativen Vorgehen zur Approximation der Kosten durch Mittelung über stochastische Pfade abgelöst. Die ausgewählten Zufallspfade repräsentieren
   dabei den beschränkten relevanten Zustandsraum. Durch Verwendung des post-decision Zustands werden die stochastischen Einflüsse
   bereits durch Mittelung über stochastische Pfade berücksichtigt, so
   dass das Optimierungsproblem mit der weniger komplexen deterministischen Bellman-Gleichung (mit deterministischen Folgekosten)
   formuliert werden kann. Die Kosten werden durch eine kontinuierliche Repräsentation in Form von inkrementell lernenden ANNs zur
   Realisierung des iterativen Vorgehens der Approximation dargestellt.
   Der Einfluss lokaler radialer Basisfunktionen im Vergleich zu globalen sigmoiden Aktivierungsfunktionen wird anhand dieses Ansatzes
   analysiert. Die deterministischen Zustandsübergänge werden mit
   stapelweise lernenden ANNs analog zum vorigen Ansatz (BADP)
   modelliert.

Die allgemeine Validierung eines optimalen Reglers wird in Abschnitt 6.2.1
erläutert, ein darauf basierender Vergleich der drei Ansätze bezüglich der
Komplexität der verwendeten Methoden und der Genauigkeit wird an
einem Tiefziehprozess mittlerer Komplexität (grundlegend, Abschnitt 5.1)
in Abschnitt 6.2.4 durchgeführt.

4.5.1 Konzept eines optimalen Reglers

Das realisierte Konzept eines optimalen Reglers für Einzelprozesse besteht
aus zwei Phasen: 1) einer offline Optimierungs- und Trainingsphase zur
Bestimmung des optimalen Regelgesetzes vor der Prozessausführung und
2) einer online Validierungsphase, in welcher das Regelgesetz des optimalen
Reglers zur Prozesslaufzeit angewandt und evaluiert wird. Das Konzept zur
Bestimmung eines optimalen Reglers wird im Folgenden vorgestellt. Auf
die allgemeine Validierung eines optimalen Reglers wird in Abschnitt 6.2.1
im Zusammenhang mit der Evaluierung eingegangen.

Das betrachtete mehrstufige Optimierungsproblem besteht aus $T-1$ Entscheidungszeitpunkten $t_1, t_2, \ldots, t_{T-1}$ und der Endzustand wird durch
Zeitschritt t_T repräsentiert. Das vorgestellte Konzept basiert auf einem
geschlossenen Regelkreis durch Rückführung des Zustands in Form einer
zeitabhängigen Zustandsübergangsfunktion $\mathbf{f}_t$. Diese beschreibt den Folgezustand $\mathbf{x}_{t+1}$ abhängig von Prozessparameter u_t und Vorgängerzustand
$\mathbf{x}_t$ (deterministischer Übergang $\mathbf{f}_t^u$) sowie abhängig vom Prozessrauschen
$\boldsymbol{\nu}_{p_t}$ (stochastischer Übergang $\mathbf{f}_t^{\nu_p}$):

$$\mathbf{x}_{t+1} = \mathbf{f}_t^u(\mathbf{x}_t, u_t) + \boldsymbol{\nu}_{p_t}. \tag{4.51}$$

Eine zeitabhängige Kostenfunktion J_t wird zur Formulierung des mehrstufigen Optimierungsproblems mit der Bellman-Gleichung herangezogen.
Dabei werden die optimalen Kosten des aktuellen Zeitschritts $J_{t_{opt}}$ aus den
zugehörigen lokalen Transformationskosten J_{Dt} und den resultierenden Folgekosten $\tilde{J}_{t+1}$, die als approximierte Funktion vorliegen, bestimmt. Dieser
Zusammenhang lässt sich in Form der stochastischen Bellman-Gleichung
mit approximierten Folgekosten ausdrücken:

$$J_{t_{opt}}(\mathbf{x}_t) = \min_{u_t \in U_t} \left\{ J_{Dt}(\mathbf{x}_t, u_t, \mathbf{x}_{t+1}) + \langle \tilde{J}_{t+1}(\mathbf{x}_{t+1}) \rangle \right\}. \tag{4.52}$$

Die Verknüpfung der einzelnen Zeitschritte zur sukzessiven Formulierung
des mehrstufigen Optimierungsproblems durch die stochastische Bellman-
Gleichung mit approximierten Folgekosten wird in Abbildung 4.23 verdeutlicht. Im letzten Zeitschritt t_T erfolgt eine Bewertung des Endzustands
$\mathbf{x}_T$ durch die Approximation $\tilde{J}_F$, wie im Kontext der Zielfunktion der
Optimierung (Abschnitt 4.5.1.1) erläutert wird.

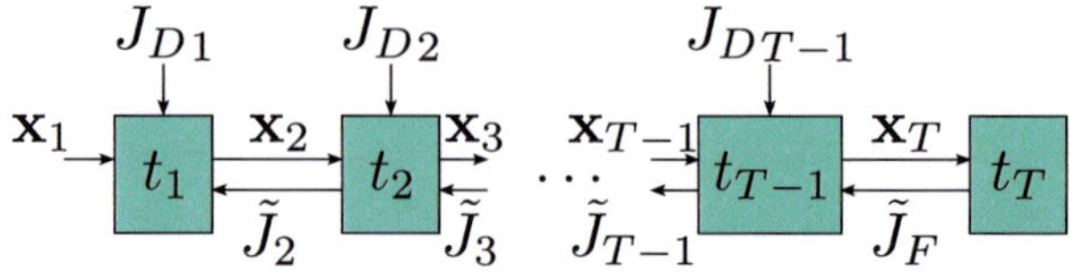

Abbildung 4.23: Verknüpfung der Zeitschritte der stochastischen Bellman-Gleichung mit approximierten Folgekosten

Als Approximationen werden Lookup-Tabellen in Kombination mit einem k-NN-Schätzer (Abschnitt 4.5.2) zur expliziten Interpolation zwischen den diskreten Tabelleneinträgen sowie ANNs, die eine Vorhersage von kontinuierlichen Zielgrößen erlauben, eingesetzt. Bei der Verwendung von ANNs wird ferner zwischen stapelweisem Lernen (Abschnitt 4.5.3) und inkrementellem Lernen (Abschnitt 4.5.4) unterschieden. Wesentlich für das präsentierte Konzept ist die Abdeckung kontinuierlicher Zustandsräume, da die Zustände beliebige Werte durch die Überlagerung mit der Störgröße annehmen können. Eine rein diskrete Beschreibung ist in diesem Fall nicht ausreichend. Eine niedrigdimensionale Repräsentation des Zustandsraumes zur Abmilderung des Fluchs der Dimensionalität erfolgt durch Auswahl weniger charakteristischer Zustandsdimensionen anhand von Expertenwissen.

4.5.1.1 Zielfunktion der Optimierung

Die Zielfunktion eines klassischen Regelungsansatzes beschreibt die Minimierung der Regeldifferenz, die sich aus dem aktuellen Zustand und einer zu erreichenden Referenztrajektorie (konstanter Wert oder zeitlich kontinuierlicher Verlauf) berechnet. Eine flexible Zielfunktion hingegen erlaubt eine frei definierbare Kostenfunktion, die ebenfalls zur Formulierung des klassischen Ansatzes gewählt werden kann.

Bei der Betrachtung von Prozessen mit endlichem Zeithorizont T kann allgemein eine Funktion J_F zur Bewertung des Endzustands $\mathbf{x}_T$ mit in die Bellman-Gleichung eingebracht werden, wie in Abbildung 4.23 gezeigt wird. Die optimalen Kosten des aktuellen Zeitschritts $J_{t_{opt}}$, die abhängig vom Initialzustand $\mathbf{x}_t$ sind, werden in der Bellman-Gleichung (Gleichung 4.52) aus den lokalen Transformationskosten des aktuellen Zeitschritts J_{Dt} und den resultierenden Folgekosten $\tilde{J}_{t+1}$, die abhängig vom möglichen Folgezustand $\mathbf{x}_{t+1}$ sind, bestimmt. Die Folgekosten beinhalten dabei die lokalen Transformationskosten der verbleibenden Zeitschritte bis zum Prozessende $t+1,\ldots,T-1$ und die Kosten J_F zur Bewertung des Endzustands $\mathbf{x}_T$.

Das vorgestellte Konzept zur optimalen Regelung beinhaltet eine Ausprägung der Kostenfunktion unter Berücksichtigung der Qualität des Bauteils am Prozessende und des benötigten Produktionsaufwands während der Prozessdurchführung. Die Ausrichtung der beiden gegensätzlichen Ziele, dargestellt in Abbildung 4.24, kann durch einen Anwender in Form eines Gewichtungsfaktors d vorgenommen werden. Der Produktionsaufwand eines Zeitschritts ergibt sich durch die lokalen Transformationskosten J_{Dt}, die abhängig von Vorgängerzustand $\mathbf{x}_t$, resultierendem Folgezustand $\mathbf{x}_{t+1}$, Prozessparameter u_t und Gewichtung des Produktionsaufwands während der Prozessausführung im Verhältnis zur Qualität am Prozessende d sind:

$$J_{Dt}(\mathbf{x}_t, u_t, \mathbf{x}_{t+1}, d) = |(\|\mathbf{x}_{t+1} - \mathbf{x}_t\|) * u_t/d|. \tag{4.53}$$

Die Qualität als Bewertung des Endzustands in Form der finalen Kosten J_F wird durch die quadratische Abweichung des Endzustands $\mathbf{x}_T$ mit Dimension M von einer vorgegebenen Referenzgröße $\mathbf{x}_r$ beschrieben:

$$J_F(\mathbf{x}_T) = \sum_{m=1}^{M} (x_{Tm} - x_{rm})^2. \tag{4.54}$$

Für die Ermittlung der optimalen Prozessparameterwerte in einem Zeitschritt mit der stochastischen Bellman-Gleichung (Gleichung 4.52) muss die Funktion der Folgekosten $\tilde{J}_{t+1}$ der sich potentiell ergebenden Folgezustände $\mathbf{x}_{t+1}$ bekannt sein. Für jeden Zeitschritt wird daher ein Modell der Kostenfunktion benötigt. In der Bestimmung dieses Kostenfunktionsmodells unterscheiden sich die in dieser Arbeit vorgestellten Ansätze der (Approximativen) Dynamischen Programmierung.

4.5.1.2 Modellierung des Prozessrauschens

Die zugrundeliegende Datenbasis beinhaltet bei der Nutzung von Simulationen zur Datenerzeugung ausschließlich deterministische Zustandsübergänge. Daher müssen die stochastischen Zustandsübergänge in Form

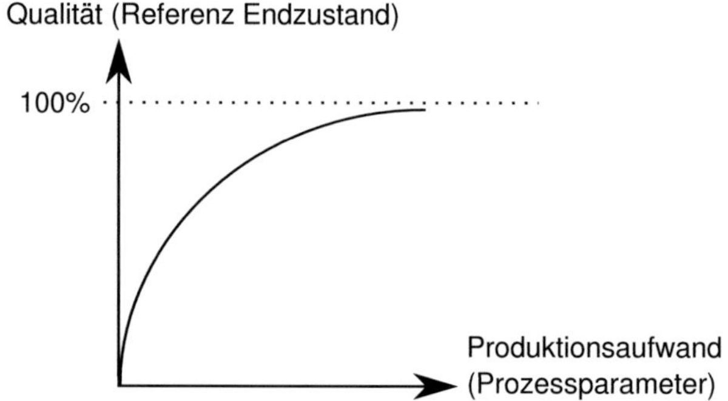

Abbildung 4.24: Ausprägung einer flexiblen Kostenfunktion unter Berücksichtigung von Qualität und Produktionsaufwand

von synthetischen Störgrößen modelliert werden, um die Robustheit eines optimalen Reglers gegenüber Störungen zu untersuchen. Die Störgröße bzw. das Prozessrauschen ν_{p_t} wird dabei als Normalverteilung $\mathcal{N}(\boldsymbol{\mu}, \boldsymbol{\Sigma})$ mit dem deterministischen Zustand der Datenbasis als Mittelwert angenommen. Die Dimension des Rauschens entspricht der Dimension des Zustands, so dass der gesamte Zustandsübergang als additive Überlagerung aus deterministischem und stochastischem Anteil gemäß Gleichung 4.51 beschrieben werden kann. Für die Normalverteilung werden Mittelwert und Kovarianz

$$\boldsymbol{\mu} = \begin{pmatrix} 0 \\ 0 \\ \vdots \\ 0 \end{pmatrix}, \boldsymbol{\Sigma} = \begin{pmatrix} 1 & 0 & \cdots & 0 \\ 0 & 1 & \cdots & 0 \\ \vdots & \vdots & \ddots & \vdots \\ 0 & 0 & \cdots & 1 \end{pmatrix} \tag{4.55}$$

festgelegt. Die bedingten Wahrscheinlichkeiten $P(\mathbf{x}_{t+1}|\mathbf{x}_t, u_t)$ lassen sich aus der Wahrscheinlichkeitsdichtefunktion der multivariaten Normalverteilung berechnen.

Beispiele für reale Störgrößen in Form von Prozessrauschen beim Tiefziehen sind unterschiedliche Reibwerte beim Kontakt von Blech und Werkzeugen sowie Variationen in der plastischen Anisotropie des Materials.

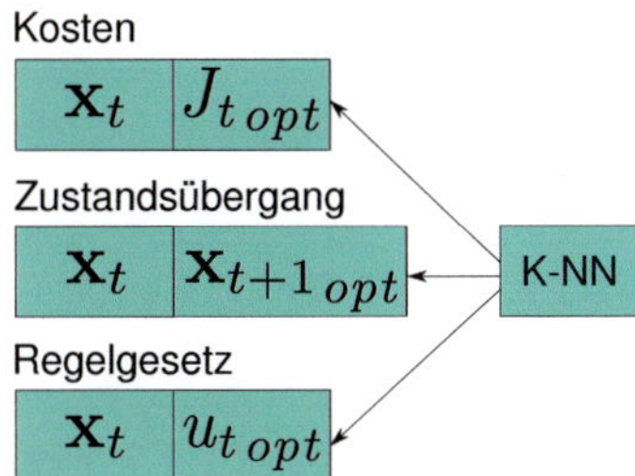

Abbildung 4.25: Modellkomponenten des CDDP-Ansatzes

4.5.2 Classical Discrete Dynamic Programming

Der klassische diskrete DP-Ansatz implementiert gebräuchliche DP-Methoden (Abschnitt 4.3.3.2) und dient als Basis für einen Vergleich mit den vorgestellten ADP-Ansätzen. Dieser Ansatz beinhaltet Modelle der Kosten, des deterministischen Zustandsübergangs und des Regelgesetzes in Form von diskreten Lookup-Tabellen wie in Abbildung 4.25 dargestellt. In Lookup-Tabellen können mehrfach verwendete Ergebnisse gespeichert werden, so dass sie bei wiederholter Nachfrage nicht neu berechnet werden müssen. Allerdings kann diese Repräsentation bei vielen Einträgen im Kontext von kontinuierlichen Zustandsräumen und stochastischen Einflüssen zu einem hohen Speicherbedarf führen. Kosten, Zustands- und Prozessparameterwerte, die nicht in den Lookup-Tabellen enthalten sind, werden mit einem k-NN-Schätzer (Abschnitt 4.3.2.2) bestimmt. Dabei werden 2^m Nachbarpunkte mit Zustandsdimension m berücksichtigt. Sind weniger Nachbarn verfügbar, wird die Anzahl der Nachbarpunkte auf die vorhandenen reduziert. Ein exponentielles Gewichtungsschema [65] wird zur Beschreibung des Einflusses der einzelnen Nachbarn (unter stärkerer Berücksichtigung der näheren Vertreter) verwendet. Für jede Vorhersage zur Prozesslaufzeit müssen die Nachbarn anhand des Abstands neu bestimmt werden.

Die Lösung des mehrstufigen Optimierungsproblems wird mit DP, wie in Abbildung 4.26 veranschaulicht, durch Rückwärtsschreiten in der Zeit von $t = T - 1$ bis $t = 1$ ermittelt. Zunächst werden die finalen Kosten J_F für alle Endzustände $\mathbf{x}_T$ der Stichprobe berechnet und in der Lookup-Tabelle der Kosten $J_{T\,opt}$, die dann im ersten Schleifendurchgang als Folgekos-

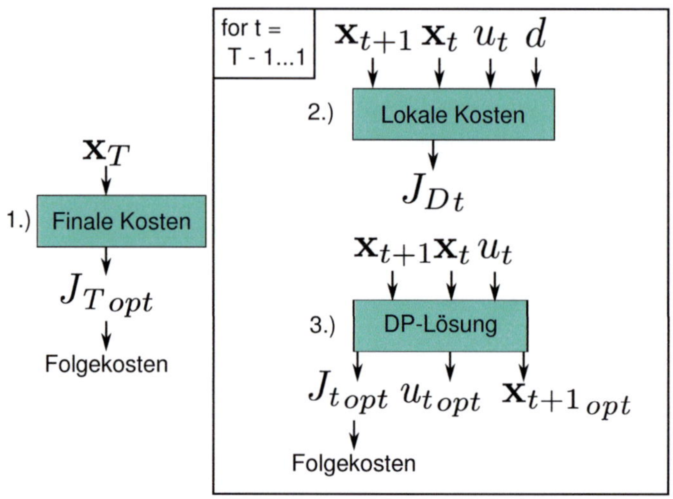

Abbildung 4.26: Bestimmung eines optimalen Reglers mit dem CDDP-Ansatz

ten $\tilde{J}_{t+1}$ angenommen werden, gespeichert. Für jeden Schleifendurchgang werden die lokalen Kosten J_{Dt} berechnet. Anschließend wird die stochastische Bellman-Gleichung (Gleichung 4.52) für jeden Initialzustand $\mathbf{x}_t$ der Stichprobe gelöst. Dabei wird eine vollständige Suche in Zustands- und Aktionsräumen zur Bestimmung der optimalen Gesamtkosten $J_{t\,opt}$ mit dem zugehörigen optimalen Prozessparameter $u_{t\,opt}$ und dem optimalen Folgezustand $\mathbf{x}_{t+1\,opt}$ durchgeführt. Für jeden Initialzustand $\mathbf{x}_t$ wird die optimale Lösung bestehend aus $J_{t\,opt}$, $u_{t\,opt}$ und $\mathbf{x}_{t+1\,opt}$ in den Lookup-Tabellen der Kosten, des Regelgesetzes und des deterministischen Zustandsübergangs gespeichert.

Die Folgekosten in der Bellman-Gleichung $\tilde{J}_{t+1}$ sind im ersten Durchgang durch die finalen Kosten, die in $J_{T\,opt}$ gespeichert wurden, und in allen übrigen Fällen durch die optimalen Gesamtkosten des vorigen Durchgangs $J_{t+1\,opt}$ gegeben. Durch die Beschreibung der Kostenfunktion bezüglich des pre-decision Zustands muss die Unsicherheit des Prozessrauschens in Form des Erwartungswertes der Folgekosten berücksichtigt werden. Der Erwartungswert der Folgekosten $\langle \tilde{J}_{t+1} \rangle$ wird als Summe über alle mögli-

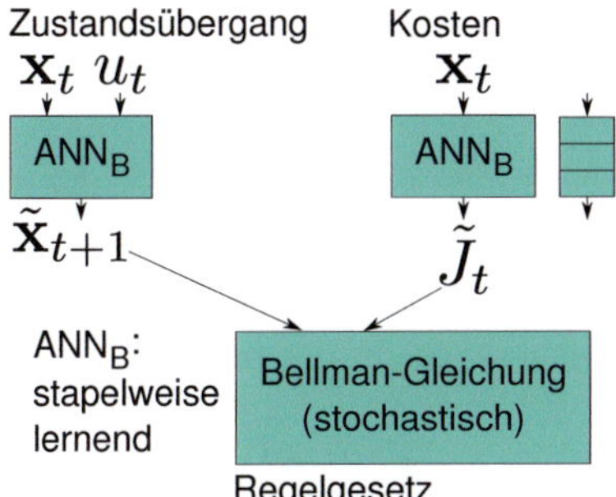

Abbildung 4.27: Modellkomponenten des BADP-Ansatzes

chen Folgezustände $\mathbf{x}'_{t+1}$ der Folgekosten $\tilde{J}_{t+1}$ und den entsprechenden bedingten Wahrscheinlichkeiten $P(\mathbf{x}'_{t+1}|\mathbf{x}_t, u_t)$ berechnet:

$$\langle \tilde{J}_{t+1}(\mathbf{x}_{t+1}) \rangle = \sum_{\mathbf{x}'_{t+1} \in \mathbf{X}_{t+1}} P(\mathbf{x}'_{t+1}|\mathbf{x}_t, u_t) \, \tilde{J}_{t+1}(\mathbf{x}'_{t+1}). \tag{4.56}$$

4.5.3 Backward Approximate Dynamic Programming

Beim Rückwärts-ADP-Ansatz werden Kosten und deterministische Zustandsübergänge in Form von kontinuierlichen, stapelweise lernenden ANNs (Abschnitt 4.3.2.1) modelliert, aufgezeigt in Abbildung 4.27. Die Gewichtsanpassung dieser ANNs wird dabei anhand eines Stapels von Trainingsdaten vorgenommen. Das Regelgesetz ist durch die stochastische Bellman-Gleichung mit approximierten Folgekosten, die durch Rückwärtsschreiten in der Zeit bestimmt werden müssen, gegeben. Dieser Ansatz beinhaltet den klassischen diskreten DP-Ansatz (CDDP) für einen Zeitschritt insofern, dass eine vollständige Suche in Zustands- und Aktionsräumen durchgeführt wird und die Lösungen in temporären Lookup-Tabellen abgelegt werden. Die Inhalte der Lookup-Tabellen werden mit stapelweise lernenden ANNs approximiert zur Erhaltung einer kompakten, kontinuierlichen Darstellung der Kosten und deterministischen Zustandsübergänge.

Die Lösung des mehrstufigen Optimierungsproblems wird durch Rückwärtsschreiten in der Zeit von $t = T - 1$ bis $t = 1$, wie in Abbildung 4.28 gezeigt,

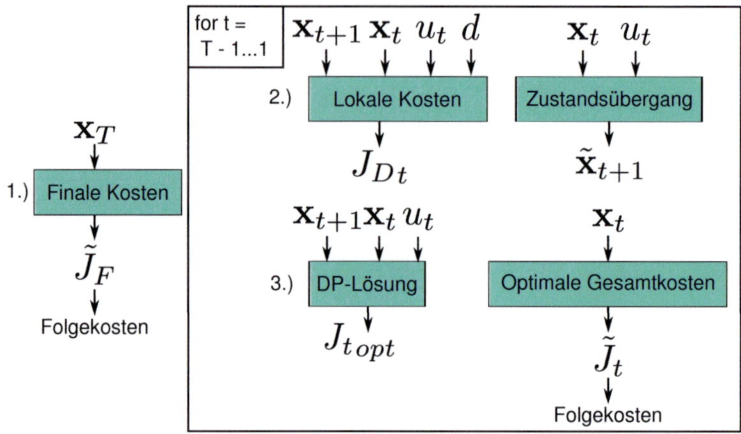

Abbildung 4.28: Bestimmung eines optimalen Reglers mit dem BADP-Ansatz

durchgeführt. Zuerst werden die finalen Kosten J_F für alle Endzustände $\mathbf{x}_T$ der Stichprobe berechnet und es wird daraus eine Approximation der finalen Kosten mit einem stapelweise lernenden ANN $\tilde{J}_F$ erstellt. Diese Approximation repräsentiert dann die Folgekosten $\tilde{J}_{t+1}$ im ersten Schleifendurchgang für $t = T - 1$. Für jeden Schleifendurchgang werden die lokalen Kosten J_{Dt} berechnet und ein stapelweise lernendes ANN zur Vorhersage des deterministischen Zustandsübergangs vom Initialzustand $\mathbf{x}_t$ zum Folgezustand $\tilde{\mathbf{x}}_{t+1}$ anhand der Aktion u_t aus Stichprobendaten erstellt.

In einem nächsten Schritt wird die stochastische Bellman-Gleichung (Gleichung 4.52) für jeden Initialzustand $\mathbf{x}_t$ gelöst und die optimalen Lösungen $J_{t\,opt}$ werden in einer temporären Lookup-Tabelle gespeichert. Die Folgekosten $\tilde{J}_{t+1}$ sind entweder als Approximation der optimalen Gesamtkosten aus dem vorigen Schleifendurchlauf oder der finalen Kosten $\tilde{J}_F$ gegeben. Durch die Modellierung der Kostenfunktion bezüglich des pre-decision Zustands muss die Unsicherheit des Prozessrauschens in Form des Erwartungswertes der Folgekosten berücksichtigt werden. Der Erwartungswert $\langle\tilde{J}_{t+1}\rangle$ wird als numerisches Integral mit der Simpsonregel des ANN $\tilde{J}_{t+1}$ und den bedingten Wahrscheinlichkeiten aus der zugehörigen Dichtefunktion bestimmt:

$$\langle \tilde{J}_{t+1}(\mathbf{x}_{t+1}) \rangle = \int_{-\infty}^{+\infty} P(\mathbf{x}_{t+1}|\mathbf{x}_t, u_t) \; \tilde{J}_{t+1}(\mathbf{x}_{t+1}) \, d\mathbf{x}_{t+1}. \tag{4.57}$$

Der Inhalt der temporären Lookup-Tabelle dient zum Training eines stapelweise lernenden ANN $\tilde{J}_t$ der optimalen Gesamtkosten basierend auf den Zuständen $\mathbf{x}_t$.

4.5.4 Forward Approximate Dynamic Programming

Der Vorwärts-ADP-Ansatz ist mit seinen Modellkomponenten in Abbildung 4.29 dargestellt. Dazu gehört ein Modell des Erwartungswertes der Kostenfunktion bezüglich des post-decision Zustands (Abschnitt 4.3.3.3), das mit inkrementell lernenden ANNs (Abschnitt 4.3.2.1) approximiert wird. Die Gewichtsanpassung dieser ANNs wird hierbei anhand von einzelnen Elementen der Trainingsdaten durchgeführt. Die deterministischen Zustandsübergänge werden mit stapelweise lernenden ANNs analog zum Rückwärts-ADP-Ansatz abgebildet und vor der Bestimmung des optimalen Reglers erstellt. Durch die Formulierung der Kostenfunktion bezüglich des post-decision Zustands lässt sich das eigentliche stochastische Optimierungsproblem auf eine innere deterministische Bellman-Gleichung mit äußerem Erwartungswert zurückführen [77, 68]:

$$J^u_{t-1_{opt}}(\mathbf{x}^u_{t-1}) = \langle \min_{u_t \in U_t} \{J_{Dt}(\mathbf{x}_t, u_t, \tilde{\mathbf{x}}^u_t, d) + \tilde{J}^u_t(\tilde{\mathbf{x}}^u_t)\} \rangle. \tag{4.58}$$

Der äußere Erwartungswert wird durch Vorwärtsschreiten in der Zeit mit einem iterativen Vorgehen zur Approximation der Kosten durch Mittelung über stochastische Pfade bestimmt, wie in Abschnitt 4.3.3.3 beschrieben wurde. Durch die deterministische Bellman-Gleichung mit approximierten Folgekosten ergibt sich das Regelgesetz.

Die vollständige Suche mit hohem kombinatorischen Aufwand beim Rückwärtsschreiten in der Zeit bei den zuvor betrachteten Ansätzen (CDDP, BADP) wird im Rahmen dieses Ansatzes durch ein iteratives Vorgehen zur Approximation der Kosten mit Vorwärtsschreiten in der Zeit ersetzt (analog zum Approximate Value Iteration-Algorithmus in Algorithmus 4.4,

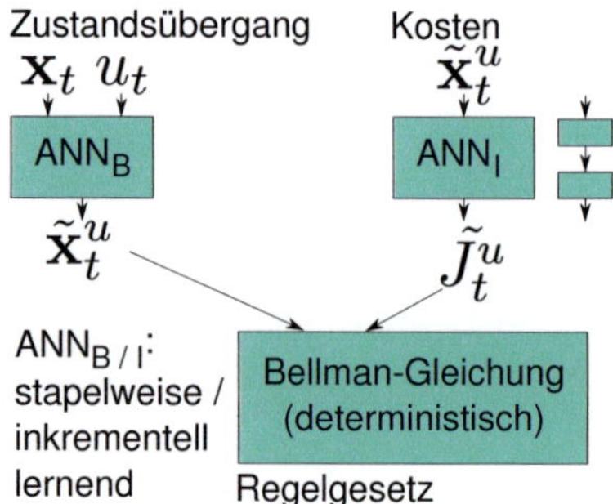

Abbildung 4.29: Modellkomponenten des FADP-Ansatzes

Abschnitt 4.3.3.3). Auf diese Weise wird durch Auswahl der Zufallspfade eine Beschränkung des Zustandsraumes auf relevante Zustandsgrößen vorgenommen. Dabei muss ein Kompromiss zwischen dem Einbeziehen neuer Informationen (Exploration) und der Nutzung vorhandener Informationen (Exploitation) abhängig vom konkreten Problem gefunden werden. Das iterative Verfahren führt mit zunehmender Anzahl an Iterationen zu einer Verbesserung der Approximation, allerdings steigt damit auch der Aufwand. Die Wahl der Anzahl an Iterationen erfolgt daher im Hinblick auf die Robustheit der Approximation im Verhältnis zum damit verbundenen Aufwand. Die genaue Funktionsweise des Vorwärts-ADP-Ansatzes wird wie folgt in Algorithmus 4.5 erläutert.

Zu Beginn werden die ANNs $\tilde{J}_t^u$ für $t = 1 : T - 1$ mit zufälligen Gewichten initialisiert. Für jede Iteration i wird der Initialzustand $\mathbf{x}_1$ auf den Startzustand der Simulation zurückgesetzt und ein Zufallspfad mit Störgrößen für jeden Zeitschritt $\boldsymbol{\nu}_{p_{i1}} \ldots \boldsymbol{\nu}_{p_{iT-1}}$ erstellt. Das iterative Vorgehen erfolgt durch Vorwärtsschreiten in der Zeit. Zuerst wird die deterministische Bellman-Gleichung mit approximierten Folgekosten $\tilde{J}_t^u$ bezüglich des mit einem stapelweise lernenden ANN vorhergesagten post-decision Zustands $\tilde{\mathbf{x}}_t^u$ gelöst. In frühen Iterationen ist dabei die Vorhersage der Folgekosten stark von der Initialisierung des ANN abhängig, da noch kein ausgiebiges Training stattgefunden hat. Allerdings sollte sich die Approximation mit jeder Iteration durch Gewichtsanpassung mittels stochastischen Gradientenabstiegs mit Momentumterm unter Berücksichtigung neuer und vorhandener Informationen verbessern. Die Anpassung der Kostenfunktion

1   Initialisiere Netz $\tilde{J}_t^u$ **for** $t = 1 : T - 1$

2   **for** $i = 1 : I$

3   Initialisiere $\mathbf{x}_1$

4   Erzeuge zufälliges Rauschen $\boldsymbol{\nu}_{p_{i1\ldots iT-1}}$

5   **for** $t = 1 : T - 1$

6   1. Löse Bellman-Gleichung

7     $J_{t\,opt} = \min\limits_{u_t \in U_t} \{J_{Dt}(\mathbf{x}_t, u_t, \tilde{\mathbf{x}}_t^u, d) + \tilde{J}_t^u(\tilde{\mathbf{x}}_t^u)\}$

8   **if** $(t > 1)$

9   2. Adaptiere α_{it}

10   3. Adaptiere Netz $\tilde{J}_{t-1}^u$ anhand $\{\tilde{\mathbf{x}}_{t-1}^u, J_{t\,opt}\}$

11   **end if**

12   4. Bestimme u_t mittels ϵ-greedy

13   5. Führe $\mathbf{x}_{t+1} = \mathbf{f}_t^u(\mathbf{x}_t, u_t) + \boldsymbol{\nu}_{p_{it}}$ aus

14   **end for**

15    $J_{T\,opt} = J_F(\mathbf{x}_T)$

16   Adaptiere α_{iT}

17   Adaptiere Netz $\tilde{J}_{T-1}^u$ anhand $\{\tilde{\mathbf{x}}_{T-1}^u, J_{T\,opt}\}$

18   **end for**

Algorithmus 4.5: Bestimmung eines optimalen Reglers mit dem FADP-Ansatz

$\tilde{J}_{t-1}^{u}$, die auf dem Wert der optimalen Kosten $J_{t\,opt}$ und dem Zustand $\tilde{\mathbf{x}}_{t-1}^{u}$ basiert, wird anhand der Lernrate α_{it} vorgenommen. Die Lernrate wird über die Iterationen so angepasst, dass sie den Anforderungen bezüglich Konvergenz genügt (Gleichungen 4.10 - 4.12).

Der Prozessparameter u_t, der beim Zustandsübergang zur Anwendung kommt, wird mit dem ϵ-greedy-Algorithmus [68] ermittelt. Dieser trifft die Auswahl der Entscheidung entweder anhand der optimalen Lösung $u_{t\,opt}$ der Bellman-Gleichung (Exploitation) oder anhand eines zufälligen Übergangs (Exploration). Der Wert ϵ gibt den Anteil an Entscheidungen an, die zufällig aus einer Gleichverteilung ausgewählt werden. Durch die zufälligen Entscheidungen wird sichergestellt, dass jeder Zustand ungefähr gleich oft mit zunehmender Anzahl an Iterationen aufgesucht wird.

Die deterministische Zustandsübergangsfunktion $\mathbf{f}_t^{u}$ ist durch ein stapelweise lernendes ANN gegeben. Der stochastische Zustandsübergang ergibt sich durch additive Überlagerung mit der Störgröße $\boldsymbol{\nu}_{p_{it}}$. Nach dem Zustandsübergang wird weiter mit dem nächsten Zeitschritt verfahren. Für den Endzustand $\mathbf{x}_T$, der die gesamten stochastischen Einflüsse $\boldsymbol{\nu}_{p_{i1}} \ldots \boldsymbol{\nu}_{p_{iT-1}}$ umfasst, wird die Approximation der finalen Kosten $\tilde{J}_{T-1}^{u}$ anhand der analytisch berechneten finalen Kosten J_F entsprechend angepasst. Dann wird mit der nächsten Iteration fortgefahren.

Die Anpassung der Kostenfunktion erfolgt asynchron, d. h. nur tatsächlich aufgesuchte Zustände werden bei der Aktualisierung berücksichtigt. Bei der Verwendung von ANNs als globale parametrische Approximationen kann die Gewichtsanpassung einen Einfluss auf die gesamte Funktion oder nur auf eine lokale Nachbarschaft haben. Dies ist abhängig von der verwendeten Aktivierungsfunktion. Daher werden im Rahmen der Evaluierung dieses Ansatzes in Abschnitt 6.2.3 globale sigmoide Aktivierungsfunktionen mit lokalen radialen Basisfunktionen verglichen. Weitere Einflussfaktoren der Regularisierung sowie der Lern- und Explorationsstrategie werden bei der Auswertung der Ergebnisse analysiert. Dabei kann konvergentes Verhalten für die inkrementell lernenden ANNs zur Approximation der Kosten durch eine entsprechende Anpassung der Lernrate erreicht und die Sensitivität bezüglich zufällig variierender Anfangsbedingungen durch Regularisierung reduziert werden.

4.6 System zur optimalen Prozessführung mit generischem Prozessmodell

Die Einordnung der im Rahmen dieser Arbeit realisierten Ansätze zur Zustandsverfolgung (Abschnitt 4.4) und zur optimalen Regelung (Abschnitt 4.5) in das System zur optimalen Prozessführung mit dem generischen Prozessmodell ist in Abbildung 4.30 veranschaulicht und wird im Folgenden erläutert.

Zur Beschreibung der in Abbildung 4.2 (Abschnitt 4.2) aufgezeigten Prozessbeziehungen wurden drei Beobachtermodelle umgesetzt. Der NLP-SLDR-Ansatz (Abschnitt 4.4.2) realisiert die Vorhersage der Zustandsvariablen aus zeitlichen Verläufen von Observablen durch nichtlineare Regression mit einem stapelweise lernenden ANN. Dabei wird die Komplexität des Regressionsproblems durch eine separate lineare Dimensionsreduktion mittels PCA in Ein- und Ausgangsgrößen verringert.

Im Gegensatz dazu ermöglicht der LP-ILDR-Ansatz (Abschnitt 4.4.3) die Gewinnung einer niedrigdimensionalen Repräsentation von Zustandsmerkmalen aus zeitlichen Verläufen von observablen Größen durch wissensbasierte Dimensionsreduktion mittels NCF. Die Zustandsmerkmale werden zur Ableitung der Bauteileigenschaften mit der PLS verwendet, für eine optimale Regelung ist ihre Dimensionalität jedoch zu hoch und zudem abhängig vom zugrundeliegenden analytischen Modell.

Der NLP-INLDR-Ansatz (Abschnitt 4.4.4) erlaubt aus zeitlichen Verläufen von Observablen die Vorhersage des Zustands und gleichzeitig die Extraktion einer wirklich niedrigdimensionalen Repräsentation von Zustandsmerkmalen durch Kombination von nichtlinearer Regression und nichtlinearer Dimensionsreduktion mittels PFAs. Die gewonnenen Zustandsmerkmale werden für die Ableitung der Bauteileigenschaften genutzt und können als Basis für eine optimale Regelung dienen.

Das System zur optimalen Prozessführung umfasst Modelle für die Zustandsübergänge, die Kosten und das Regelgesetz als das Ergebnis des Optimierungsproblems.

Zur Abmilderung des Fluchs der Dimensionalität bei der optimalen Regelung ist eine niedrigdimensionale Repräsentation des Zustandsraumes

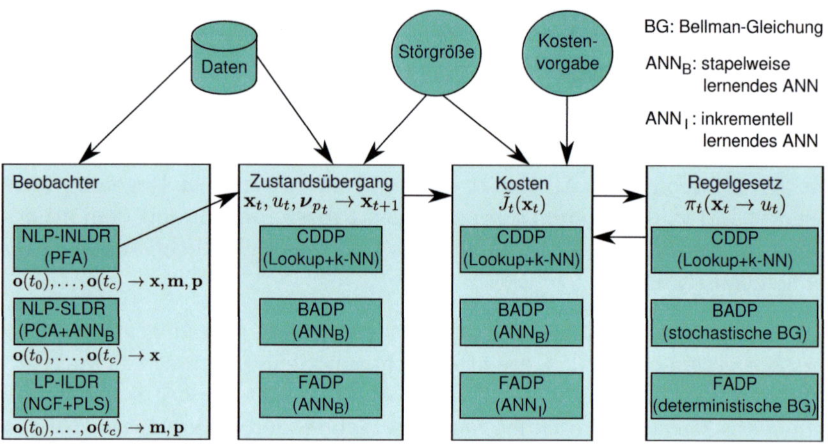

Abbildung 4.30: System zur optimalen Prozessführung mit realisierten Ausprägungen des generischen Prozessmodells

erforderlich. Ist der datenbasierte Zustandsraum von hoher Dimensionalität, können (wie zuvor beschrieben) Methoden der Dimensionsreduktion zur Gewinnung von Zustandsmerkmalen genutzt werden, oder es erfolgt wie in dieser Arbeit eine Auswahl charakteristischer Zustandsdimensionen anhand von Expertenwissen. Die Darstellung der Zustandsübergänge wird in dieser Arbeit mit diskreten Lookup-Tabellen mit einem k-NN-Schätzer zur expliziten Interpolation zwischen diskreten Tabelleneinträgen (CDDP, Abschnitt 4.5.2) und mit kontinuierlichen stapelweise lernenden ANNs (BADP in Abschnitt 4.5.3, FADP in Abschnitt 4.5.4) in kompakter Form umgesetzt.

Die Approximation der Kostenfunktion erfolgt mit Lookup-Tabellen in Kombination mit einem k-NN-Schätzer (CDDP) und mit ANNs. Im Falle des zeitlich rückwärtsgerichteten BADP-Ansatzes werden stapelweise lernende ANNs gewählt, beim zeitlich vorwärtsgerichteten FADP-Ansatz kommen inkrementell lernende ANNs zum Einsatz. Das Regelgesetz zur Auswahl der optimalen Prozessparameter wird beim CDDP-Ansatz explizit durch eine Lookup-Tabelle und einen k-NN-Schätzer repräsentiert, während die Darstellung bei den ADP-Ansätzen durch die stochastische (BADP) bzw. deterministische Bellman-Gleichung (FADP) erfolgt.

Die Vorgabe der Kostenfunktion wird durch den Anwender des Systems vorgenommen, wie in Abschnitt 4.5.1.1 für die im Rahmen dieser Arbeit gewählten Ausprägung beschrieben wurde. Eine Approximation der Kostenfunktion geht in die Bellman-Gleichung zur Beschreibung der Folgekosten abhängig vom Folgezustand mit ein. Zugleich dient die Lösung der Bellman-Gleichung in Form der optimalen Prozessparameter und den damit verbundenen optimalen Gesamtkosten als Basis zur Approximation der Kostenfunktion des aktuell betrachteten Zeitschritts.

Da die Daten der Simulation nur deterministische Zustandsübergänge enthalten, die mit den beschriebenen Modellen der Zustandsübergänge abgebildet werden, wird das Prozessrauschen in Form einer synthetischen, normalverteilten Störgröße (Abschnitt 4.5.1.2) als stochastischer Anteil des Zustandsübergangs eingebracht. Dabei geht der stochastische Einfluss in Form des Erwartungswertes der Folgekosten bei der Lösung der stochastischen Bellman-Gleichung mit ein (CDDP, BADP). Beim iterativen FADP-Ansatz hingegen wird der stochastische Einfluss mittels Realisierungen von Zufallsgrößen der Prozesspfade zur Approximation des Erwartungswertes der Kostenfunktion mit der deterministischen Bellman-Gleichung berücksichtigt.

Ein Vergleich der realisierten Ansätze zur optimalen Regelung bezüglich der Genauigkeit und der Komplexität wird in Abschnitt 6.2.4 durchgeführt.

4.7 Datenerzeugung mit Materialmodellen

Für die Zustandsverfolgung und optimale Prozessführung werden schnelle und robuste Modelle, die nur die wesentlichen Prozesscharakteristika berücksichtigen, gefordert. Diese werden mit datengetriebenen Methoden des statistischen Lernens der Regression und Dimensionsreduktion sowie der optimalen Regelung abgebildet. Zur Ausprägung der Modelle, wie in Abschnitt 4.1 verdeutlicht, werden Stichproben in Form von numerischen Simulationen oder Experimenten benötigt. Im Folgenden wird daher auf die Beschreibung des Materialverhaltens von Blechbauteilen auf verschiedenen Skalen und dessen Modellierung mit der Finite Elemente Methode (FEM) eingegangen. Anschließend wird die Multiskalenmodellierung genauer erläutert.

Das Materialverhalten von Metallen kann auf verschiedenen Skalen analysiert und modelliert werden. Die Makro-Skala umfasst das gesamte Bauteil mit seinen makroskopischen mechanischen Eigenschaften, während die Mikro-Skala die zugrundeliegende Anordnung der Atome in Gitterstrukturen mit ihren mikroskopischen Eigenschaften betrachtet. Bei der Materialmodellierung werden daher Modelle auf der Makro-Ebene mit Modellen auf der Mikro-Ebene gekoppelt, um die Wechselwirkungen zwischen den unterschiedlichen Skalen zu berücksichtigen [30, 76, 12]. Ein Beispiel für eine solche Wechselwirkung ist die Beschreibung der texturbedingten Anisotropie der mechanischen Eigenschaften des Bauteils im elastischen und plastischen Bereich, die einen maßgeblichen Einfluss auf die Zipfelbildung und Blechdickenverteilung im Rahmen eines Tiefziehprozesses hat.

4.7.1 Mikrostruktur

Die Eigenschaften eines Blechbauteils auf der Mikro-Skala werden durch die Mikrostruktur bzw. das Gefüge charakterisiert. Die Mikrostruktur umfasst Gitterfehler in Form von Phasen- und Korngrenzen, Versetzungen und Punktfehlern. Eine Phase ist ein Bereich einheitlicher Struktur, der sich von anderen Phasen durch Phasengrenzen abtrennt. Beispiele für Phasengrenzen sind die Oberfläche, die das Bauteil von seiner Umgebung trennt, aber auch Grenzen zwischen verschiedenen Aggregatzuständen. Die Phasen setzen sich aus einzelnen Körnern zusammen.

In Metallen sind die Atome in regelmäßigen Gitterstrukturen angeordnet, die durch eine repräsentative Elementarzelle beschrieben werden können. Sie bilden auf diese Weise Körner bzw. Kristalle einheitlicher Struktur, die sich von anderen Körnern durch Ausrichtung der Gitterstruktur in Form von Korngrenzen unterscheiden. Die Orientierung eines Korns beschreibt die Ausrichtung seines orthonormalen Koordinatensystems bezüglich des orthonormalen Koordinatensystems des Bauteils. Die Orientierung kann entweder mit Hilfe der drei Eulerwinkel spezifiziert werden, wobei ein Koordinatensystem durch Drehungen um verschiedene Rotationsachsen in das andere überführt wird, oder in Form der stereographischen Projektion, bei welcher ein Kristall von einer Kugel umgeben ist, die auf eine Ebene projiziert wird.

Ist die Anordnung der Körner regellos bezüglich der Orientierung, hat das Material gleiche Eigenschaften in alle Richtungen, d. h. es ist quasi-isotrop. Sind die Körner hingegen in einer bestimmten Vorzugsrichtung ausgerichtet, spricht man von anisotropem Material mit richtungsabhängigen Eigenschaften in Form einer kristallographischen Textur [31].

4.7.2 Finite Elemente Methode

Die Finite Elemente Methode ermöglicht die Bestimmung einer numerischen Näherungslösung eines Systems partieller Differentialgleichungen. Dazu muss das betrachtete Phänomen durch die Festlegung der Geometrie und des Materialgesetzes des zu modellierenden Bauteils sowie der Randbedingungen formuliert werden. Das Materialgesetz beschreibt das elastische und plastische Verhalten des Bauteils. Ein Beispiel für das elastische Verhalten eines Festkörpers ist das Hookesche Gesetz, das die Spannung als lineare Funktion der Dehnung durch den Elastizitätsmodul beschreibt. Das plastische Verhalten ist im Gegensatz zum elastischen Verhalten irreversibel und setzt dann ein, wenn die Elastizitätsgrenze überschritten wird. Die Plastizität wird durch eine nichtlineare Funktion beschrieben. Zu den Randbedingungen gehören Krafteinwirkungen auf das Bauteil wie z. B. durch Werkzeuge oder statische Begrenzungen, z. B. durch feste Einspannung an bestimmten Punkten.

Bei der Betrachtung eines dynamischen Systems muss die zeitliche Diskretisierung festgelegt werden. Die räumliche Diskretisierung erfolgt in Form von Finiten Elementen linearer oder höherer Ordnung, die sich aus der Verbindung einzelner Knoten ergeben. Die zu lösenden Gleichungen für die einzelnen Elemente werden zu einem Gesamtgleichungssystem zusammengefasst, das abhängig von der Komplexität mit einem direkten Verfahren (exakte Lösung) oder mit einem iterativen Näherungsverfahren (Approximation) gelöst werden kann. Anschließend können die Größen von Interesse (z. B. Spannungen oder Dehnungen im gesamten Bauteil) analysiert werden. Hierzu stellt die FEM-Software in den meisten Fällen eine Visualisierung bereit. Für die Betrachtung der Spannungsverteilung im Bauteil wird oft eine Vergleichsspannung herangezogen, die sich durch Abbildung des dreidimensionalen realen Spannungszustands auf eine eindimensionale fiktive Größe ergibt. Ein Beispiel ist die von-Mises-Vergleichsspannung, die im Rahmen dieser Arbeit zur Zustandscharakterisierung von Bauteilen verwendet wird. Weiterführende Angaben zu den einzelnen Schritten der FEM sind in [25] enthalten.

4.7.3 Multiskalenmodellierung

Das Ziel der Kopplung von Modellen unterschiedlicher Größenordnungen ist die Berücksichtigung der mikrostrukturbasierten Kristallplastizität bei der Modellierung des Deformationsverhaltens der betrachteten Blechbauteile. Damit können deren Eigenschaften genauer vorhergesagt und darauf basierend sowohl einzelne Prozesse als auch gesamte Prozessketten optimiert werden [35].

Für die Beschreibung des plastischen Materialverhaltens gibt es verschiedene Realisierungen, die bereits in gängiger FEM-Software integriert sind. Dazu gehören der isotrope Fließort nach von Mises und eine Erweiterung um anisotropes Verhalten nach Hill [36]. Der Fließort beschreibt allgemein, ab welchem Spannungszustand plastisches Fließen einsetzt. Beim Fließort nach von Mises ist dies der Fall, wenn die lokale Vergleichsspannung größer als eine Grenzspannung ist. Durch Anpassung der Formulierung der Vergleichsspannung ermöglicht die Beschreibung nach Hill eine schnelle und einfache Integration des anisotropen Verhaltens. Allerdings muss dabei die Entwicklung der Anisotropie während der Verformung in Form von Verfestigung berücksichtigt und der Fließort entsprechend angepasst werden. Zudem ist die Beschreibung der Fließfläche nach Hill aufgrund der quadratischen Form bei der Simulation eines Tiefziehprozesses auf einen Napf mit vier Zipfeln beschränkt.

Der eigentliche Ursprung des anisotropen Verhaltens ist jedoch in der Textur des Materials begründet. Wenn die Blechbauteile zuvor anderen Prozessen wie z. B. Walzen und Wärmebehandlung unterzogen wurden, besitzen sie eine ausgeprägte Textur. Das Ziel der Modellierung der Anisotropie ist daher, den Fließort nicht an statisch gemessene mechanische Kennwerte anzupassen, sondern diesen aus der Entwicklung der Textur zu bestimmen. Drei Varianten zur Integration der Kristallplastizität in die FEM werden in [76] vorgestellt. Eine Möglichkeit stellt die Simulation der Texturentwicklung unter Berücksichtigung der Kornwechselwirkungen mit einem Taylormodell dar. Diese Methode liefert genaue Ergebnisse bei hohem Rechenaufwand. Alternativ kann die Texturentwicklung durch Modellierung der Kristallplastizität für Polykristalle berücksichtigt werden. Hierfür ist jedoch ebenfalls ein erheblicher Aufwand nötig. Eine dritte Möglichkeit besteht in der Kombination der Modellierung der Plastizität für Polykristalle mit statistischen Texturen. Letztere basieren auf der Beschreibung der Orientierungsverteilungen durch Gaußfunktionen. Bei diesem Ansatz wird die Anisotropie jedoch wesentlich überschätzt. Die Überschätzung kann durch Berücksichtigung der Streuung der Orientierungen um die idealen Texturkomponenten bezogen auf das gesamte Bauteil verringert werden, allerdings kommt es weiterhin zu einer lokalen Überschätzung der Anisotropie. Weitere Ansätze zur Reduktion der Überschätzung werden daher in [12] vorgestellt.

Ein Überblick über die Methoden zur Modellierung der Kristallplastizität wird in [35] gegeben. Dabei wird zwischen der Betrachtung von Einkristallen und Polykristallen unterschieden. Die Einkristall-Plastizität lässt sich mit phänomenologischen oder mikromechanischen Modellen darstellen. Während phänomenologische Modelle empirische Beobachtungen von Phänomenen wie der Verfestigung beschreiben, basieren mikromechanische Modelle auf physikalischen Zusammenhängen der Mikrostrukturentwicklung. Die Polykristall-Plastizität lässt sich mit sogenannten mean-field und full-field Methoden formulieren. Bei den mean-field Methoden werden die makroskopischen Eigenschaften durch Zusammenfassung (Homogenisierung) der detaillierten Mikrostrukturcharakterisierung unter vereinfachenden Annahmen ermittelt. Full-field Methoden hingegen verwenden Elementarzellen zur Repräsentation von Polykristallen und erzielen damit realistischere Ergebnisse als mean-field Methoden, jedoch ist die komplexere Beschreibung mit hohem Aufwand verbunden.

5 Prozessausprägungen des generischen Modells

Die Ausprägung des generischen Modells auf spezifische Prozesse umfasst drei verschiedene Tiefziehmodelle unterschiedlicher Komplexität (Abschnitt 5.1) und eine experimentelle Charakterisierung des Widerstandspunktschweißens (Abschnitt 5.2). Die Implementierung des Prozessmodells erfolgt in MATLAB, die Interaktion der beteiligten Komponenten der Systemarchitektur wurde in Abschnitt 4.1 verdeutlicht. Zunächst wird auf die Bedeutung der Mikrostruktur zur Zustandscharakterisierung eingegangen. Anschließend wird für jeden Prozess eine kurze Einführung gegeben, um dann jeweils zu den untersuchten Prozessbeziehungen anhand der ausgewählten Prozessgrößen aus Simulationen oder Experimenten überzugehen.

Bedeutung der Mikrostruktur Die Mikrostruktur dient zur eindeutigen Zustandscharakterisierung von Blechbauteilen unter Berücksichtigung der Details des Materialverhaltens auf Kornebene. Daraus ergibt sich eine hochdimensionale Zustandsbeschreibung, die mit Methoden der Dimensionsreduktion auf die zur Regelung relevanten Merkmale komprimiert werden kann. Allerdings ist die Modellierung der Mikrostruktur bei Simulationen oder die Auswertung der Mikrostruktur bei Experimenten mit einem sehr hohen zeitlichen Aufwand verbunden, wenn ein angemessener Stichprobenumfang für die Verwendung statistischer Modelle erzeugt werden soll. Daher wird die Machbarkeit der Anwendung des generischen Prozessmodells in dieser Arbeit anhand von makroskopischen Zustandsgrößen (von-Mises-Spannungen) gezeigt. Aus der makroskopischen Zustandsbeschreibung resultieren ebenfalls hochdimensionale Zustandsgrößen, aus denen Merkmale zur Regelung extrahiert werden müssen. Eine Erweiterung der Zustandsbeschreibung auf Mikrostrukturgrößen (z. B. Kornform und

-größe) ist prinzipiell möglich, bringt allerdings einen sehr hohen zeitlichen Aufwand in Form von Parameterstudien zur Erzeugung der Simulationen oder zur Durchführung und Auswertung der Experimente mit sich.

5.1 Tiefziehen

Beim Tiefziehen drückt ein Stempel ein Metallblech in eine Matrize, um ein näpfchenförmiges Bauteil zu erhalten. Das Blech wird zwischen dem Blechhalter und der Matrize eingeklemmt und erfährt dabei Zug- und Druckspannungen. Dieser Vorgang wird in Abbildung 5.1 für ein 2D-Geometriemodell (links) sowie ein 3D-Geometriemodell (rechts, 90°-Ausschnitt) verdeutlicht. Der Zustand wird durch die Spannungsverteilung im Bauteil charakterisiert. Die Blechhalterkraft wird als Prozessparameter, der den Zustand gezielt beeinflussen kann, ausgewählt. Das Prozessrauschen kann in Form von verschiedenen Reibungskoeffizienten eingebracht werden. Observable Größen beinhalten Kräfte, Verschiebungen und Dehnungen, die während der Prozessdurchführung an ausgewählten Bauteilpositionen gemessen werden können. Die Bauteileigenschaften werden durch das Zipfelprofil repräsentiert, das sich beim Tiefziehen von Metallblechen mit plastischer Anisotropie ausprägt. Aus der plastischen Anisotropie, die in das Blech z. B. durch einen vorangehenden Walzprozess eingebracht wurde, ergibt sich durch den richtungsabhängigen Verformungswiderstand eine Variation in der Näpfchenhöhe in Form von Zipfeln. Details zu Umformprozessen und speziell zum Tiefziehen finden sich in [38, 21].

Simulationen Zunächst wird allgemein auf die drei verschiedenen Tiefziehmodelle unterschiedlicher Komplexität eingegangen. In den folgenden Abschnitten werden die ausgewählten Prozessgrößen (Prozessparameter, Prozessrauschen, Observablen, Zustandsvariablen und Bauteileigenschaften, jeweils wenn zutreffend) für die Zustandsverfolgung und die optimale Regelung der Tiefziehprozesse vorgestellt.

Eine Übersicht der Materialmodelle der Tiefziehprozesse mit ihren Eigenschaften sind in Tabelle 5.1 aufgeführt. Der grundlegende Prozess, der zur Zustandsverfolgung und zur optimalen Regelung verwendet wird,

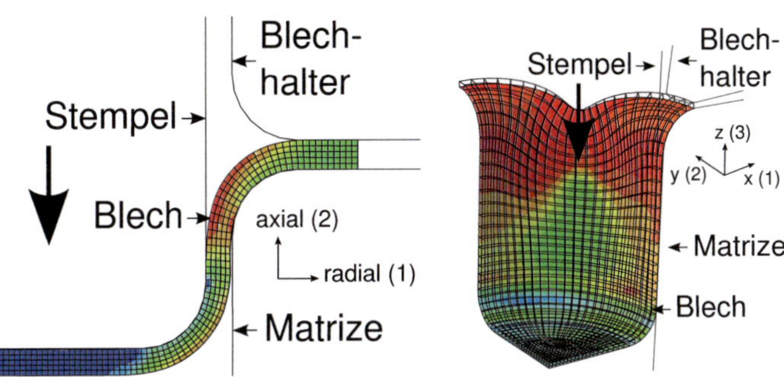

Abbildung 5.1: Bauteil und Werkzeuge beim Tiefziehen zylindrischer Näpfe mit 2D-Geometriemodell (links) und 3D-Geometriemodell (rechts)

Prozess	Grundlegend	Erweitert	Mikromechanisch
Geometrie	2D	3D	3D
Zeitintegration	implizit	implizit	implizit
Elastizität	isotrop	isotrop	anisotrop
Fließverhalten	isotrop	anisotrop	anisotrop
Verfestigung	isotrop	isotrop	isotrop
Anwendung	Zustandsverfolgung, optimale Regelung	Zustandsverfolgung	Zustandsverfolgung mit Ableitung Bauteileigenschaften
# Datensätze	200, 768	499	100
# Zeitschritte	131, 169	368	211
Details	-	Hill-Modell	Taylor-Homogenisierung
Referenz	-	[44]	[12]

Tabelle 5.1: Materialmodelle für die Simulation verschiedener Tiefziehprozesse

beschreibt den Tiefziehprozess in Form eines achsensymmetrischen 2D-Geometriemodells mit geringer Komplexität. Der erweiterte Prozess ist von mittlerer Komplexität durch Berücksichtigung der plastischen Anisotropie in Form eines Hill-Modells und wird zur Zustandsverfolgung mit einem 3D-Geometriemodell eingesetzt. Der mikromechanisch modellierte Prozess besitzt eine hohe Komplexität, die sich durch Betrachtung der plastischen Anisotropie basierend auf der Kristallplastizität mit einem 3D-Geometriemodell ergibt. Dieser Prozess wird zur Zustandsverfolgung mit Ableitung der Bauteileigenschaften genutzt. Die Simulationen wurden mit der FEM-Software ABAQUS unter entsprechender Einbettung der Materialmodelle erstellt.

Bei der Variation der Prozessparameter in Form einer Parameterstudie wird der gesamte Parameterraum im vorgegebenen Intervall [min, max] für jeden Parameter äquidistant abgetastet. Für die Zustandsverfolgung werden zeitunabhängige Parameter betrachtet, deren Werte sich zwar von Simulation zu Simulation ändern, aber über die Zeit konstant sind. Für die optimale Regelung werden zeitabhängige Parameter angenommen, die zusätzlich über die Zeit an 5 Entscheidungszeitpunkten variiert werden. Durch die zusätzliche zeitliche Variation ergibt sich eine mittlere Komplexität des grundlegenden Prozesses im Kontext der optimalen Regelung. Aufgrund unterschiedlicher zeitlicher Diskretisierung in den verschiedenen Simulationen bei der Anwendung auf den grundlegenden und den erweiterten Prozess wird eine Zeitschrittanpassung mittels linearer Interpolation durchgeführt, so dass eine gemeinsame Diskretisierung für alle Datensätze eines Prozesses vorliegt.

Zustandsverfolgung mit grundlegendem Prozess Aufgrund seiner Axialsymmetrie wird das Bauteil des grundlegenden Prozesses mit einem 2D-Geometriemodell in Zylinderkoordinaten (r, z) abgebildet. Die Richtung der extrahierten Größe ist jeweils in Klammern angegeben. Die Prozessgrößen ergeben sich wie folgt:

1. Prozessparameter
   Blechhalterkraft (z) im Intervall [70, 100] kN mit äquidistanten Abständen

2. Observablen

- Verschiebungen im Blech

  - Bodenmitte (z)

  - Flansch (r)

- Verschiebung im Stempel (z)

- Verschiebung im Blechhalter (z)

- Reaktionskräfte im Stempel (r, z)

- Reaktionskräfte in der Matrize (r, z)

- Reaktionskraft im Blechhalter (r)

3. Zustandsvariablen
   von-Mises-Spannungen in 400 Elementen (1. Integrationspunkt).

Zustandsverfolgung mit erweitertem Prozess   Das Bauteil des erweiterten Prozesses wird mit einem 3D-Geometriemodell in kartesischen Koordinaten (x, y, z) und Symmetrie zur x- und y-Achse beschrieben, so dass nur ein Viertel (Ausschnitt von $0°$ bis $90°$) des Bauteils und der Werkzeuge modelliert werden muss. Die Richtung der extrahierten Größe ist jeweils in Klammern angegeben. Die Prozessgrößen sind wie folgt ausgewählt:

1. Prozessparameter
   Blechhalterkraft (z) im Intervall [16, 24] kN mit äquidistanten Abständen

2. Observablen

   - Verschiebungen im Blech

     - Bodenmitte (z)

     - Flansch bei $0°$ (y), $90°$ (x)

   - Reaktionskräfte im Stempel (x, y, z)

   - Minimale und maximale logarithmische Dehnungen in der oberen Wand bei $0°$, $45°$, $90°$

3. Zustandsvariablen
   von-Mises-Spannungen in 960 (NLP-SLDR) bzw. in 792 selektierten
   (NLP-INLDR) Elementen (1. Integrationspunkt).

Zustandsverfolgung mit mikromechanischem Prozess Das 3D-Geome-
triemodell des Bauteils des mikromechanischen Prozesses in kartesischen
Koordinaten (x, y, z) ist symmetrisch zur x- und y-Achse, so dass die
Modellierung eines Viertels (Ausschnitt von 0° bis 90°) des Blechs und der
Werkzeuge ausreichend ist. Die Richtung der extrahierten Größe ist jeweils
in Klammern angegeben. Zusätzlich zur Variation der Prozessparameter
wurde eine Variation des Reibungskoeffizienten zum Einbringen von daraus
resultierendem Prozessrauschen vorgenommen. Das Prozessrauschen ist
eine zeitunabhängige Größe, die von Simulation zu Simulation verändert
wird und innerhalb einer Simulation konstant ist. Im Folgenden sind die
ausgewählten Prozessgrößen dargestellt:

1. Prozessparameter
   Blechhalterkraft (z) im Intervall [60, 140] kN mit äquidistanten
   Abständen

2. Prozessrauschen
   Reibungskoeffizient (Kontakt zwischen Blech und Werkzeugen) im
   Intervall [0.08, 0.12] mit äquidistanten Abständen

3. Observablen

   - Verschiebungen im Blech

     - Bodenmitte (z)

     - Flansch bei 0° (y), 45° (x, y), 90° (x)

   - Reaktionskräfte im Stempel (x, y, z)

   - Minimale und maximale logarithmische Dehnungen in der obe-
     ren Wand bei 0°, 45°, 90°

4. Zustandsvariablen
   von-Mises-Spannungen in 234 Elementen (1. Integrationspunkt)

5. Bauteileigenschaften
   Zipfelprofil (Winkelpositionen, Höhen (z) an 15 Knotenpunkten) am
   Flansch von 0° bis 90° (gemittelt über innere und äußere Kante).

Optimale Regelung mit grundlegendem Prozess Bei der optimalen Regelung anhand des grundlegenden Prozesses ergibt sich eine zusätzliche zeitliche Variation des Prozessparameters. Der zeitabhängige Prozessparameter führt dabei zur Zeitabhängigkeit der Zustandsvariablen (Abbildung 5.2). Der Prozessparameter ist gegeben durch die zeitabhängige Blechhalterkraft, die an 5 Entscheidungszeitpunkten $t_1, \ldots, t_5$ zwischen der Unter- und Obergrenze variiert wird. Für die Entscheidung u_1 ergibt sich eine Auswahl von [80, 90, 100] kN, während für die übrigen Entscheidungen $u_2, \ldots, u_5$ aus den Werten [70, 80, 90, 100] kN gewählt werden kann. Der Zustand ist charakterisiert durch die Verteilung der

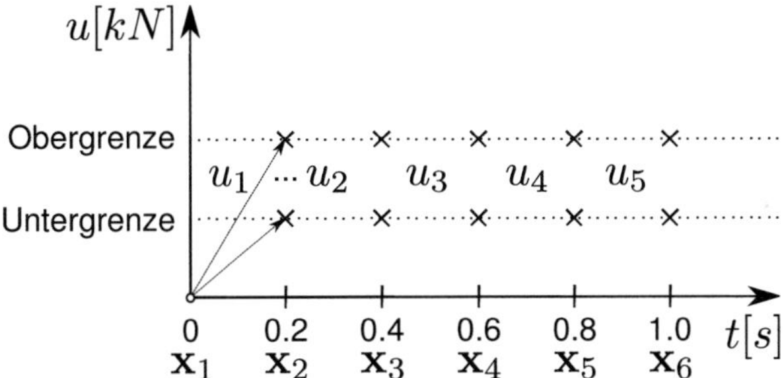

Abbildung 5.2: Zeitabhängiger Prozessparameter und Zustand bei der Regelung

von-Mises-Spannungen im Bauteil in 400 Elementen (1. Integrationspunkt), dargestellt in Abbildung 5.3. Da dieser Zustandsraum für eine Regelung zu hochdimensional ist, werden drei charakteristische Dimensionen (die von-Mises-Spannungen in den Elementen 346, 185, 106) ausgewählt. Das Prozessrauschen hat dieselbe Dimension wie der Zustand und wird in Form einer synthetischen, normalverteilten Störgröße, wie in Abschnitt 4.5.1.2 beschrieben, eingebracht.

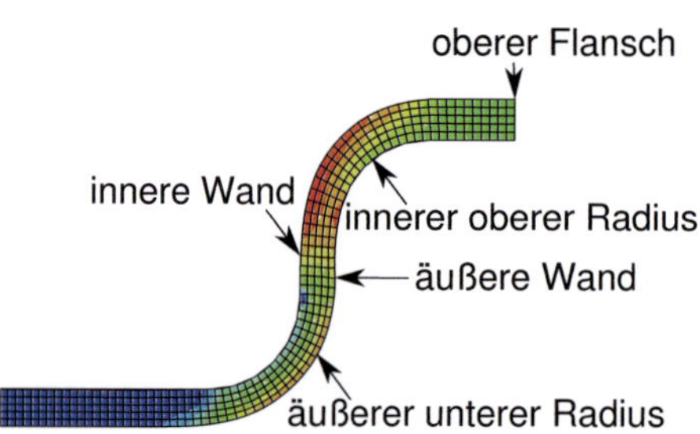

Abbildung 5.3: Zustandsvariablen (von-Mises-Spannungen) im 2D-Geometriemodell bei der optimalen Regelung

5.2 Widerstandspunktschweißen

Beim Widerstandspunktschweißen werden zwei Metallbleche durch Einwirken von Elektrodenkraft und Schweißstrom zusammengefügt. Der experimentelle Aufbau bestehend aus Blechen und Elektroden (Werkzeuge) ist in Abbildung 5.4 dargestellt. Durch den Stromfluss zwischen den Blechen ergibt sich eine lokale Schmelze des Blechmaterials, die bis zum Prozessende zur Ausprägung einer Schweißlinse führt. Die Schweißlinse wird durch ihren Durchmesser charakterisiert. Als Qualitätsmerkmal des geschweißten Punkts dient die maximale Scherkraft, die der Schweißpunkt aushalten kann, bevor es zu dessen Zerstörung kommt. Die maximale Scherkraft ist mit dem Durchmesser der Schweißlinse korreliert, so dass letzterer im industriellen Umfeld oft als zerstörungsfreies Qualitätsmerkmal betrachtet wird. Allgemein beobachtbare Größen beim Widerstandspunktschweißen sind Schweißstrom sowie Elektrodenspannung, -kraft und -verschiebung. Details zum Widerstandspunktschweißen sind in [99] beschrieben.

Experimente   Die untersuchten experimentellen Daten beinhalten ausschließlich Werte von Elektrodenspannung und Schweißstrom als observable Größen, die innerhalb der Schweißzeit von $t = 300$ ms in 7723 Zeitschritten gemessen wurden. Aus diesen beiden Größen lässt sich der dynamische Widerstand R_D berechnen, dessen typischer Verlauf in Abbildung 5.5 gezeigt ist. Der Prozess ist durch eine Konstantstromregelung zur Verbesserung der Schweißqualität geregelt. Insgesamt werden 207 Datensätze analysiert,

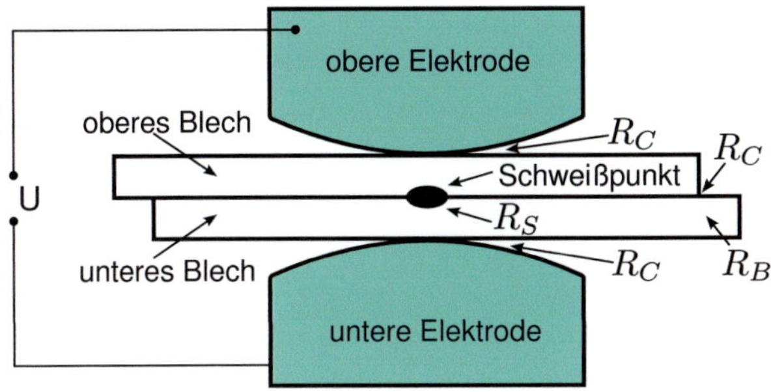

Abbildung 5.4: Experimenteller Aufbau des Widerstandspunktschweißens (Bleche und Werkzeuge) mit Gesamtwiderstand und seinen Komponenten

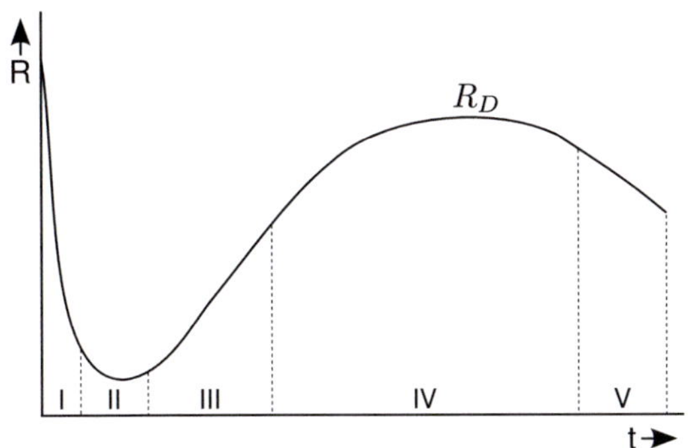

Abbildung 5.5: Zeitlicher Verlauf (5 Phasen) des dynamischen Widerstands R_D beim Widerstandspunktschweißen

die je die zeitliche Entwicklung des dynamischen Widerstands R_D und den Durchmesser der Schweißlinse als Bauteileigenschaft enthalten. Die beiden Stahlbleche bestehen aus Material DC07 mit Dicke 1.0 mm bzw. Material ST14 mit Dicke 1.5 mm. Die Prozessparameter umfassen die Stromstärke I_0, die Elektrodenkraft F sowie den Abstand zwischen den beiden Blechen d zu Beginn des Widerstandspunktschweißens. Die Prozessparameter wurden bezüglich der Referenz ($I_0 = 8.5$ kA, F = 3000 N, d = 0 mm) folgendermaßen variiert:

- I_0: -10 %, -20 %, -30 %

- F: -10 %, -15 %, +10 %, +15 %

- d: [1.5, 3.0, 4.5] mm.

Des Weiteren wurde der Effekt des Elektrodenverschleißes, der als Störgröße in Form von Prozessrauschen angesehen werden kann, untersucht.

6 Evaluierung des generischen Prozessmodells

Die Evaluierung des generischen Prozessmodells umfasst die Untersuchung der Ergebnisse, die mit verschiedenen Ansätzen zur Zustandsverfolgung (Abschnitt 6.1) und zur optimalen Regelung (Abschnitt 6.2) erzeugt wurden. Dabei wird durch die Anwendung des generischen Modells auf verschiedene Prozesse sowie gleiche Prozesse unterschiedlicher Komplexität die Allgemeingültigkeit des Ansatzes gezeigt.

6.1 Zustandsverfolgung

Die Zustandsverfolgung wird anhand von Fehlermaßen zur Beschreibung der Approximationsgüte, die in Abschnitt 6.1.1 eingeführt werden, analysiert. Die im Rahmen dieser Arbeit realisierten Ansätze zur Zustandsverfolgung beinhalten:

1. eine nichtlineare Vorhersage mit separater linearer Dimensionsreduktion in Ein- und Ausgangsgrößen (NLP-SLDR, Abschnitt 6.1.2)

2. eine lineare Vorhersage mit integrierter linearer Dimensionsreduktion (LP-ILDR, Abschnitt 6.1.3)

3. eine nichtlineare Vorhersage mit integrierter nichtlinearer Dimensionsreduktion (NLP-INLDR, Abschnitt 6.1.4).

Die Robustheit der modellierten funktionalen Abhängigkeiten wird an den Beziehungen der Zustandsverfolgung in Abschnitt 6.1.5 untersucht.

6.1.1 Approximationsgüte

Bei der Zustandsverfolgung werden die Modelle zur Vorhersage des Zustands während der Prozessdurchführung und zur Ableitung der Bauteileigenschaften am Prozessende evaluiert. Dazu werden die folgenden Fehlermaße herangezogen:

1. Wurzel aus mittlerem quadratischen Fehler:

$$RMSE = \sqrt{MSE} = \sqrt{\frac{SSE}{N_T}}, \tag{6.1}$$

wobei MSE für den mittleren quadratischen Fehler, SSE für die Quadratfehlersumme und N_T für den Stichprobenumfang der Testdaten steht.

2. Bestimmtheitsmaß:

$$R^2 = 1 - \frac{SSE}{SST}, \tag{6.2}$$

wobei SST der Gesamtvarianz (sum of squares total) im Testdatensatz entspricht.

3. Modellunsicherheit:

$$U_m = \frac{MSE_m}{Var_m} \rightarrow U_\mu, U_{max} \tag{6.3}$$

$$m = 1, \ldots, M,$$

dabei repräsentiert M die Dimensionalität der vorhergesagten Größe und Var_m die Varianz der m-ten Dimension. Der Index μ bezeichnet den Mittelwert des Maßes, der Index max dessen Maximum. Eine niedrige Unsicherheit ergibt sich für Werte nahe 0.0, während Werte gegen 1.0 eine hohe Unsicherheit darstellen.

4. Relativer Fehler:

$$RE_m = \left| \frac{Y_m - \tilde{Y}_m}{Y_m} \right| \rightarrow RE_\mu, RE_{max} \tag{6.4}$$

$$m = 1, \ldots, M,$$

wobei die Zielgröße Y_m im Testdatensatz enthalten ist und $\tilde{Y}_m$ der Vorhersage des Modells entspricht.

6.1.2 NLP-SLDR

Im Folgenden werden die Ergebnisse für den Ansatz einer nichtlinearen
Vorhersage durch ein ANN mit separater linearer Dimensionsreduktion in
Ein- und Ausgangsgrößen mittels PCA präsentiert. Die Allgemeingültigkeit
des Ansatzes wird durch Anwendung auf den grundlegenden Prozess
(Abschnitt 6.1.2.1) sowie auf den erweiterten Prozess (Abschnitt 6.1.2.2)
des Tiefziehens gezeigt. Die Unabhängigkeit der statistischen Modelle von
konkreten Daten wird durch ein Random Sampling mit 10 Durchgängen
sichergestellt. Dabei werden jeweils 80 % der Daten zum Training der
Modelle und 20 % der Daten zum Test zufällig ausgewählt. Die Ergebnisse
in den Tabellen und Abbildungen sind jeweils für einen ausgewählten
Random Sampling-Durchgang dargestellt. Die ANNs werden mit dem
Levenberg-Marquardt-Algorithmus (1000 Iterationen) und dem *MSE* als
Fehlerfunktion trainiert (Abschnitt 4.3.2.1).

6.1.2.1 Ergebnisse mit grundlegendem Prozess

Der grundlegende Prozess wurde in Abschnitt 5.1 vorgestellt. Der Zustand
ist durch die räumliche Verteilung der von-Mises-Spannungen dargestellt, so
dass die Zustandsvariablen durch die Spannungswerte in den 400 Elementen
der Simulation bestimmt sind. Die Observablen sind durch Kräfte und
Verschiebungen gegeben.

Bei der Anwendung auf den grundlegenden Prozess wird die gesamte
Historie von Observablen von Zeitschritt 1 bis zum aktuell betrachteten
Zeitschritt für die Vorhersage der Zustandsvariablen verwendet. Zunächst
wird in Abbildung 6.1 die Vorhersage am Prozessende (Zeitschritt 131) betrachtet. In Abbildung 6.1a ist die Vorhersage der von-Mises-Spannungen
im Bauteil für einen zufällig ausgewählten Repräsentanten der Testdaten
gezeigt. Die Visualisierung der Verteilung des relativen Fehlers im Intervall [0, 0.0024] in Abbildung 6.1b zeigt eine gute Übereinstimmung mit
den Originaldaten. Dabei treten viele kleine Fehler auf, aber nur wenig
große. Letztere liegen in Bereichen, in welchen große Deformationen im
Bauteil auftreten. In Abbildung 6.2 ist die Verteilung des relativen Fehlers
über alle 40 Repräsentanten der Testdaten in Form eines Histogramms

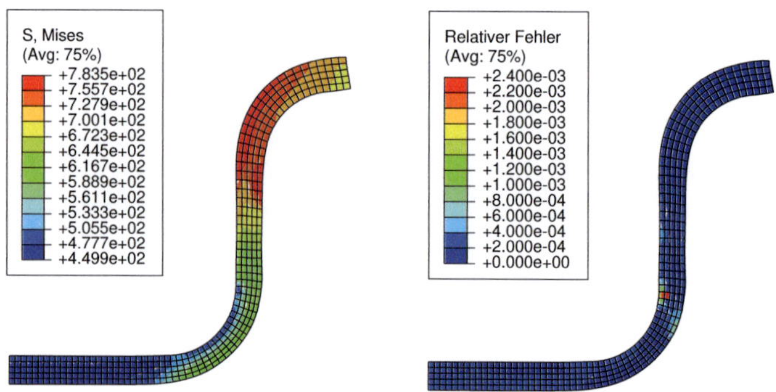

(a) Zustandsvorhersage für einen aus- (b) Relativer Fehler für einen ausge-
gewählten Repräsentanten   wählten Repräsentanten

Abbildung 6.1: Ergebnisse der Zustandsvorhersage am Prozessende (NLP-SLDR mit grundlegendem Prozess)

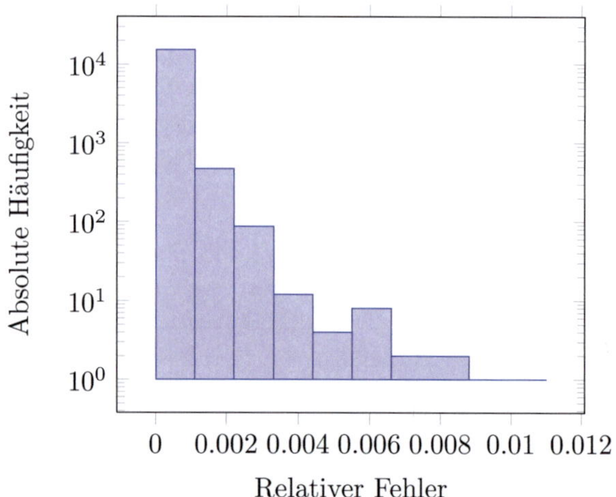

Abbildung 6.2: Relative Fehlerverteilung über alle Repräsentanten der Zustandsvorhersage am Prozessende (NLP-SLDR mit grundlegendem Prozess)

Zeitschritte	1 - 1	1 - 45	1 - 90	1 - 131
# PCA Observablen	1	1	6	9
# PCA Zustandsvariablen	1	2	3	7
ANN R_1	33	36	26	38
ANN ϕ	1.3	1.8	1.5	1.4
PCA Observablen MSE	1.2453	1.3612	51.8063	80.0205
PCA Zustandsvariablen MSE	$4 \cdot 10^{-5}$	$4 \cdot 10^{-4}$	0.0026	0.0667
ANN MSE	$2 \cdot 10^{-5}$	$7 \cdot 10^{-6}$	$3 \cdot 10^{-4}$	0.0019
R^2	0.9999	0.9999	0.9998	0.9991
$RMSE$	0.0061	0.0186	0.0469	0.2726
U_μ	0.1452	0.0003	0.0028	0.0045
RE_μ	0.0047	$8 \cdot 10^{-6}$	$3 \cdot 10^{-5}$	$2 \cdot 10^{-4}$
RE_{max}	0.1071	0.0021	0.0020	0.0110

Tabelle 6.1: Ergebnisse der Zustandsvorhersage für verschiedene Zeitschritte (NLP-SLDR mit grundlegendem Prozess)

(logarithmisch aufgetragen, in 10 Klassen mittels Binning eingeteilt) dargestellt. Die absolute Häufigkeit ist hoch für kleine Fehler und nimmt mit zunehmendem Fehler schnell ab.

Tabelle 6.1 enthält die Ergebnisse der Zustandsvorhersage während der Prozessdurchführung für die verschiedenen Zeitschritte 1, 45, 90 und 131. Die erste Zeile in der Tabelle gibt die jeweils verwendete Historie an, die zur Vorhersage verwendet wurde. Der Gesamtfehler des statistischen Modells zur Zustandsvorhersage setzt sich aus dem Beitrag der Zeitschrittanpassung sowie den Anteilen der Dimensionsreduktion und der Regression zusammen. Für den Zeitschritt 131 am Prozessende ergibt sich der MSE des ANN zu 0.0019, wobei die betrachteten von-Mises-Spannungen in einem Bereich von [400, 800] MPa liegen. Die Dimension der Observablen wird von 1179 (9 Observablen pro Zeitschritt $\times$ 131 Zeitschritte) auf 9 reduziert bei einer vorgegebenen Genauigkeit von 99.999 %, d. h. einem relativen Fehler von 0.001 %. Die Dimension der Zustandsvariablen wird von 400 auf 7 bei einer vorgegebenen Genauigkeit von 99.9 % und einem resultierenden relativen Fehler von 0.1 % verringert. Die Dimensionen der reduzierten Observablen und Zustandsvariablen sowie der absolute Fehler der Dimensionsreduktion in Form des MSE steigt mit zunehmenden Zeitschritten aufgrund der wachsenden Komplexität der Prozessbeziehungen zwischen Observablen und Zustand (Varianz in den Daten) sowie der Länge der Historie der Observablen.

Der Grad der Bestimmtheit des ANN ϕ wird schrittweise durch Auswertung der Fehlerfunktion (siehe Abschnitt 4.4.2) bestimmt. Die Anzahl der versteckten Knoten des ANN R_1 steigt ebenfalls mit der Zeit durch die komplexeren Beziehungen zwischen Observablen und Zustandsvariablen. Allerdings verringert sich R_1 zwischen den Zeitschritten 45 und 90, was auf das Verhältnis zwischen Ein- und Ausgangsknoten zurückzuführen ist. Bei Zeitschritt 90 ist die Anzahl der Eingangsknoten (reduzierte Observablen) erstmalig größer als die Anzahl der Ausgangsknoten (reduzierte Zustandsvariablen). Die Performance des ANN in Form des *MSE* nimmt zwischen den Zeitschritten 1 und 45 ab und anschließend zu. Dieses Verhalten zeigt sich ebenfalls in der relativen Fehlerverteilung RE_μ und RE_{max}.

Die Erklärung dazu ist auf zwei gegensätzliche Einflüsse zurückzuführen. Die mittlere Modellunsicherheit U_μ ist einerseits sehr hoch zu Prozessbeginn, da noch nicht viel Prozesswissen in Form von Observablen vorhanden ist. Andererseits ist die Auswirkung der verschiedenen Blechhalterkräfte noch nicht groß, so dass eine geringe Varianz in den Zustandsvariablen enthalten ist. Mit zunehmender Zeit hat die Blechhalterkraft jedoch einen höheren Einfluss auf die Zustandsvariablen. Trotz einer hohen mittleren Modellunsicherheit U_μ im Zeitschritt 1 kann von einer guten Vorhersage aufgrund der geringen Varianz im Zustand ausgegangen werden. Mit zunehmender Zeit nimmt die Unsicherheit ab und die steigende Komplexität in den Prozessbeziehungen hat einen größeren Einfluss auf die Vorhersage, so dass die Fehlermaße über die Zeit eine geringere Qualität der Vorhersage beziffern. Die Bewertung des statistischen Modells zur Zustandsvorhersage anhand der Größen R^2, *RMSE* und *RE* zeigt eine gute Übereinstimmung mit den Originaldaten.

6.1.2.2 Ergebnisse mit erweitertem Prozess

Der erweiterte Prozess wurde in Abschnitt 5.1 eingeführt. Sein Zustand ist durch die von-Mises-Spannungen in den 960 Elementen der Simulation gegeben. Die Observablen sind durch Kräfte, Verschiebungen und logarithmische Dehnungen bestimmt. Bei der Anwendung der Zustandsvorhersage

Ansatz	Gesamte Historie	Gleitendes Zeitfenster
Zeitschritte	1 - 92, 1 - 184, 1 - 276, 1 - 368	1 - 92, 92 - 184, 184 - 276, 276 - 368
Genauigkeit PCA Observablen	99.9 %	99.99 %
Sensitivität Anfangsbedingungen	Hoch (siehe Abbildung 6.5)	Niedrig (siehe Abbildung 6.5)

Tabelle 6.2: Variation der Observablenhistorie: gesamte Historie vs. gleitendes Zeitfenster

auf den erweiterten Prozess wurden 12 Observablen pro Zeitschritt sowie 960 Zustandsvariablen betrachtet.

Die Auswertung der Zustandsvorhersage basierend auf dem grundlegenden Prozess (Abschnitt 6.1.2.1) hat ergeben, dass die Modellunsicherheit zu Prozessbeginn relativ hoch ($U_\mu = 0.1452$) im Vergleich zum weiteren Verlauf ist und damit die Zustandsverfolgung im frühen Stadium ungenaue Werte liefert, die für eine Regelung nicht verwendet werden können. Daher wurden die Zeitschritte 92, 184, 276 und 368 für die Zustandsvorhersage mit dem erweiterten Prozess ausgewählt.

Dabei werden zwei verschiedene Ansätze zur Bestimmung der relevanten Informationen aus der Historie der Observablen untersucht. Im ersten Fall wird die gesamte Historie zur Vorhersage verwendet, während im zweiten Fall ein gleitendes Zeitfenster in Kombination mit höherer Genauigkeit der Dimensionsreduktion in den Observablen im Vergleich zum ersten Fall ausgewählt wird. Die Unterschiede der beiden Ansätze sind in Tabelle 6.2 aufgezeigt und werden im Folgenden erläutert. Anschließend werden beide Varianten anhand der Sensitivität der Zustandsvorhersage bezüglich zufällig variierender Anfangsbedingungen verglichen. Letztere ergeben sich durch Auswahl der Trainings- und Testdaten sowie der zufälligen Initialisierung der Gewichte der ANNs in den verschiedenen Random Sampling-Durchgängen.

Variation der Observablenhistorie Bei Betrachtung der gesamten Historie wird für die Dimensionsreduktion eine Genauigkeit von 99.9 % in

Observablen und von 99.0 % in Zustandsvariablen vorgegeben, um den Einfluss der Genauigkeit der Dimensionsreduktion auf die Zustandsvorhersage zu untersuchen. Um die Komplexität der Regressionsbeziehungen zwischen Observablen und Zustandsvariablen zu reduzieren, wird nur ein Teil der Historie in Form eines gleitenden Zeitfensters der 92 vergangenen Zeitschritte (ein Viertel der gesamten Historie) verwendet. Dadurch kann zwar die Komplexität in Form der Anzahl der versteckten Knoten des ANN reduziert werden, allerdings ergeben sich keine besseren Ergebnisse bezüglich der Zustandsvorhersage. Um mehr Varianz in den Zustandsvariablen als Zielgrößen zu erklären, wird die Genauigkeit der Dimensionsreduktion in Observablen auf 99.99 % erhöht. Der resultierende Ansatz des gleitenden Zeitfensters der Observablen ergibt sich somit als Kombination aus der Reduktion der betrachteten Zeitschritte und der Erhöhung der Genauigkeit der Dimensionsreduktion. Durch diese Anpassung der Historie kann die Sensitivität der Zustandsvorhersage bezüglich zufällig variierender Anfangsbedingungen reduziert werden. Eine Auswahl einer geringeren Anzahl an Zeitschritten allein ist jedoch nicht ausreichend für die Reduktion der Sensitivität. Eine hohe Sensitivität ergibt sich ebenfalls bei Anwendung der Zustandsvorhersage auf den erweiterten Prozess mit gesamter Historie.

Durch die veränderliche Länge der Historie ergibt sich eine hohe Flexibilität des Ansatzes bezüglich der geforderten Genauigkeit der Vorhersage und der Komplexität des Prozesses. Allerdings stellt die variable Länge einen zusätzlichen Parameter dar, der bestimmt werden muss. Wird die Historie zu lang gewählt, kann dies eine erhöhte Sensitivität bezüglich zufällig variierender Anfangsbedingungen zur Folge haben. Bei Auswahl einer zu kurzen Historie besteht die Gefahr, dass der Zustand nicht eindeutig aus der Historie der Observablen bestimmt werden kann.

Gesamte Historie   Die Ergebnisse der Zustandsvorhersage mit gesamter Historie für die Zeitschritte 1 - 92, 1 - 184, 1 - 276 und 1 - 368 sind in Tabelle 6.3 zusammengefasst. Der *MSE* der Dimensionsreduktion nimmt mit der Zeit und der resultierenden höheren Komplexität der Prozessbeziehungen in Form der Anzahl an versteckten Knoten des ANN R_1 zu. Allerdings sind in Zeitschritt 276 beide Werte (für Observablen und Zustandsvariablen) größer als für den letzten Zeitschritt 368. Dies kann dadurch erklärt werden, dass die Dimension der reduzierten Observablen

Zeitschritte	1 - 92	1 - 184	1 - 276	1 - 368
# PCA Observablen	7	6	11	11
# PCA Zustandsvariablen	3	7	7	10
ANN R_1	73	114	98	121
ANN ϕ	1.2	1.4	1.2	1.2
PCA Observablen MSE	0.0337	0.1103	0.5211	0.4539
PCA Zustandsvariablen MSE	0.0066	0.0213	0.0802	0.0713
ANN MSE	$8 \cdot 10^{-6}$	0.0049	0.0044	0.0076
R^2	0.9918	0.9914	0.9844	0.9822
$RMSE$	0.0829	0.1455	0.3694	0.3699
U_μ	0.0781	0.0319	0.0656	0.0409
RE_μ	0.0001	0.0003	0.0013	0.0021
RE_{max}	0.0130	0.0338	0.3295	0.4194

Tabelle 6.3: Ergebnisse der Zustandsvorhersage für verschiedene Zeitschritte (NLP-SLDR mit erweitertem Prozess und gesamter Historie)

in den Zeitschritten 276 und 368 gleich ist, für den letzten Zeitschritt aber eine längere Historie betrachtet wird. Für die längere Historie ergibt sich bei derselben Anzahl reduzierter Observablen ein kleinerer MSE. Demnach liefern die letzten 92 Zeitschritte (276 - 368) einen geringeren Beitrag zum MSE im Vergleich zum Intervall der gemeinsamen Zeitschritte (1 - 276). Dies könnte einer höheren Komplexität der Historie (Varianz in den Daten) in Zeitschritt 276 (1 - 276) zugeschrieben werden.

Im Vergleich zum grundlegenden Prozess ergibt sich ein kleinerer MSE durch Dimensionsreduktion in Observablen, was auf eine geringere Varianz der Observablen im erweiterten Prozess zurückzuführen ist. Die Komplexität der Regressionsbeziehungen in Form der Anzahl der versteckten Knoten des ANN R_1 nimmt mit der Zeit zu, allerdings stellt Zeitschritt 184 aufgrund des Verhältnisses aus Ein- und Ausgangsknoten eine Ausnahme dar. Eine niedrigere Modellgüte im Vergleich zur Vorhersage mit dem grundlegenden Prozess liefern das Bestimmtheitsmaß R^2 und die relative Fehlerverteilung, die durch RE_μ und RE_{max} charakterisiert wird. Eine mögliche Ursache für diese Beobachtung ist die hohe Komplexität der Regressionsbeziehung bezüglich R_1. Einerseits ist ein aufwendigeres Modell notwendig, um die komplexeren Beziehungen des erweiterten Prozesses zu beschreiben. Andererseits muss die hohe Komplexität auf die wesentlichen Charakteristika reduziert werden, um ein generalisierungsfähiges Modell zu erhalten. Dies kann durch die beschriebene Anpassung der Historie in Form eines gleitenden Zeitfensters realisiert werden.

Gleitendes Zeitfenster   Die Ergebnisse der Zustandsvorhersage mit gleitendem Zeitfenster sind in Tabelle 6.4 für die Zeitschritte 1 - 92, 92 - 184, 184 - 276 und 276 - 368 dargestellt. Im frühen Stadium der Zustandsverfolgung (bis Zeitschritt 92) wird die Historie nicht angepasst. Die resultierenden Fehlermaße liegen in derselben Größenordnung wie in Tabelle 6.3 unter Berücksichtigung der gesamten Historie. Die Maße R^2, $RMSE$ und U_μ des statistischen Modells zur Zustandsvorhersage sind ähnlich zu den Ergebnissen, die mit der gesamten Historie erzielt wurden. Der maximale relative Fehler RE_{max} ist jedoch wesentlich kleiner mit gleitendem Zeitfenster zum Prozessende hin und weist somit auf ein robusteres Modell hin. Somit zeigt sich, dass eine kürzere Historie zu besseren Ergebnissen führen kann. Mögliche Gründe für diese Verbesserung sind die Reduktion der Komplexität der Regressionsbeziehung in Form der freien Modellparameter R_1 und die Erhöhung der Genauigkeit bei der Dimensionsreduktion in den Observablen, so dass insgesamt mehr Informationen im Sinne der Varianz mit gleitendem Zeitfenster vorhanden sind.

Ein weiterer wesentlicher Unterschied bei Verwendung des gleitenden Zeitfensters im Gegensatz zur gesamten Historie ist die geringere Komplexität bezüglich der versteckten Knoten des ANN R_1. Obwohl eine kürzere Historie betrachtet wird, ist die Anzahl reduzierter Dimensionen in Observablen ungefähr doppelt so groß wie bei der Anwendung auf die gesamte Historie mit geringerer Genauigkeit in der Dimensionsreduktion. Die Erhöhung der Genauigkeit scheint demnach größere Auswirkungen auf das Ergebnis der Dimensionsreduktion zu haben im Vergleich zur Verkürzung der Historie. Der MSE der Dimensionsreduktion in Observablen ist aufgrund der höheren geforderten Genauigkeit wesentlich kleiner. In Zeitschritt 276 ist dieses Maß jedoch größer als in den anderen Zeitschritten, obwohl 20 Hauptkomponenten ausgewählt wurden. Möglicherweise tritt um diesen Zeitpunkt nichtlineares Verhalten in dominanten Observablen auf, das sich nicht ausreichend mit linearen Methoden zur Dimensionsreduktion beschreiben lässt. Die Verkürzung der Historie entspricht einer Art von

Zeitschritte	1 - 92	92 - 184	184 - 276	276 - 368
# PCA Observablen	7	10	20	24
# PCA Zustandsvariablen	3	7	7	10
ANN R_1	73	89	62	76
ANN ϕ	1.2	1.4	1.3	1.2
PCA Observablen MSE	0.0337	0.0220	0.1472	0.0126
PCA Zustandsvariablen MSE	0.0066	0.0213	0.0802	0.0713
ANN MSE	$8 \cdot 10^{-6}$	0.0004	0.0068	0.0036
R^2	0.9918	0.9911	0.9882	0.9840
$RMSE$	0.0829	0.1554	0.3524	0.3395
U_μ	0.0781	0.0350	0.0519	0.0458
RE_μ	0.0001	0.0003	0.0012	0.0025
RE_{max}	0.0130	0.0350	0.1342	0.2860

Tabelle 6.4: Ergebnisse der Zustandsvorhersage für verschiedene Zeitschritte (NLP-SLDR mit erweitertem Prozess und gleitendem Zeitfenster)

Linearisierung durch Reduktion des betrachteten Bereichs und führt so zu einem zuverlässigeren Modell.

Abbildung 6.3 zeigt die Ergebnisse der Zustandsvorhersage mit gleitendem Zeitfenster am Prozessende (Zeitschritt 368). Die vorhergesagten von-Mises-Spannungen im Bereich von [1, 300] MPa sind für einen zufällig ausgewählten Repräsentanten des Testdatensatzes in Abbildung 6.3a dargestellt. Die Verteilung des relativen Fehlers im Bauteil aufgezeigt in Abbildung 6.3b liegt im Intervall [0, 0.0449]. Die relative Fehlerverteilung der Zustandsvorhersage über alle 99 Repräsentanten des Testdatensatzes ist durch Abbildung 6.4 in Form eines Histogramms (logarithmisch aufgetragen, in 10 Klassen mittels Binning eingeteilt) gekennzeichnet.

Vergleich der Historien-Ansätze Ein Vergleich der beiden Ansätze zur Extraktion relevanter Informationen aus der Historie von Observablen ergibt, dass die Sensitivität der Zustandsvorhersage bezüglich zufällig variierender Anfangsbedingungen mit dem gleitenden Zeitfenster wesentlich reduziert werden kann. Abbildung 6.5 zeigt das Ergebnis des Vergleichs bewertet anhand des $RMSE$ gemittelt über 10 Random Sampling-Durchgänge. Auf der linken Seite sind die Fehlerintervalle der gesamten Historie denen

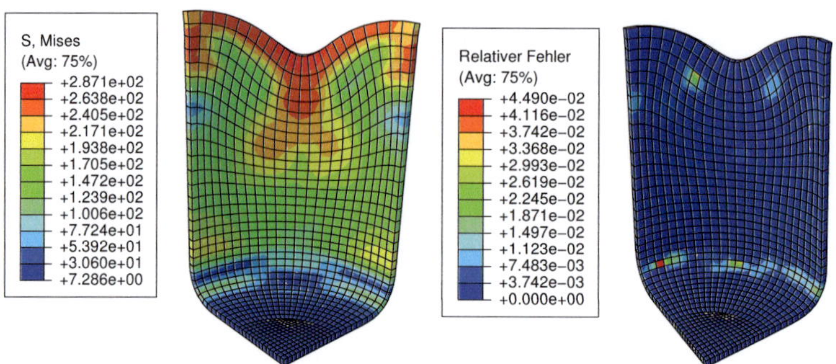

(a) Zustandsvorhersage für einen ausge-wählten Repräsentanten

(b) Relativer Fehler für einen ausge-wählten Repräsentanten

Abbildung 6.3: Ergebnisse der Zustandsvorhersage am Prozessende (NLP-SLDR mit erweitertem Prozess und gleitendem Zeitfenster)

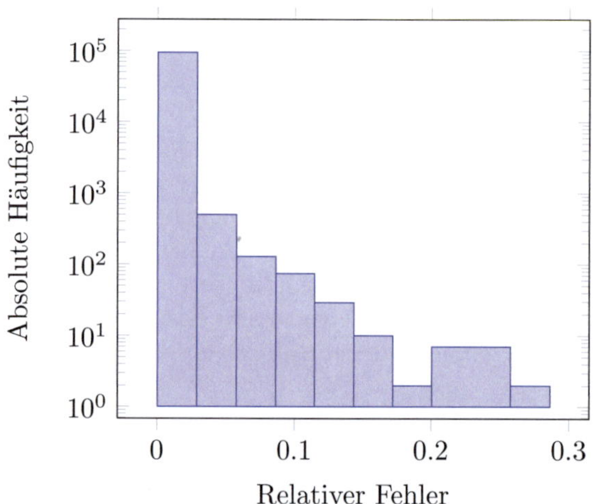

Abbildung 6.4: Relative Fehlerverteilung über alle Repräsentanten der Zustandsvorhersage am Prozessende (NLP-SLDR mit erweitertem Prozess und gleitendem Zeitfenster)

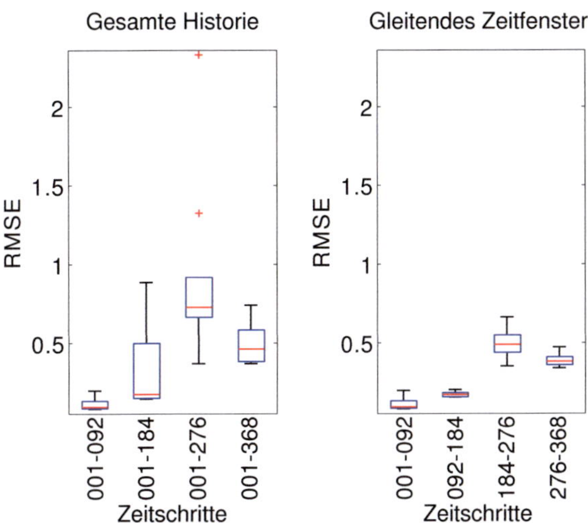

Abbildung 6.5: Reduktion der Sensitivität des gemittelten Fehlermaßes *RMSE* bezüglich zufällig variierender Anfangsbedingungen

des gleitenden Zeitfensters auf der rechten Seite gegenübergestellt. Bis zum Zeitschritt 92 wird die Historie nicht angepasst, so dass sich dieselben Fehlerintervalle auf beiden Seiten ergeben. Für alle anderen Zeitschritte lässt sich eine wesentliche Reduktion der Fehlerintervalle bezüglich des gemittelten *RMSE* mit gleitendem Zeitfenster erkennen. Dies führt zu einer höheren Zuverlässigkeit der Zustandsvorhersage durch das statistische Modell, das damit weniger abhängig von zufällig variierenden Anfangsbedingungen ist.

6.1.3 LP-ILDR

Bei diesem Ansatz wird ein lineares Modell zur Vorhersage mit integrierter linearer Dimensionsreduktion mittels PLS verwendet. Als Beispielprozess dient das Widerstandspunktschweißen, wie in Abschnitt 5.2 vorgestellt. Die Eingangsdaten der Regression α entsprechen den Zustandsmerkmalen als eine niedrigdimensionale Darstellung, die durch Nichtlineare Kurvenanpassung (NCF) aus den hochdimensionalen Beobachtungen (zeitlicher

Widerstandsverlauf während dem Schweißen) extrahiert wird. Die vorherzusagende Zielgröße ist durch den Durchmesser der Schweißlinse als Bauteileigenschaft gegeben. Jeder Datensatz enthält die Beobachtungen (zeitlicher Widerstandsverlauf), die Prozessmerkmale sowie die Bauteileigenschaften. Von den 207 Datensätzen werden jeweils 80 % zum Training und 20 % zum Test verwendet. Eine datenunabhängige Verifikation des PLS-Modells wird durch eine 5-fache Kreuzvalidierung sichergestellt. Die präsentierten Fehlermaße werden daher durch Mittelung über die einzelnen Durchgänge der Kreuzvalidierung bestimmt. Die Regressionskoeffizienten und Einflüsse der unabhängigen Variablen auf die Zielgröße werden jeweils für einen ausgewählten Kreuzvalidierungs-Durchgang vorgestellt. Im Folgenden werden PLS-Kenngrößen zur Bewertung des PLS-Modells beschrieben, bevor auf die eigentliche Auswertung eingegangen wird.

PLS-Kenngrößen   Zu den PLS-Kenngrößen gehören das Fehlermaß der erklärten Varianz des PLS-Modells in der Zielgröße VE_Y, die Regressionskoeffizienten der PLS β sowie das Maß für die Bedeutung der unabhängigen Variablen auf die Projektion und damit auf die Zielgröße in Form des **VIP** (variable importance for the projection) [97]. Gleichungen 6.5 bis 6.8 erläutern die Berechnung der gesamten erklärten Varianz VE_Y als Summe der Anteile der K bestimmten PLS-Komponenten VE_{Ykrel}:

$$VE_Y = \sum_{k=1}^{K} VE_{Ykrel}, \tag{6.5}$$

$$VE_{Ykrel} = \frac{VE_{Ykabs}}{Var_Y}, \tag{6.6}$$

$$VE_{Ykabs} = \sum_{i=1}^{N} \sum_{j=1}^{M} ((\mathbf{t}_k \mathbf{q}_k^T)_{ij})^2, \tag{6.7}$$

$$Var_Y = \sum_{i=1}^{N} \sum_{j=1}^{M} (Y_{ij})^2. \tag{6.8}$$

Der relative Anteil der erklärten Varianz der k-ten PLS-Komponente VE_{Ykrel} wiederum ergibt sich als Quotient aus dem absoluten Wert der erklärten Varianz der k-ten PLS-Komponente VE_{Ykabs} und der Gesamtvarianz Var_Y. Zur Bestimmung von VE_{Ykabs} wird die k-te PLS-Komponente in Form der Vektoren $\mathbf{t}_k$ und $\mathbf{q}_k$ aus den Matrizen $\mathbf{T}$ und $\mathbf{Q}$ des gesamten PLS-Modells herangezogen. Die Gesamtvarianz Var_Y der mittenzentrierten Daten der Zielgröße $\mathbf{Y}$ berechnet sich als doppelte Summe über den quadrierten Matrixeinträgen Y_{ij}. N steht dabei für die Anzahl der Stichprobeneinträge und M für die Dimension der Zielgröße.

Mit Gleichung 6.9

$$\beta = \mathbf{W}(\mathbf{P}^T\mathbf{W})^{-1}\mathbf{Q}^T \tag{6.9}$$

können die Regressionskoeffizienten β aus den Größen $\mathbf{P}$, $\mathbf{Q}$ und $\mathbf{W}$ des PLS-Modells bestimmt werden. Dabei entspricht $\mathbf{P}$ dem Koordinatensystem der Eingangsdaten der Regression α, und $\mathbf{Q}$ dem Koordinatensystem der Ausgangsdaten $\mathbf{Y}$. Das $\mathbf{W}$-Koordinatensystem repräsentiert ein bezüglich der Ausgangsdaten $\mathbf{Y}$ gedrehtes $\mathbf{P}$-Koordinatensystem. Die Regressionskoeffizienten β beschreiben den Zusammenhang zwischen den Eingangsdaten α und den Ausgangsdaten $\mathbf{Y}$, allerdings sind die individuellen Einflüsse der unabhängigen Variablen nicht unbedingt ersichtlich, da letztere Korrelationen untereinander aufweisen können.

Gleichungen 6.10 und 6.11 beschreiben die Ermittlung des **VIP** aus der Projektionsmatrix $\mathbf{W}^*$ und der erklärten Varianz VE_{Ykrel} der einzelnen $k = 1, \ldots, K$ PLS-Komponenten in der Zielgröße in Form des Vektors $\mathbf{VE_{YKrel}}$:

$$\mathbf{VIP} = ((\mathbf{W}^*\mathbf{VE_{YKrel}})_i)^2, \tag{6.10}$$

$$\mathbf{W}^* = \mathbf{W}(\mathbf{P}^T\mathbf{W})^{-1}. \tag{6.11}$$

Der **VIP** stellt ebenfalls eine vektorielle Größe mit je einem Eintrag für den Einfluss der entsprechenden unabhängigen Variablen dar. Im Gegensatz zu den Regressionskoeffizienten β, die die Korrelationen zwischen den unabhängigen Variablen beinhalten, gibt der **VIP** deren tatsächlichen Einflüsse auf das Ergebnis an.

Modellauswertung Die Güte der Merkmalsextraktion aus den Observablen mittels NCF anhand des R^2 gemittelt über alle Datensätze beträgt 0.9949. Ein zufällig ausgewählter Repräsentant für die Anpassung des Widerstandsmodells an experimentelle Daten ist in Abbildung 6.6 dargestellt. Das beste PLS-Modell resultiert aus der Variation der Anzahl der

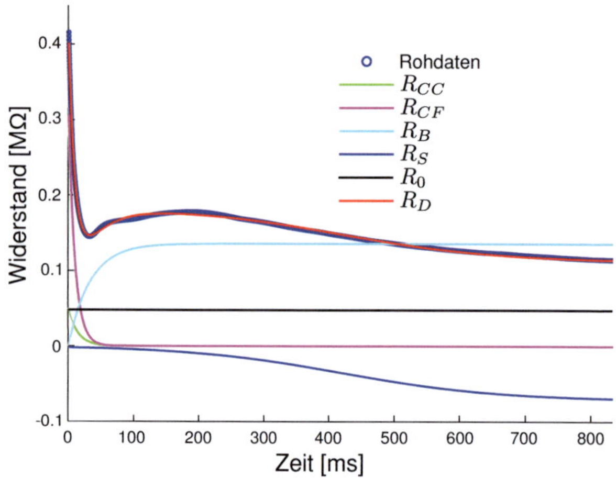

Abbildung 6.6: Repräsentant für Anpassung des Modells an experimentelle Daten

Komponenten unter Auswertung der Fehlermaße R^2, RE_μ und VE_Y. Ein PLS-Modell mit 8 Komponenten ergibt ein Bestimmtheitsmaß R^2 von 0.7654, einen mittleren relativen Fehler RE_μ von 0.0796 sowie eine erklärte Varianz in der Zielgröße VE_Y von 0.7616. Die Einflüsse der unabhängigen Variablen $\boldsymbol{\alpha}$ auf die Zielgröße $\mathbf{Y}$ sind in Form der Regressionskoeffizienten β und des **VIP** in Abbildungen 6.7 und 6.8 gegenübergestellt. Während die Regressionskoeffizienten positive und negative Korrelationen darstellen können, wird beim **VIP** nur der Einfluss in Form der erklärten Varianz als positive Größe betrachtet. Beide Einflussgrößen deuten einen großen Beitrag der Prädiktoren $\alpha_0, \alpha_{BL}, \alpha_{SC}, \alpha_{SH}, \alpha_{SD}$ an. Die Übereinstimmung der Tendenzen lässt vermuten, dass die einzelnen Variablen der Eingangsgrößen, die zuvor mittels NCF ermittelt wurden, geringe Korrelationen untereinander aufweisen. So ergibt sich eine übereinstimmende qualitative Aussage bezüglich der Einflüsse der Prädiktoren auf das Ergebnis bei Betrachtung der Regressionskoeffizienten β und des **VIP**.

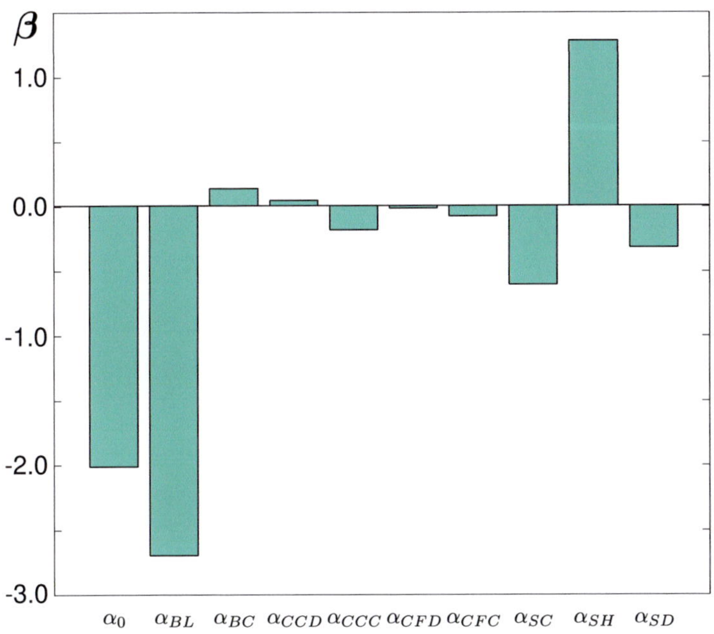

Abbildung 6.7: Regressionskoeffizienten β bestimmt durch PLS

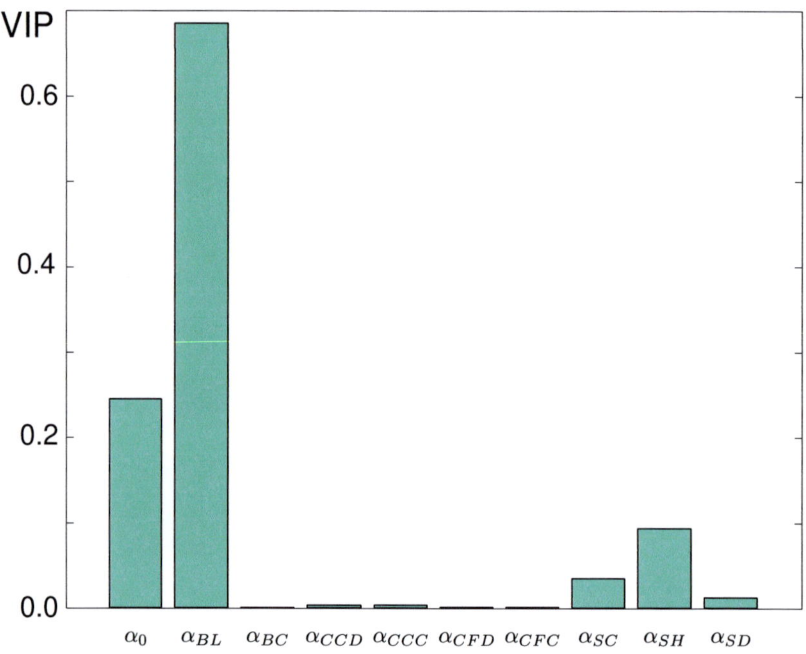

Abbildung 6.8: Maß der Einflüsse **VIP** bestimmt durch PLS

6.1.4 NLP-INLDR

Ein PFA beschreibt ein nichtlineares Modell zur Zustandsvorhersage mit integrierter nichtlinearer Dimensionsreduktion, wie in Abschnitt 4.4.4 erläutert wurde. PFAs können zum einen zur Beschreibung von nichtlinearen Funktionen mit hochdimensionalen Ein- und Ausgangsdaten verwendet werden. Sie ermöglichen zudem eine Abbildung der komplexen Prozessbeziehung auf eine niedrigdimensionale Darstellung der wesentlichen Zustandsmerkmale, welche für weitere Regressionsanalysen oder eine optimale Prozessführung verwendet werden können. Im Folgenden wird die Anwendung der PFAs zur Zustandsvorhersage auf den erweiterten Prozess (Abschnitt 6.1.4.1) und auf den mikromechanischen Prozess (Abschnitt 6.1.4.2) des Tiefziehens demonstriert. Im letzteren Fall wird zusätzlich eine Ableitung der Bauteileigenschaften mit einem ANN aus den Zustandsmerkmalen durchgeführt. In beiden Fällen wird eine 5-fache Kreuzvalidierung zur datenunabhängigen Verifikation des Modells mit gemittelten Fehlermaßen durchgeführt. Dabei werden in jedem Durchgang 80 % der Daten zum Training und 20 % zum Test verwendet. Die PFAs und ANNs werden mit dem RProp-Algorithmus und dem mittleren quadratischen Fehler mit Regularisierung $MSEREG$ als Fehlerfunktion ($\gamma = 0.5$) trainiert. Für die PFAs werden 500 Iterationen für das Pretraining und 2000 Iterationen für das anschließende globale Training angenommen, während die ANNs für 2000 Iterationen trainiert werden.

6.1.4.1 Ergebnisse mit erweitertem Prozess

Bei der Anwendung der Zustandsvorhersage auf den erweiterten Prozess wird eine Historie von 12 Observablen (Kräfte, Verschiebungen und Dehnungen) an 66 Zeitschritten (302 - 368) zur Vorhersage von 792 Zustandsvariablen (von-Mises-Spannungen) in Zeitschritt 368 ausgewählt. Zunächst wird die Architektur des PFA bestimmt, dann werden die Ergebnisse für Vorhersagen mit PFAs unterschiedlicher Knotenanzahl in der Bottleneck-Schicht und herkömmlichen Regressionsmethoden miteinander verglichen. Abschließend werden die Einflüsse des Pretrainings bei PFAs sowie die Auswirkungen zufällig variierender Anfangsbedingungen auf verschiedene ANN-Konfigurationen untersucht. Die unterschiedlichen Anfangsbedingungen resultieren aus der zufälligen Initialisierung der Gewichte der ANNs und werden durch den Startwert eines Zufallszahlengenerators gezielt beeinflusst.

PFA-Architektur Die Größe der Ausgabeschicht ist durch die Anzahl der Zustandsvariablen gegeben, während sich die Größe der Eingabeschicht durch eine Historie von Observablen mit flexibler Länge ergibt. In dieser Untersuchung entspricht die Größe der Eingabe ungefähr der Dimension der Ausgabe. Allgemeine Empfehlungen zur Bestimmung der Architektur eines PFA bezüglich des Grades der Bestimmtheit der Approximation und dem Einfluss auf die komprimierten Merkmale der Bottleneck-Schicht wurden in Abschnitt 4.4.4 gegeben. Diese Betrachtungen führen zu einer PFA-Architektur mit $[804\ 200\ R_2\ 100\ 792]$ Knoten in den einzelnen Schichten. Dabei steht R_2 für die Anzahl der Knoten in der Bottleneck-Schicht, die der Anzahl der Komponenten bei der PLS entspricht.

Vergleich PFAs mit herkömmlichen Regressionsmethoden Die Ergebnisse der Zustandsvorhersage mit PFAs werden mit denen herkömmlicher Regressionsverfahren verglichen. Diese umfassen lineare PLS-Modelle und nichtlineare ANNs, die wie die PFAs mit dem RProp-Algorithmus trainiert werden. Zur Repräsentation des niedrigdimensionalen Merkmalsraumes bei der PLS und bei PFAs werden zwei verschiedene Konfigurationen mit $R_2 = 3$ und $R_2 = 8$ angenommen. Die erste Konfiguration ($R_2 = 3$) deutet eine wirklich kompakte Darstellung an, die beispielsweise zur optimalen Prozessregelung verwendet werden kann. Für die zweite Konfiguration wurde die Anzahl der Bottleneck-Knoten bzw. der PLS-Komponenten folgendermaßen bestimmt. Der Fehler des PFA mit $R_2 = 3$ wurde als Referenz benutzt, um ein PLS-Modell gleicher Güte zu erstellen. Dazu wurde die Anzahl der Komponenten des PLS-Modells solange erhöht, bis ein vergleichbar niedriger Fehler erreicht wurde. Dies war bei $R_2 = 8$ der Fall und zeigt, dass ein nichtlinearer PFA in dieser Anwendung mit 3 Komponenten auskommt, während ein lineares PLS-Modell zum Erreichen vergleichbarer Fehlermaße 8 Komponenten benötigt. ANNs mit mittlerer und hoher Komplexität in ihren versteckten Schichten mit je 50 bzw. 200 Knoten werden ebenfalls zum Vergleich herangezogen. Die Ergebnisse des Vergleichs sind in Tabelle 6.5 dargestellt.

Fehlermaß	$RMSE$	R^2	RE_μ	RE_{max}	U_μ	U_{max}	ϕ
PLS [3]	0.6669	0.9504	0.0046	0.4650	0.1085	1.0109	-
ANN [3]	0.8756	0.9145	0.0058	0.4702	0.1698	0.9988	56.60
ANN [3 3 3]	0.8454	0.9203	0.0056	0.4809	0.1544	0.9970	56.36
PFA [200 3 100]	0.5521	0.9659	0.0034	0.4297	0.0730	0.8754	1.31
PLS [8]	0.5540	0.9657	0.0036	0.4466	0.0724	0.9210	-
ANN [8]	0.7664	0.9344	0.0052	0.4602	0.1477	1.0028	23.30
ANN [8 8 8]	0.6441	0.9537	0.0042	0.4958	0.0957	0.9463	23.10
PFA [200 8 100]	0.4934	0.9728	0.0030	0.4037	0.0592	0.7863	1.30
ANN [50 50 50]	0.5527	0.9658	0.0035	0.3927	0.0712	0.8597	3.68
ANN [200 200 200]	0.5178	0.9699	0.0033	0.4309	0.0732	1.0097	0.79

Tabelle 6.5: Vergleich Ergebnisse der Zustandsvorhersage mit herkömmlichen Regressionsmethoden (NLP-INLDR mit erweitertem Prozess)

Die PFAs liefern die besten Ergebnisse in der entsprechenden Komplexitätsklasse. Für die ANNs ergeben sich bessere Fehlermaße mit zunehmender Anzahl an versteckten Schichten und deren Komplexität. Das ANN mit mittlerer Komplexität in seinen drei versteckten Schichten liefert vergleichbare Fehlermaße wie der PFA mit $R_2 = 3$, allerdings kann das ANN keine niedrigdimensionale Darstellung in Form von Merkmalen bereitstellen. Der PFA mit $R_2 = 8$ übertrifft sogar die ANNs mit drei versteckten Schichten in der Vorhersage. Dies zeigt, dass eine beliebig hohe Komplexität nicht notwendigerweise zu den besten Ergebnissen führt. Zudem ergibt sich durch die hohe Komplexität bei den ANNs mit drei versteckten Schichten eine unterbestimmte Approximation ($\phi < 1$).

Einfluss des Pretrainings Die Ergebnisse für ausgewählte PFAs mit Pretraining und zugehörige BNNs ohne Pretraining sind in Tabelle 6.6 gegenübergestellt. Das Pretraining führt zu einer Verbesserung in der Vorhersage für alle Repräsentanten von 3 bis 8 Knoten in der Bottleneck-Schicht. Besonders die oberen Grenzen des relativen Fehlers RE_{max} und der Modellunsicherheit U_{max} werden wesentlich verringert und deuten somit auf eine höhere Zuverlässigkeit der Vorhersage hin. Zudem verstärkt sich die Wirkung des Pretrainings mit zunehmender Anzahl an Knoten in der Bottleneck-Schicht. Die Ergebnisse zeigen die wesentliche Bedeutung

Fehlermaß	$RMSE$	R^2	RE_μ	RE_{max}	U_μ	U_{max}	ϕ
BNN[200 3 100]	0.5792	0.9625	0.0037	0.5039	0.0844	0.9565	1.31
PFA[200 3 100]	0.5521	0.9659	0.0034	0.4297	0.0730	0.8754	1.31
BNN [200 4 100]	0.5767	0.9629	0.0037	0.5001	0.0843	0.9738	1.30
PFA [200 4 100]	0.5553	0.9655	0.0035	0.3955	0.0736	0.8371	1.30
BNN [200 5 100]	0.5787	0.9625	0.0037	0.4791	0.0823	0.9020	1.30
PFA [200 5 100]	0.5377	0.9677	0.0034	0.4007	0.0688	0.8337	1.30
BNN [200 6 100]	0.5730	0.9633	0.0037	0.4755	0.0811	1.0970	1.30
PFA [200 6 100]	0.5383	0.9675	0.0033	0.4186	0.0697	0.8252	1.30
BNN [200 7 100]	0.5456	0.9667	0.0035	0.4735	0.0758	0.9002	1.30
PFA [200 7 100]	0.5103	0.9708	0.0031	0.4080	0.0631	0.8134	1.30
BNN [200 8 100]	0.5730	0.9633	0.0037	0.4499	0.0824	0.9689	1.30
PFA [200 8 100]	0.4934	0.9728	0.0030	0.4037	0.0592	0.7863	1.30

Tabelle 6.6: Einfluss Pretraining auf Ergebnisse der Zustandsvorhersage

des vorgestellten Pretraining-Mechanismus für die Bestimmung geeigneter Initialwerte für die globale Trainingsphase bei der Verwendung einer BNN-Architektur in Kombination mit herkömmlichen gradientenbasierten Trainingsverfahren.

Einfluss zufällig variierender Anfangsbedingungen beim Training der ANNs Zufällig variierende Anfangsbedingungen ergeben sich durch Auswahl der Trainings- und Testdaten für die verschiedenen Kreuzvalidierungs-Durchgänge sowie bei der Initialisierung der Gewichte der ANNs vor dem Training. Auswirkungen der ersten Ursache wurden bereits durch Mittelung der Fehlermaße über den einzelnen Durchgängen beseitigt. Zur Untersuchung der zweiten Ursache werden für jeden Durchgang gezielt verschiedene Initialisierungen für das ANN mit dem Startwert eines Zufallszahlengenerators gesetzt: rand = 100, 50, 20, 10, 1, 0, -1, -10, -20, -50, -100. Dabei gibt der Startwert die eindeutige Abfolge der generierten Pseudozufallszahlen vor.

Für jeden Durchgang wird dann die Auswirkung der zufälligen Initialisierung des ANN analysiert. Abbildung 6.9 zeigt den Einfluss der Variation der initialen Gewichte auf den $RMSE$ für verschiedene ANN-Konfigurationen. Der PFA mit 3 versteckten Knoten in der Bottleneck-Schicht liefert

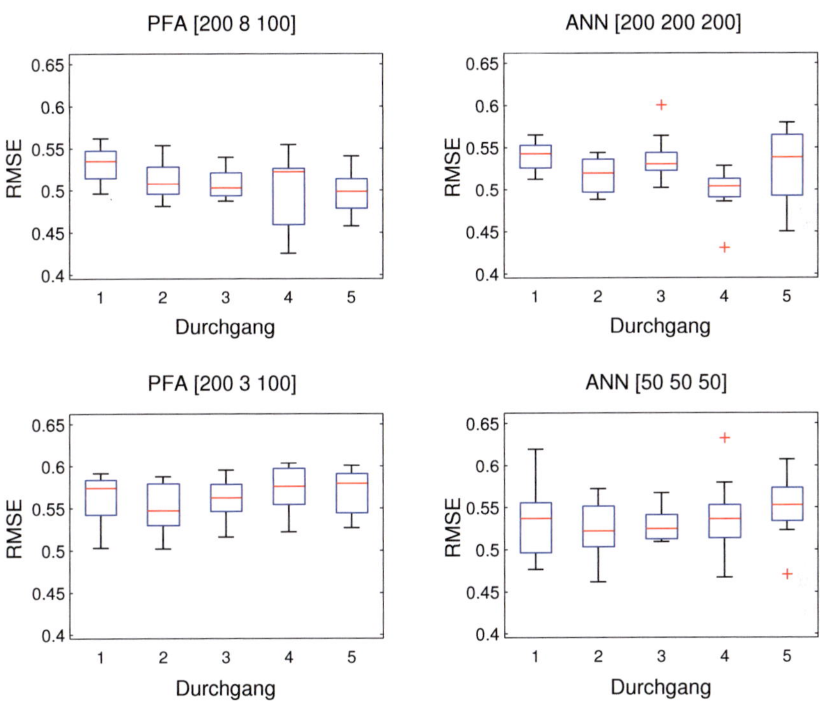

Abbildung 6.9: Einfluss der zufällig variierenden Anfangsbedingungen für verschiedene ANN-Konfigurationen

die beständigsten Ergebnisse bezüglich verschiedener initialer Gewichte. Dies zeigt sich in annähernd konstanten Werten für Median und Streuung im Maß *RMSE* des Boxplot unabhängig vom aktuellen Durchgang. Im Gegensatz dazu variieren die Ergebnisse der ANNs mit hoher und mittlerer Komplexität in ihren versteckten Schichten wesentlich stärker und enthalten sogar Ausreißer (symbolisiert durch die roten Kreuze) in den Durchgängen 4 und 5 bzw. 3 und 4. Der PFA mit 8 versteckten Knoten in der Bottleneck-Schicht liefert stabilere Vorhersagen als die ANNs, aber die Ergebnisse des PFA haben ebenfalls eine höhere Abweichung in Durchgang 4. Dies kann durch eine ungeeignete Auswahl von Trainings- und Testdaten in diesem Durchgang verursacht worden sein. Allerdings scheint sich der PFA mit 3 versteckten Knoten in der Bottleneck-Schicht nicht durch diesen Effekt beeinflussen zu lassen.

6.1.4.2 Ergebnisse mit mikromechanischem Prozess

Die Anwendung auf den mikromechanischen Prozess umfasst eine Zustandsvorhersage mit einem PFA sowie die Ableitung der Bauteileigenschaften mit einem einfachen ANN mit einer versteckten Schicht aus den Zustandsmerkmalen, die zuvor vom PFA aus der hochdimensionalen Prozessbeziehung extrahiert wurden. Das zweistufige Verfahren zur Modellierung der hochdimensionalen Regressionsbeziehung mit einem PFA sowie der niedrigdimensionalen Regressionsbeziehung mit einem einfachen ANN ist in Abbildung 6.10 skizziert. Eine Validierung erfolgt für beide Teilschritte separat, für den PFA wird zusätzlich ein Methodenvergleich durchgeführt. Eine Historie von 14 Observablen (Kräfte, Verschiebungen und Dehnungen) mit 51 Zeitschritten (160 - 211) wird zur Vorhersage von 234 Zustandsvariablen (von-Mises-Spannungen) in Zeitschritt 211 selektiert. Anhand der durch den PFA extrahierten Zustandsmerkmale und gegebener Winkelpositionen (15 Werte zwischen 0° und 90°) wird eine Vorhersage der Bauteileigenschaften (Zipfelprofil mit 15 Höhenwerten) in Zeitschritt 211 mit einem ANN durchgeführt. Im Folgenden werden nach der Bestimmung der ANN-Architekturen (für PFA und einfaches ANN) die Ergebnisse für die Zustandsvorhersage und die Ableitung der Bauteileigenschaften präsentiert.

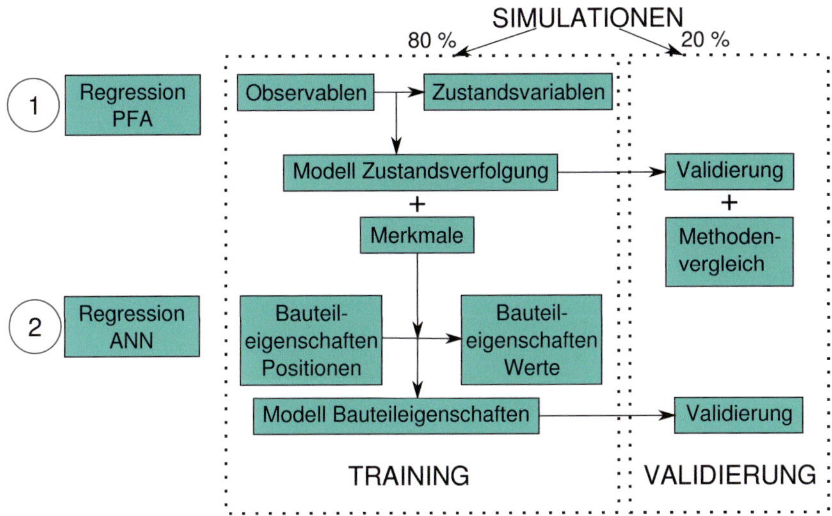

Abbildung 6.10: Zustandsverfolgung mit Ableitung Bauteileigenschaften

ANN-Architekturen Die Eingabegröße des PFA ergibt sich durch die
ausgewählte Historie der Observablen, während die 234 Zustandsvariablen
die Ausgabedimension darstellen. Die Dimensionen der verbleibenden
Schichten werden so gewählt, dass die Approximation überbestimmt ist und
die Mapping-Schicht doppelt so viele Knoten wie die Demapping-Schicht
enthält. Diese Auswahl erfolgt gemäß den Empfehlungen in Abschnitt 4.4.4
unter Berücksichtigung des Grades der Bestimmtheit der Approximation
und der Bedeutung der Kompression auf die Merkmale. Dies führt zu einer
PFA-Architektur mit [714 20 3 10 234] Knoten in den einzelnen Schichten.
Die Dimension der Eingabe des einfachen ANN, das nur eine versteckte
Schicht besitzt, ist durch die 3 extrahierten Zustandsmerkmale und die 15
Winkelpositionen gegeben. Die Ausgabegröße des einfachen ANN ergibt
sich durch die 15 vorherzusagenden Höhenwerte. Die Anzahl der Knoten
der versteckten Schicht des einfachen ANN erfolgt durch Variation dieser
Größe zwischen 10 und 15 und Auswertung der Performance auf den
unabhängigen Testdaten. Daraus ergibt sich eine Architektur mit [18 15
15] Knoten in den einzelnen Schichten.

Fehlermaß	$RMSE$	R^2	RE_μ	RE_{max}	U_μ	U_{max}	ϕ
PFA [20 3 10]	1.2981	0.9906	0.0082	0.1292	0.0183	0.5513	1.08
BNN [20 3 10]	1.5626	0.9864	0.0117	0.1432	0.0253	0.6603	1.08
PLS [3]	2.5523	0.9709	0.0198	0.1207	0.0701	0.8092	-
ANN [3]	3.8903	0.9249	0.0294	0.2840	0.1283	1.0313	5.99
ANN [3 3 3]	3.8985	0.9244	0.0300	0.2864	0.1285	1.0192	5.95

Tabelle 6.7: Vergleich der Ergebnisse der Zustandsvorhersage mit herkömmlichen Regressionsmethoden (NLP-INLDR mit mikromechanischem Prozess)

Fehlermaß	$RMSE$	R^2	RE_μ	RE_{max}	U_μ	U_{max}	ϕ
ANN [15]	0.0501	0.9974	0.0040	0.0278	0.0025	0.0038	2.29

Tabelle 6.8: Ergebnisse der Vorhersage der Bauteileigenschaften (NLP-INLDR mit mikromechanischem Prozess)

Zustandsvorhersage Tabelle 6.7 zeigt die Ergebnisse der Zustandsvorhersage mit dem PFA und herkömmlichen Regressionsmethoden. Der PFA übertrifft das lineare PLS-Modell und die nichtlinearen ANNs mit ein und drei versteckten Schichten deutlich in allen Fehlermaßen. Die Konfiguration der anderen Verfahren wurde dabei unter Beachtung der drei extrahierten Zustandsmerkmale zur Vergleichbarkeit gewählt. Die Zuverlässigkeit der Vorhersage des PFA wird durch die oberen Grenzen RE_{max} und U_{max}, die im Vergleich zu den anderen Verfahren wesentlich kleiner sind, bestätigt. Der PFA und das BNN weisen dieselbe Architektur auf, allerdings wird beim BNN kein Pretraining durchgeführt. Daraus wird der Vorteil des Pretrainings im Zusammenhang mit einer in die Regression von hochdimensionalen Größen integrierte Dimensionsreduktion ersichtlich. Die relative Fehlerverteilung der 234 Zustandsvariablen ist in Abbildung 6.11 mittels eines Histogramms (logarithmisch aufgetragen, in 10 Klassen mittels Binning eingeteilt) für einen ausgewählten Kreuzvalidierungs-Durchgang für alle 20 Repräsentanten des Testdatensatzes dargestellt. Die absolute Häufigkeit ist hoch für kleine Fehler und nimmt mit zunehmendem Fehlerbetrag ab.

Ableitung der Bauteileigenschaften Die Ergebnisse der Vorhersage der Bauteileigenschaften mit einem einfachen ANN sind in Tabelle 6.8 zusam-

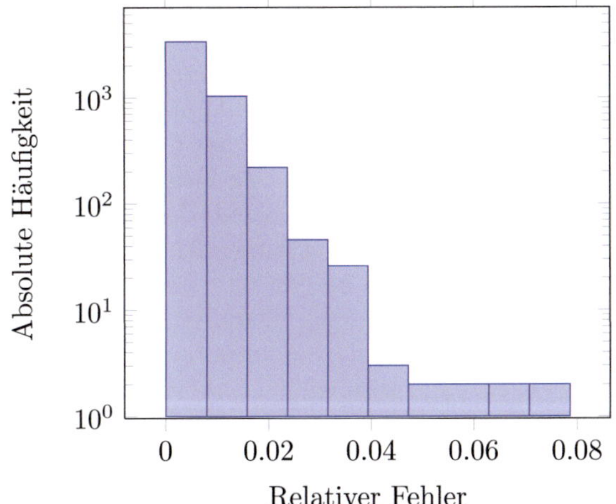

Abbildung 6.11: Verteilung des relativen Fehlers der Zustandsvorhersage über alle Repräsentanten (NLP-INLDR mit mikromechanischem Prozess)

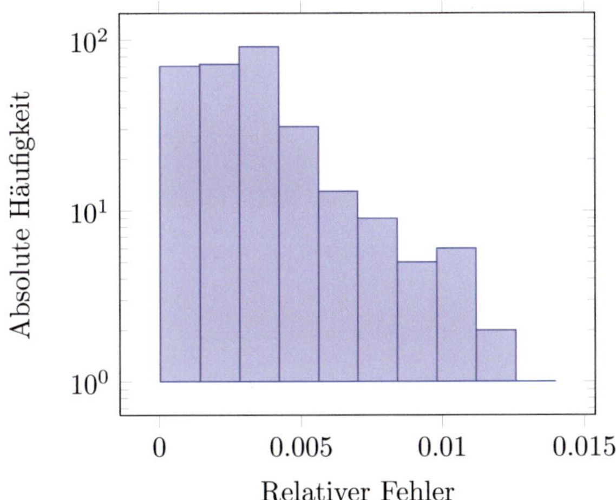

Abbildung 6.12: Verteilung des relativen Fehlers der Vorhersage der Bauteileigenschaften über alle Repräsentanten (NLP-INLDR mit mikromechanischem Prozess)

mengefasst. Die relative Fehlerverteilung für einen ausgewählten Kreuzvalidierungs-Durchgang für alle 20 Repräsentanten des Testdatensatzes
ist in Abbildung 6.12 in Form eines Histogramms (logarithmisch aufgetragen, in 10 Klassen mittels Binning eingeteilt) dargestellt. Die Fehlermaße
der Tabelle und das Histogramm bestätigen die Validität des Modells.
Das vorhergesagte Zipfelprofil ist mit den Originaldaten aus der Simulation des mikromechanischen Prozesses und den experimentellen Daten
in Abbildung 6.13 für einen zufällig ausgewählten Repräsentanten des
Testdatensatzes dargestellt. Die beiden Kurven des Zipfelprofils sind in
guter Übereinstimmung und geben die Charakteristika der experimentellen
Befunde wieder. Die Zeitspanne, die das statistische Modell zur Vorhersage
der Bauteileigenschaften aus observablen Größen für alle Repräsentanten
des Testdatensatzes benötigt, beträgt 0.77 s. Dieser Wert ergibt sich durch
Mittelung über die verschiedenen Kreuzvalidierungs-Durchgänge mit einer
MATLAB-Implementierung.

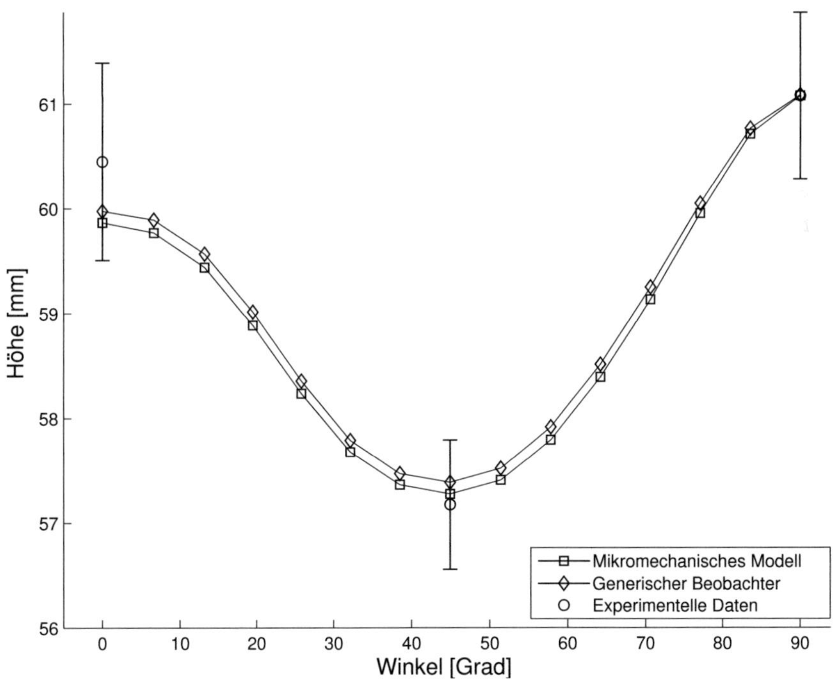

Abbildung 6.13: Vorhersage der Bauteileigenschaften für ausgewählten Repräsentanten (NLP-INLDR mit mikromechanischem Prozess)

6.1.5 Robustheit der funktionalen Abhängigkeiten

Für eine zuverlässige Vorhersage mit Regressionsmodellen muss die Robustheit der modellierten ungestörten funktionalen Abhängigkeiten sichergestellt werden. Die Bedeutung der Robustheit im Zusammenhang mit der Regression in Form von statistischen Modellen, insbesondere am Beispiel von ANNs, wird dazu anhand der folgenden Punkte untersucht:

1. Eindeutigkeit der Abbildung
   Die Eindeutigkeit der Abbildung ist durch die Wohldefiniertheit, die die Existenz und Eindeutigkeit der funktionalen Abhängigkeit umfasst, sichergestellt. Die verwendeten Regressionsmodelle (PLS und ANNs) beinhalten wohldefinierte sigmoide und lineare Funktionen.

2. Zufällig variierende Anfangsbedingungen
   Die Sensitivität bezüglich zufällig variierender Anfangsbedingungen kann mit einer Glättung der Approximation durch Regularisierung bei ANNs (NLP-INLDR) oder mit einer angepassten Historie in Form eines gleitenden Zeitfensters (NLP-SLDR) reduziert werden. Zudem kann durch Random Sampling (NLP-SLDR) oder Kreuzvalidierung (LP-ILDR, NLP-INLDR) die Unabhängigkeit eines Modells von konkreten Daten gezeigt werden.

3. Überbestimmtheit der Approximation
   Bei der Verwendung einer parametrischen Approximation muss sichergestellt sein, dass die Anzahl der freien Modellparameter durch den Stichprobenumfang abgedeckt wird. Dies wird bei der Bewertung der PFAs und ANNs in Form des Grades der Bestimmtheit ϕ berücksichtigt.

4. Dimensionsreduktion
   Durch Dimensionsreduktion lässt sich die Anzahl der freien Parameter eines Regressionsmodells oft maßgeblich reduzieren. Dabei werden die Daten auf ihre wesentlichen Charakteristika (Merkmale) reduziert und das Prozessrauschen wird entfernt. Mit der PCA werden lineare Korrelationen zwischen den einzelnen Variablen entfernt.

5. Ergebnisrobustheit
   Die Ergebnisrobustheit beinhaltet

a) die Modellierungsrobustheit (kleines Rauschen in den Daten führt zu sehr ähnlichen Modellen)

b) die Modellrobustheit (das Regressionsmodell liefert bei kleinen Abweichungen in den Eingangsdaten ähnliche Ergebnisse)

unter Einbringung eines Messrauschens in die Eingangsdaten. In Abschnitt 6.1.5.1 wird die Ergebnisrobustheit bezüglich der Modellierungs- und Modellrobustheit anhand konkreter Methoden und Daten untersucht.

6.1.5.1 Untersuchung der Ergebnisrobustheit

Bei der Untersuchung der Ergebnisrobustheit wird festgestellt, ob kleine Änderungen im Eingang (in Form des Rauschens) tatsächlich nur zu kleinen Änderungen im Ausgang führen. Dabei wird zwischen der Modellierungsrobustheit (Abbildung 6.14 oben) und der Modellrobustheit (Abbildung 6.14 unten) unterschieden.

Im Falle der Modellierungsrobustheit werden die Auswirkungen der verrauschten Eingangsdaten mit zwei unterschiedlichen Modellen und einem gemeinsamen Ausgang betrachtet. Das erste Modell wird mit den unverrauschten Eingangsdaten und den Ausgangsdaten erstellt, während für die Erzeugung des zweiten Modells die verrauschten Eingangsdaten und die Ausgangsdaten verwendet werden. Bestimmt wird die Modellierungsrobustheit als Abweichung zwischen den beiden Modellen in Form von Fehlermaßen.

Im Falle der Modellrobustheit werden die Auswirkungen der verrauschten Eingangsdaten mit einem gemeinsamen Modell, das basierend auf den unverrauschten Daten erstellt wurde, und zwei verschiedenen Ausgängen betrachtet. Dabei wird der erste Ausgang mit dem gemeinsamen Modell und den unverrauschten Eingangsdaten berechnet, und der zweite Ausgang wird mit dem gemeinsamen Modell und den verrauschten Eingangsdaten bestimmt. Die Modellrobustheit ist gekennzeichnet durch die Abweichung zwischen den Ausgangsgrößen.

Der Vorgang zur Modellerstellung bei der Untersuchung der Ergebnisrobustheit ist in Abbildung 6.15 veranschaulicht. Zum Training wird im

Falle des NLP-SLDR-Ansatzes (Abschnitt 6.1.2) der Levenberg-Marquardt-Algorithmus bei den ANNs verwendet, während im Falle des NLP-INLDR-Ansatzes (Abschnitt 6.1.4) der RProp-Algorithmus bei den PFAs zum Einsatz kommt. Modell 1 wird aus den Trainingsdaten (Eingang und Ausgang 1) erstellt, und Modell 2 wird mit dem verrauschten Eingang der Trainingsdaten und der Ausgabe der Trainingsdaten erzeugt.

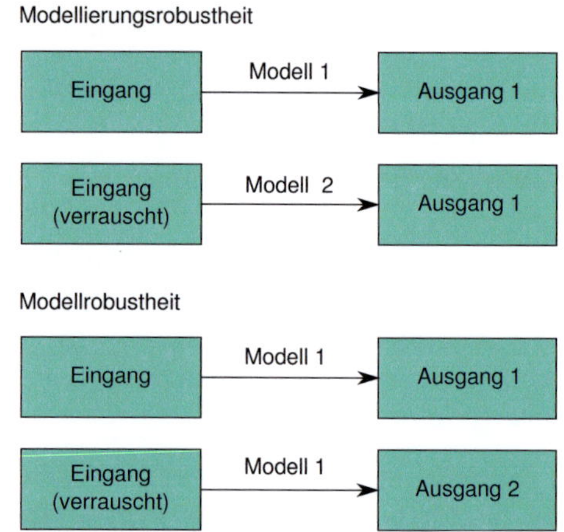

Abbildung 6.14: Ergebnisrobustheit bezüglich bezüglich der Modellierungs- und Modellrobustheit

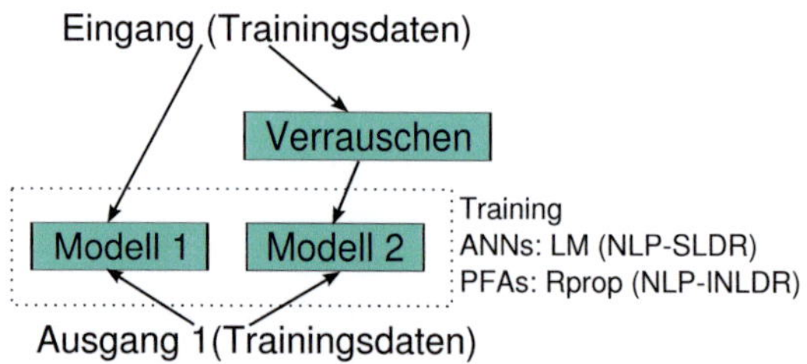

Abbildung 6.15: Modellerstellung bei der Untersuchung der Ergebnisrobustheit

Konkrete funktionale Abhängigkeiten, dargestellt in Abbildung 6.16, ergeben sich bei der Zustandsverfolgung in der Beziehung zwischen Observablen

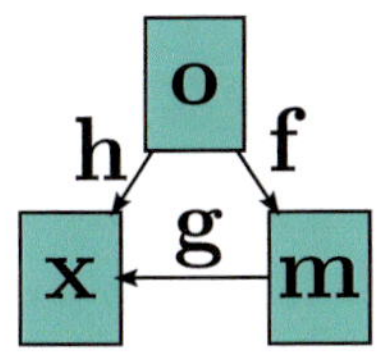

o: Observablen
x: Zustände
m: Merkmale
f: Abbildung von o auf m
g: Abbildung von m auf x
h: Abbildung von o auf x

Abbildung 6.16: Funktionale Abhängigkeiten der Zustandsverfolgung

und Zustandsvariablen $\mathbf{x} = \mathbf{h}(\mathbf{o})$ (NLP-SLDR), in der Abhängigkeit zwischen Observablen und Merkmalen $\mathbf{m} = \mathbf{f}(\mathbf{o})$ und für den Zusammenhang zwischen Merkmalen und Zustandsvariablen $\mathbf{x} = \mathbf{g}(\mathbf{m})$ (NLP-INLDR). Diese werden wie folgt bezüglich der Modellierungs- und Modellrobustheit analysiert. Bei der Modellierungsrobustheit kann die Abweichung zwischen den beiden Modellen in Form von Fehlermaßen nur auf den Ausgangsgrößen berechnet werden, da diese in den Testdaten enthalten sind. Für die Werte des Bottlenecks bei PFAs gibt es allerdings keine Vorgaben in den Testdaten. Die Modellrobustheit hingegen kann für Ausgangsgrößen und Merkmale im Bottleneck anhand der Abweichung zwischen den jeweiligen Größen der Vorhersage evaluiert werden.

Modellierungsrobustheit Die Beziehung zwischen Observablen und Zustandsvariablen $\mathbf{x} = \mathbf{h}(\mathbf{o})$ wird für den Ansatz NLP-SLDR angewandt auf den grundlegenden Prozess untersucht. Dazu wird eine Historie von Observablen (Zeitschritte 1 - 131) für die Zustandsvorhersage in Zeitschritt 131 herangezogen. Ein normalverteiltes Messrauschen von 5 % und 10 % wird in die Observablen eingebracht. Die resultierenden Fehlermaße sind in Tabelle 6.9 zusammengefasst. Die erste Spalte enthält die Fehlermaße für die unverrauschte Eingabe (Modell 1), die zweite und dritte Spalte beinhalten je die zugehörigen Werte für die Eingabe mit 5 % und 10 % Messrauschen (Modell 2). Es zeigt sich, dass die Beziehung robust gegenüber kleiner Störungen (5 %) im Eingang ist. Größere Störungen (10 %) wirken sich allerdings stärker auf die Beziehung zwischen Observablen und Zustandsvariablen aus, so dass die Fehlermaße der beiden betrachteten Modelle deutlich voneinander abweichen (in der Größenordnung von 10 % für RE_{max}).

Messrauschen	$\nu_m = 0\ \%$	$\nu_m = 5\ \%$	$\nu_m = 10\ \%$
RE_μ	0.0002	0.0029	0.0038
RE_{max}	0.0110	0.0581	0.0943

Tabelle 6.9: Robustheit der Beziehung zwischen Observablen und Zustand (Modellierungsrobustheit für NLP-SLDR mit grundlegendem Prozess)

Modellrobustheit   Zur Beschreibung der Abweichungen zwischen den betrachteten Ausgängen $\tilde{Y}_{1m}$ (Ausgang 1 mit unverrauschten Eingangsdaten) und $\tilde{Y}_{2m}$ (Ausgang 2 mit verrauschten Eingangsdaten) werden die Größen der absoluten Abweichung D und der relativen Abweichung RD analog zum relativen Fehler RE definiert

$$D_m = \left| \tilde{Y}_{1m} - \tilde{Y}_{2m} \right| \to D_\mu, D_{max} \qquad (6.12)$$
$$m = 1, \ldots, M,$$

$$RD_m = \left| \frac{D_m}{\tilde{Y}_{1m}} \right| \to RD_\mu, RD_{max} \qquad (6.13)$$
$$m = 1, \ldots, M,$$

wobei M die Dimension der Ausgabe angibt. Ist die betrachtete Ausgangsgröße in den Testdaten enthalten, kann die relative Abweichung RD im Bezug zum relativen Fehler RE als oberer Grenzwert betrachtet werden, d. h. $RD_\mu \leq RE_\mu$ und $RD_{max} \leq RE_{max}$.

Für die Untersuchung der Modellrobustheit wird ein gleichverteiltes Messrauschen von 5 % und 10 % angenommen. Im Folgenden ist eine Übersicht der untersuchten Ansätze mit ihren Beziehungen dargestellt. In den zugehörigen Tabellen enthält die erste Spalte jeweils die Fehlermaße für die unverrauschte Eingabe (Ausgabe 1), und die zweite und dritte Spalte beinhalten je die zugehörigen Werte für die Eingabe mit 5 % und 10 % Messrauschen (Ausgabe 2).

1. NLP-SLDR

   Für diesen Ansatz wird die Beziehung $\mathbf{x} = \mathbf{h}(\mathbf{o})$ analysiert. Eine Historie von Observablen, gekennzeichnet durch die Zeitschritte 'von', 'bis', und Zustandsvariablen in Zeitschritt 'bis' werden betrachtet.

Zeitschritte (von - bis)	Messrauschen	$\nu_m = 0\ \%$	$\nu_m = 5\ \%$	$\nu_m = 10\ \%$
1 - 1	RD_μ	-	0.0025	0.0049
	RD_{max}	-	0.0174	0.0318
	RE_μ	0.0052	0.0066	0.0083
	RE_{max}	0.1154	0.1172	0.1187
1 - 45	RD_μ	-	$1.00 \cdot 10^{-5}$	$1.68 \cdot 10^{-5}$
	RD_{max}	-	0.0010	0.0020
	RE_μ	$1.00 \cdot 10^{-5}$	$1.38 \cdot 10^{-5}$	$2.11 \cdot 10^{-5}$
	RE_{max}	0.0028	0.0028	0.0030
1 - 90	RD_μ	-	$2.34 \cdot 10^{-4}$	$5.16 \cdot 10^{-4}$
	RD_{max}	-	0.0524	0.1051
	RE_μ	$0.30 \cdot 10^{-4}$	$2.42 \cdot 10^{-4}$	$5.21 \cdot 10^{-4}$
	RE_{max}	0.0030	0.0522	0.1052
1 - 131	RD_μ	-	0.0013	0.0026
	RD_{max}	-	0.0340	0.0678
	RE_μ	0.0003	0.0013	0.0026
	RE_{max}	0.0147	0.0356	0.0694

Tabelle 6.10: Robustheit der funktionalen Abhängigkeiten zwischen Observablen und Zustand (Modellrobustheit für NLP-SLDR mit grundlegendem Prozess)

a) Grundlegender Prozess

   Die Ergebnisse, die über 10 Random Sampling-Durchgänge gemittelt werden, sind für verschiedene Zeitschritte in Tabelle 6.10 dargestellt. Die größten maximalen relativen Abweichungen RD_{max} treten in Zeitschritt 90 auf und ergeben einen Wert von 5 % bzw. 10 %, der sich mit dem Bereich des maximalen relativen Fehlers RE_{max} deckt. Für alle Zeitschritte ist die relative Abweichung RD nach oben durch den relativen Fehler RE begrenzt. Das Regressionsmodell ist daher robust gegenüber Störungen im Bereich bis 10 %.

b) Erweiterter Prozess

   Die Ergebnisse, die über 10 Random Sampling-Durchgänge gemittelt sind, werden für verschiedene Zeitschritte mit angepasster Historie in Tabelle 6.11 präsentiert. In den letzten beiden

Zeitschritte (von - bis)	Messrauschen	$\nu_m = 0\ \%$	$\nu_m = 5\ \%$	$\nu_m = 10\ \%$
1 - 92	RD_μ	-	$1.00 \cdot 10^{-4}$	$2.01 \cdot 10^{-4}$
	RD_{max}	-	0.0216	0.0424
	RE_μ	$1.21 \cdot 10^{-4}$	$1.55 \cdot 10^{-4}$	$2.47 \cdot 10^{-4}$
	RE_{max}	0.0179	0.0272	0.0438
92 - 184	RD_μ	-	0.0006	0.0011
	RD_{max}	-	0.0816	0.1485
	RE_μ	0.0003	0.0007	0.0012
	RE_{max}	0.0649	0.0959	0.1567
184 - 276	RD_μ	-	0.0016	0.0028
	RD_{max}	-	0.6119	0.9636
	RE_μ	0.0014	0.0022	0.0031
	RE_{max}	0.4709	0.6145	0.8235
276 - 368	RD_μ	-	0.0041	0.0072
	RD_{max}	-	0.5859	0.9315
	RE_μ	0.0029	0.0052	0.0078
	RE_{max}	0.4939	0.6455	0.9229

Tabelle 6.11: Robustheit der funktionalen Abhängigkeiten zwischen Observablen und Zustand (Modellrobustheit für NLP-SLDR mit erweitertem Prozess und angepasster Historie)

Beziehung Eingang - Ausgang	Messrauschen	$\nu_m = 0\ \%$	$\nu_m = 5\ \%$	$\nu_m = 10\ \%$
h Observablen - Zustand	RD_μ	-	0.0006	0.0011
	RD_{max}	-	0.0605	0.1098
	RE_μ	0.0035	0.0035	0.0038
	RE_{max}	0.4218	0.4336	0.4582
f Observablen - Merkmale	D_μ	-	0.0049	0.0097
	D_{max}	-	0.0353	0.0700
g Merkmale - Zustand	RD_μ	-	0.0009	0.0019
	RD_{max}	-	0.0802	0.1644
	RE_μ	0.0035	0.0037	0.0042
	RE_{max}	0.4218	0.4681	0.5333

Tabelle 6.12: Robustheit der funktionalen Abhängigkeiten zwischen Eingang und Ausgang (Modellrobustheit für NLP-INLDR mit erweitertem Prozess)

Zeitschritten (276 und 368) kommen die größten maximalen relativen Abweichungen RD_{max} vor. Während in Zeitschritt 368 die obere Schranke RE_{max} von RD_{max} für $\nu_m = 10\ \%$ nur knapp überschritten wird, führt dasselbe Messrauschen in Zeitschritt 276 zu einer deutlichen Überschreitung der Begrenzung ($RD_{max} > RE_{max}$). So kann für dieses Regressionsmodell eine Robustheit gegenüber kleinen Störungen im Bereich von 5 % sichergestellt werden, allerdings nicht für größere Störungen um 10 %.

2. NLP-INLDR

Dieser Ansatz wird für die Beziehungen $\mathbf{x} = \mathbf{h}(\mathbf{o})$, $\mathbf{m} = \mathbf{f}(\mathbf{o})$ und $\mathbf{x} = \mathbf{g}(\mathbf{m})$ mit Anwendung auf den erweiterten Prozess untersucht. Dazu werden eine Historie von Observablen von Zeitschritt 302 bis 368 und Zustandsvariablen in Zeitschritt 368 ausgewählt. Die Ergebnisse, die über eine 5-fache Kreuzvalidierung gemittelt werden, sind in Tabelle 6.12 zusammengefasst. Die relativen Abweichungen RD mit einem maximalen Wert RD_{max} von 11 % für $\nu_m = 10\ \%$ sind für die Beziehung $\mathbf{x} = \mathbf{h}(\mathbf{o})$ wesentlich kleiner als die zugehörigen relativen Fehler RE. Für die Beziehung $\mathbf{m} = \mathbf{f}(\mathbf{o})$ mit den Merkmalen als Ausgangsgröße im Bereich von -1 bis 1 wird die absolute Abweichung D als Fehlermaß betrachtet. Dabei ergibt sich ein maximaler Wert D_{max} von 0.07 für $\nu_m = 10\ \%$. Auch für die Beziehung $\mathbf{x} = \mathbf{g}(\mathbf{m})$ sind die relativen Abweichungen RD wesentlich kleiner als die zugehörigen relativen Fehler RE und ergeben ihr Maximum RD_{max} von 16 % für $\nu_m = 10\ \%$. Zusammenfassend betrachtet kann eine Robustheit der drei untersuchten Regressionsmodelle gegenüber Störungen bis 10 % sichergestellt werden.

6.1.6 Zusammenfassung der Validierung der Beobachtermodelle

Die Ergebnisse der Validierung zeigen, dass die vorgestellten Beobachtermodelle die Prädiktion der Zustandsvariablen sowie die Bestimmung von Zustandsmerkmalen und Bauteileigenschaften anhand von beobachtbaren Größen in Prozess-Echtzeit bei einer hohen Modellgüte hinsichtlich der analysierten Fehlermaße ermöglichen. Die Robustheit der modellierten ungestörten funktionalen Abhängigkeiten bezüglich des Einbringens von Messrauschen in die Observablen wurde sichergestellt. Zudem konnte dargelegt werden, dass eine Ausprägung der generischen Modellierung auf verschiedene Prozesse und gleiche Prozesse unterschiedlicher Komplexität möglich ist. Die Methoden zur Realisierung der Beobachtermodelle wurden dabei jeweils wie folgt abhängig von der Komplexität des betrachteten Prozesses und dessen Ausmaß der Nichtlinearität sowie abhängig vom Verwendungszweck gewählt.

Ein nichtlineares Vorhersagemodell mit separater linearer Dimensionsreduktion (NLP-SLDR) in Ein- und Ausgangsgrößen wurde anhand von stapelweise lernenden ANNs und PCA an Tiefziehprozessen niedriger und mittlerer Komplexität umgesetzt. Die Kombination der nichtlinearen Regression mit linearer Dimensionsreduktion hat zur Folge, dass die zugrundeliegenden Ein- und Ausgangsdaten mit der PCA nicht unbedingt optimal im Sinne einer minimal niedrigdimensionalen Darstellung repräsentiert werden. Für die anschließende Regression spielt dies allerdings eine eher untergeordnete Rolle, solange die Approximation des ANN nicht unterbestimmt bezüglich seiner Modellparameter ist. Durch die separate Dimensionsreduktion in Ein- und Ausgangsgrößen ist nicht sichergestellt, dass die Reduktion der Eingangsgröße bezüglich des Zusammenhangs mit der Ausgangsgröße erfolgt. In diesem Anwendungsfall führte die Beziehung zwischen der maßgeblichen Varianz in den Eingangsdaten und der maßgeblichen Varianz in den Ausgangsdaten allerdings trotzdem zu einem aussagekräftigen Beobachtermodell.

Ein lineares Vorhersagemodell mit integrierter linearer Dimensionsreduktion (LP-ILDR) wurde mittels PLS an einem Prozess des Widerstandspunktschweißens realisiert. Die Eingangsdaten der Regression wurden vorab mit einer wissensbasierten Dimensionsreduktion durch Anpassung an ein analytisches parametrisiertes Modell mit NCF auf die Zustandsmerkmale komprimiert. Anhand der niedrigdimensionalen Merkmale wurde dann die Vorhersage der eindimensionalen Zielgröße mit einem PLS-Modell durchgeführt. Durch die integrierte Dimensionsreduktion der PLS wird sichergestellt, dass die Reduktion der Eingangsgrößen im Hinblick auf die Regressionsbeziehung erfolgt. Die lineare PLS-Regression der Zustandsmerkmale mit der eindimensionalen Zielgröße erwies sich in diesem Anwendungsfall als ausreichend.

Ein nichtlineares Vorhersagemodell mit integrierter nichtlinearer Dimensionsreduktion (NLP-INLDR) wurde mit PFAs an Tiefziehprozessen mittlerer und hoher Komplexität umgesetzt. Durch die in die nichtlineare Regression integrierte nichtlineare Dimensionsreduktion ergibt sich eine wirklich niedrigdimensionale Darstellung der Merkmale des Bottlenecks als die mittlere versteckte Schicht. Mit einem PFA wurde ein Merkmalsraum der Dimension 3 im Vergleich zu einem Merkmalsraum der Dimension 8 mit einem PLS-Modell bei vergleichbarer Genauigkeit erreicht (siehe Tabelle 6.5). Die Vorhersage mit PFAs erwies sich als robuster im Vergleich zu gewöhnlichen ANNs mit einer versteckten Schicht bezüglich der Sensitivität gegenüber zufällig variierender Anfangsbedingungen. Im Vergleich zur PLS lieferten die PFAs genauere Ergebnisse bei gleicher Anzahl an Merkmalen. Außerdem übertrafen die PFAs, die sich von den betrachteten BNNs nur durch das in dieser Arbeit entwickelte Pretraining-Verfahren unterscheiden, diese in der Genauigkeit und der Robustheit gegenüber zufällig variierender Anfangsbedingungen. In einem Anwendungsfall wurde zudem ein weiteres Modell zur Ableitung der Bauteileigenschaften aus den Merkmalen des PFA mit einem stapelweise lernenden ANN erzeugt. Ein einfaches ANN mit einer versteckten Schicht erwies sich als ausreichend zur Abbildung der niedrigdimensionalen Beziehung.

Zusammenfassend lässt sich bemerken, dass die ersten beiden Ansätze NLP-SLDR und LP-ILDR gut für die reine Vorhersage von Zielgrößen geeignet sind, während der dritte Ansatz NLP-INLDR zusätzlich zur Prädiktion eine wirklich niedrigdimensionale Darstellung der Zustandsmerkmale liefert, die als Basis für eine Regelung oder zur Ableitung der Bauteileigenschaften eingesetzt werden kann. Die Beobachtermodelle können somit zur schnellen und robusten Vorhersage von nicht direkt durch Messung zugänglichen Größen aus messbaren observablen Werten verwendet werden.

6.2 Optimale Prozessführung

Die optimale Prozessführung setzt eine niedrigdimensionale Repräsentation des kontinuierlichen Zustandsraumes zur Beherrschung der Komplexität voraus. In dieser Arbeit erfolgt daher eine Auswahl weniger charakteristischer Zustandsdimensionen anhand von Expertenwissen.

Das allgemeine Vorgehen zur Validierung eines optimalen Reglers wird in Abschnitt 6.2.1 beschrieben. Ein darauf basierender Vergleich der drei im Rahmen dieser Arbeit realisierten Ansätze von optimalen Reglern für kontinuierliche Zustandsräume wird in Abschnitt 6.2.4 durchgeführt. Die drei realisierten Ansätze umfassen:

1. einen klassischen diskreten Rückwärts-DP-Ansatz mit expliziter Interpolation (CDDP)

2. einen kontinuierlichen Rückwärts-ADP-Ansatz mit impliziter Interpolation (BADP)

3. einen kontinuierlichen Vorwärts-ADP-Ansatz mit impliziter Interpolation (FADP).

Eine detaillierte Auswertung der beiden ADP-Ansätze unter Berücksichtigung verschiedener Einflussfaktoren erfolgt in den Abschnitten 6.2.2 und 6.2.3.

6.2.1 Validierung eines optimalen Reglers

Das allgemeine Vorgehen zur online Validierung eines optimalen Reglers wird in Algorithmus 6.1 verdeutlicht. Die Validierung erfolgt analog zum realen Prozess durch Vorwärtsschreiten in der Zeit über I generierte Zufallspfade im Zustandsraum, die je einen Vektor von Störgrößen $\boldsymbol{\nu}_{p_{it}}$ pro Zeitschritt enthalten. Die Störgrößen werden mit einem Zufallszahlengenerator, wie in Abschnitt 4.5.1.2 beschrieben, generiert.

Die Bewertung der Güte eines optimalen Reglers wird anhand der Online-Performance J_T^* durchgeführt. $J_{T_i}^*$ entspricht den tatsächlich angewandten Kosten eines ausgewählten Zufallpfads i zusammengesetzt aus den lokalen Kosten J_{Dt} für jeden Zeitschritt und den finalen Kosten J_F. Der Gewichtungsfaktor $d = 10^{-6}$ gibt den Einfluss von J_{Dt} auf die Gesamtkosten J_T^* im Vergleich zu J_F an. Durch die gewählte Gewichtung ergibt sich ein Anwendungsfall ohne die Dominanz des Entscheidungsproblems entweder ausschließlich durch die lokalen oder die finalen Kosten. Um eine aussagekräftige Bewertung des optimalen Reglers anhand der Online-Performance vornehmen zu können, werden der Mittelwert $J_{T\mu}^*$ und die Standardabweichung $J_{T\sigma}^*$ über alle I Pfade betrachtet. Die Online-Performance kann

```
1   for  i = 1 : I
2       Initialisiere  x₁
3       J*_{Ti} = 0
4       Erzeuge zufälliges Rauschen  ν_{p i1...iT−1}
5       for  t = 1 : T − 1
6           1. Bestimme optimalen Prozessparameter  u_{t opt}
7           2. Addiere lokale Kosten  J*_{Ti} = J*_{Ti} + J_{Dt}(x_t, u_{t opt}, x̃ᵘ_t, d)
8           3. Führe x_{t+1} = fᵘ_t(x_t, u_{t opt}) + ν_{p it} aus
9       end for
10      Addiere finale Kosten  J*_{Ti} = J*_{Ti} + J_F(x_T)
11  end for
```

Algorithmus 6.1: Validierung eines optimalen Reglers

zum Vergleich der drei Varianten von optimalen Reglern herangezogen
werden.

Die Bestimmung des optimalen Prozessparameters $u_{t\,opt}$ erfolgt anhand
des aktuellen Zustands x_t durch das Regelgesetz des optimalen Reglers,
dessen Erstellung für jeden Ansatz in Abschnitt 4.5.1 erläutert wurde, und
das wie folgt gegeben ist:

1. CDDP
   Lookup-Tabelle mit einem k-NN-Schätzer zur Interpolation zwischen
   den diskreten Tabelleneinträgen

2. BADP
   stochastische Bellman-Gleichung mit den Folgekosten aus dem Modell
   der Kostenfunktion bezüglich des pre-decision Zustands in Form eines
   stapelweise lernenden ANN

3. FADP
   deterministische Bellman-Gleichung mit den Folgekosten aus dem
   Modell des Erwartungswertes der Kostenfunktion bezüglich des post-
   decision Zustands in Form eines inkrementell lernenden ANN.

Beim CDDP-Ansatz kann der optimale Wert $u_{t\,opt}$ aus der Lookup-Tabelle
entnommen oder, wenn nicht vorhanden, mit dem k-NN-Schätzer aus an-
grenzenden Tabelleneinträgen ermittelt werden. Für die ADP-Ansätze muss
jeweils die Bellman-Gleichung gelöst werden, im Falle des BADP-Ansatzes

muss der Erwartungswert der Folgekosten in Form eines numerischen Integrals berücksichtigt werden.

Nach dem Hinzufügen der berechneten lokalen Kosten zu den tatsächlich angewandten Kosten J^*_{Ti} findet der Zustandsübergang statt. Der deterministische Anteil der Zustandsübergangsfunktion $\mathbf{f}^u_t$ ist in Form eines stapelweise lernenden ANN (BADP, FADP) oder einer Lookup-Tabelle in Kombination mit einem k-NN-Schätzer (CDDP) gegeben. Der stochastische Folgezustand $\mathbf{x}_{t+1}$ ergibt sich durch Addition der Störgröße $\boldsymbol{\nu}_{p_{it}}$ zum vorhergesagten deterministischen Folgezustand $\tilde{\mathbf{x}}^u_t$. Am Prozessende werden die berechneten finalen Kosten den tatsächlich angewandten Kosten J^*_{Ti} hinzugefügt. Anschließend wird mit dem nächsten Zufallspfad $i+1$ fortgefahren.

Zur Erzeugung der stapelweise lernenden ANNs des Zustandsübergangsmodells (vor der Validierung) wird eine variable Anzahl an Knoten in der versteckten Schicht für jeden Zeitschritt und jede Zustandsdimension angenommen. Die Anzahl der Knoten in der versteckten Schicht wird durch Training mit dem Levenberg-Marquardt-Algorithmus (1000 Iterationen) und Auswertung des *MSE* als Fehlerfunktion für verschiedene Konfigurationen zwischen 5 und 15 Knoten bestimmt.

Zur Evaluierung der Varianten von optimalen Reglern wird der grundlegende Prozess des Tiefziehens mit $T - 1 = 5$ Entscheidungszeitpunkten und $I = 100$ Zufallspfaden verwendet.

6.2.2 BADP

Bei diesem Ansatz werden für die Approximation der Kostenfunktion stapelweise lernende ANNs mit einer variablen Knotenanzahl in der versteckten Schicht genutzt.

Die Bewertung des Trainingsvorgangs erfolgt in Form der Offline-Performance durch Auswertung der Fehlerfunktion *MSE* oder *MSEREG* (mit Regularisierung). Die optimale Anzahl der Knoten R_1 wird dann durch Vergleich der Offline-Performance auf verschiedenen ANNs mit 5 bis 15 Knoten in der versteckten Schicht ermittelt. Zwei verschiedene Trainingsmethoden werden anhand ihrer Offline- und Online-Performance untersucht. Die erste Methode STANDARD nutzt den Levenberg-Marquardt-Algorithmus (1000

| | Offline-Performance | |
Zeitschritt	STANDARD	ROBUST
t = 2	$2.4 \cdot 10^{-6}(8)$	$2.4 \cdot 10^{-3}(14)$
t = 3	$1.0 \cdot 10^{-7}(5)$	$1.7 \cdot 10^{-3}(15)$
t = 4	$3.2 \cdot 10^{-4}(13)$	$1.5 \cdot 10^{-2}(15)$
t = 5	$2.9 \cdot 10^{-3}(15)$	$4.5 \cdot 10^{-2}(15)$
t = 6	$1.1 \cdot 10^{-7}(5)$	$2.4 \cdot 10^{-2}(15)$

Tabelle 6.13: BADP: Trainingsmethoden mit Offline-Performance und optimal gefundener Anzahl an versteckten Neuronen in Klammern für verschiedene Zeitschritte

Iterationen) in Kombination mit dem *MSE* als Fehlerfunktion. Zur Vermeidung der Überanpassung des ANN werden 80 % der Daten zum Training und 20 % zur Validierung verwendet. Bei der zweiten Methode ROBUST kommt der RProp-Algorithmus (1000 Iterationen) mit dem *MSEREG* als Fehlerfunktion zur Anwendung. Der Regularisierungsparameter $\gamma = 0.5$ erzwingt eine Glättung der Approximation.

Bei Betrachtung der Offline-Performance für verschiedene Zeitschritte in Tabelle 6.13 ist erkennbar, dass der *MSEREG* aufgrund des zusätzlichen Bestrafungsterms zum Erzwingen kleiner Gewichte immer deutlich größer als der *MSE* ist. Diese Größe soll daher nicht für einen quantitativen Vergleich der beiden Trainingsmethoden betrachtet werden, sondern nur zur Bestimmung der optimalen Anzahl an versteckten Knoten dienen. Diese sind ebenfalls in Tabelle 6.13 enthalten. Durch die Regularisierung ergeben sich glatte Approximationen mit einem größeren R_1.

Ein Vergleich der Online-Performance ist in Tabelle 6.14 dargestellt. Es zeigt sich, dass der Mittelwert $J^*_{T_\mu}$ in etwa gleich für beide Trainingsmethoden ist, während die Standardabweichung $J^*_{T_\sigma}$ bei Verwendung der Regularisierung wesentlich kleiner ist. Daher ist die Trainingsmethode ROBUST der Methode STANDARD zur Approximation der Kostenfunktion vorzuziehen.

Fehlermaß	Online-Performance	
	STANDARD	ROBUST
$J^*_{T\,\mu}$	102.68	102.29
$J^*_{T\,\sigma}$	9.30	6.94

Tabelle 6.14: BADP: Vergleich Trainingsmethoden bezüglich Online-Performance

6.2.3 FADP

Bei diesem Ansatz werden für die Approximation der Kostenfunktion inkrementell lernende ANNs mit je 15 Knoten in der versteckten Schicht genutzt. Das Training wird dabei für jedes ANN über $I = 500$ Iterationen mit stochastischem Gradientenabstieg mit Momentumterm durchlaufen. Die Offline-Performance zur Bewertung des inkrementellen Trainingsvorgangs ist definiert als das Konvergenzkriterium

$$e_i = \|\mathbf{w}^i(\tilde{J}^u_t) - \mathbf{w}^{i-1}(\tilde{J}^u_t)\| \tag{6.14}$$

bezüglich der Gewichts- und Biaswerte $\mathbf{w}^i$ des ANN $\tilde{J}^u_t$ der aktuellen Iteration i bzw. der vorigen Iteration $i - 1$. Die Offline-Performance ist für die ausgewählten ANNs der Kostenfunktion $\tilde{J}^u_1$ in Abbildung 6.17 und $\tilde{J}^u_5$ in Abbildung 6.18 für die beste Parametrisierung der analysierten Einflussfaktoren dargestellt. Es zeigt sich, dass die Offline-Performance mit zunehmender Anzahl an Iterationen abnimmt und für $i \to 500$ begrenzt ist.

Im Folgenden werden verschiedene Einflussfaktoren der Regularisierung, der Lern- und Explorationsstrategie sowie der Aktivierungsfunktion anhand der Online-Performance untersucht und daraus die beste Parametrisierung bestimmt. Diese ist gekennzeichnet durch kleine zufällige Anfangsgewichte der ANNs mit sigmoider Aktivierungsfunktion vom Typ Tangens Hyperbolicus in Kombination mit reiner Exploration und zeitabhängiger harmonisch gedämpfter Lernrate.

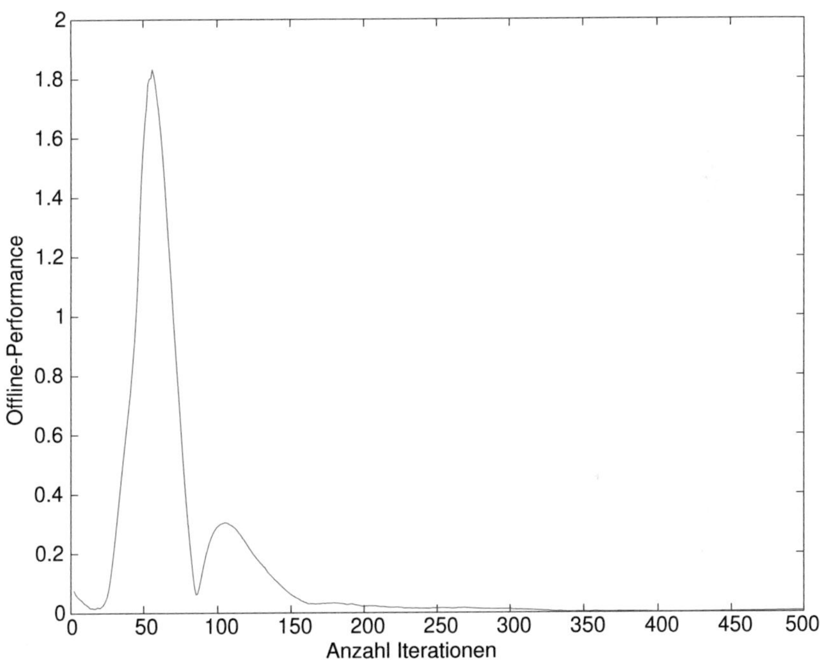

Abbildung 6.17: FADP: Offline-Performance für $\tilde{J}_1^u$

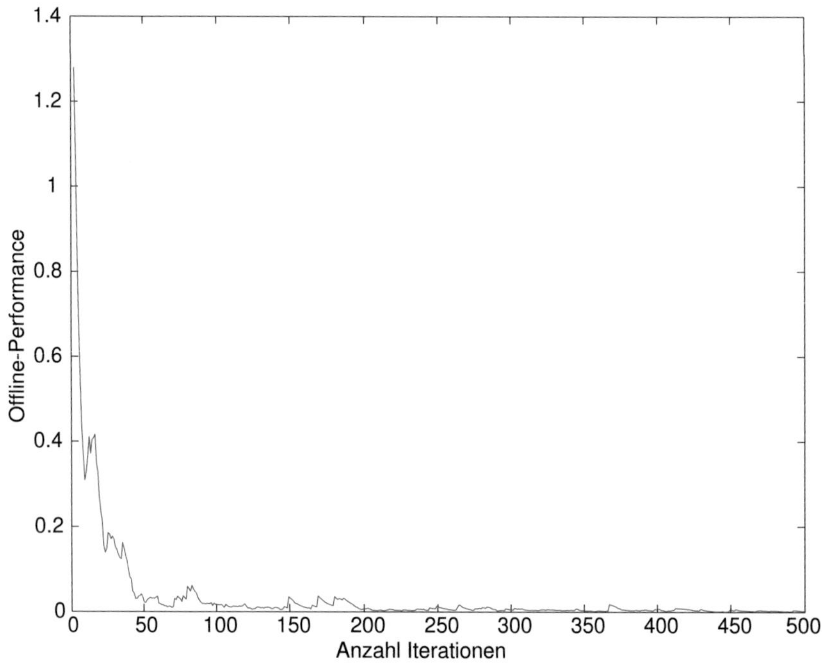

Abbildung 6.18: FADP: Offline-Performance für $\tilde{J}_5^u$

		200	2	-200
	Anfangswert Zufallszahlengenerator	200	2	-200
MSE	$J^*_{T\,\mu}$	105.62	103.94	103.30
	$J^*_{T\,\sigma}$	11.62	11.55	8.35
MSEREG	$J^*_{T\,\mu}$	102.47	102.90	102.69
	$J^*_{T\,\sigma}$	8.77	8.15	7.29

Tabelle 6.15: FADP: Einfluss Regularisierung auf Online-Performance

Regularisierung Der Einfluss der Regularisierung zeigt sich bei der Initialisierung der ANNs mit zufällig variierenden Anfangsbedingungen, welche durch den Startwert eines Zufallszahlengenerators gezielt beeinflusst werden können. Tabelle 6.15 zeigt, dass das Training mit der Fehlerfunktion *MSE* sensitiv bezüglich verschiedener Anfangswerte ist. Durch Training mit der modifizierten Fehlerfunktion *MSEREG* mit Regularisierung erhöht sich die Robustheit bezüglich verschiedener Anfangswerte, erkennbar an kleineren Schwankungen in $J^*_{T\,\mu}$ und $J^*_{T\,\sigma}$ der Online-Performance.

Lernstrategie Die Bedeutung der Lernrate, die mit der Anzahl der Iterationen i abnimmt, um konvergentes Verhalten zu erreichen, wird anhand polynomialer Dämpfung $\alpha_i = \frac{1}{i^r}$ und harmonischer Dämpfung $\alpha_i = \frac{a}{a+i}$ untersucht. Die erzielten Ergebnisse sind in Tabelle 6.16 zusammengefasst. Eine harmonische Dämpfung mit $a = 5$ führt zu einer langsamen Abnahme der Lernrate α_i und resultiert in hohen Werten für $J^*_{T\,\mu}$ und $J^*_{T\,\sigma}$. Durch eine stärkere harmonische Dämpfung mit $a = 1.5$ ergibt sich eine Verbesserung in der Online-Performance $J^*_{T\,\mu}$. Eine polynomiale Dämpfung mit $r = 1.1$ hat ein ähnlich abnehmendes Verhalten wie eine harmonische Dämpfung mit $a = 1.5$, führt aber zu schlechteren Ergebnissen. Die besten Werte für $J^*_{T\,\mu}$ und $J^*_{T\,\sigma}$ werden mit einer zeitabhängigen harmonischen Dämpfung mit $a = 6.2 - t$ erzielt. Dadurch ergibt sich eine schwache Dämpfung für kleine Zeitschritte t mit kleiner Unsicherheit in den Zufallspfaden und eine stärkere Dämpfung für große Zeitschritte t mit höherer Unsicherheit in den Zufallspfaden. Die Zeitabhängigkeit sorgt somit für eine gleichmäßig wirksame Dämpfung bezüglich der Unsicherheit.

Lernstrategie	polynomial $r = 1.1$	harmonisch $a = 1.5$	harmonisch $a = 5$	harmonisch $a = 6.2$ - t
$J^*_{T\mu}$	120.75	118.25	120.71	102.47
$J^*_{T\sigma}$	13.19	11.35	10.90	8.77

Tabelle 6.16: FADP: Einfluss Lernstrategie auf Online-Performance

Initialisierung	kleine zufällige Gewichte	zufällige Gewichte
$J^*_{T\mu}$	102.47	110.84
$J^*_{T\sigma}$	8.77	11.53

Tabelle 6.17: FADP: Einfluss Initialisierung Kostenfunktion (Explorationsstrategie) auf Online-Performance

Explorationsstrategie   Die Explorationsstrategie umfasst die Initialisierung der Kostenfunktion und die zufällig ausgewählten Entscheidungen beim Zustandsübergang durch den ϵ-greedy-Algorithmus, der in Abschnitt 4.5.4 erläutert wurde. Der Einfluss kleiner zufälliger Gewichte (gleichverteilt zwischen -0.1 und 0.1) im Vergleich zu zufälligen Gewichten (gleichverteilt zwischen -1 und 1) ist in Tabelle 6.17 dargestellt. Kleine zufällige Gewichte übertreffen die größeren zufälligen Gewichte bezüglich der Online-Performance in Form einer optimistischen Initialisierung.

Die Auswirkung der zufälligen Entscheidungen mit Anteil ϵ zeigt sich in Tabelle 6.18. Reine Exploration ($\epsilon = 1$) führt zu ähnlichen Ergebnissen wie für $\epsilon = 0.5$, wohingegen eine geringfügig schlechtere Online-Performance mit reiner Exploitation ($\epsilon = 0$) erhalten wird. Insgesamt lässt sich nur ein schwacher Einfluss von ϵ auf die Online-Performance erkennen. Durch reine Exploration kann einerseits sichergestellt werden, dass mit zunehmender Anzahl an Iterationen jeder Zustand ungefähr gleich oft aufgesucht wird. Andererseits ist die Exploration eventuell gar nicht notwendig, da der Fokus bereits auf dem relevanten Zustandsraum liegt.

Aktivierungsfunktion   Der Einfluss verschiedener Aktivierungsfunktionen der ANNs wird in Tabelle 6.19 präsentiert. Sigmoidfunktionen vom Typ Tangens Hyperbolicus (tansig) übertreffen radiale Basisfunktionen (radbas) für die ausgewählten ANN-Architekturen. Während das globale Verhalten

ϵ	1.0	0.5	0.0
$J^*_{T\,\mu}$	102.47	102.70	103.39
$J^*_{T\,\sigma}$	8.77	8.17	9.84

Tabelle 6.18: FADP: Einfluss zufälliger Entscheidungen in Zustandsübergang (Explorationsstrategie) auf Online-Performance

Aktivierungsfunktion	tansig	radbas
$J^*_{T\,\mu}$	102.47	103.84
$J^*_{T\,\sigma}$	8.77	9.79

Tabelle 6.19: FADP: Einfluss Aktivierungsfunktion auf Online-Performance

bei ersteren überwiegt, sind letztere durch ihr lokales Verhalten charakterisiert. Die Lokalität scheint in diesem Zusammenhang aber keinen Vorteil zu erbringen.

6.2.4 Vergleich der optimalen Regler

Die drei vorgestellten Ansätze zur optimalen Regelung für kontinuierliche Zustandsräume werden wie folgt anhand ihrer Genauigkeit im Zusammenhang mit ihrer Komplexität verglichen. Der grundlegende Prozess mit zeitlich veränderlichen Prozessparametern ermöglicht dabei die Gegenüberstellung der verschiedenen Methoden durch die Betrachtung ausgewählter charakteristischer Zustandsdimensionen.

Die Genauigkeit in Form der Online-Performance ist für die drei optimalen Regler in Tabelle 6.20 dargestellt. Es lässt sich erkennen, dass der CDDP-Ansatz die beiden ADP-Ansätze mit den in dieser Arbeit ausgewählten Konfigurationen für den betrachteten Anwendungsfall bezüglich $J^*_{T\,\mu}$ und $J^*_{T\,\sigma}$ übertrifft. Im Allgemeinen versprechen ANNs eine höhere Genauigkeit bei der Beschreibung nichtlinearer Beziehungen als Lookup-Tabellen in Kombination mit einem k-NN-Schätzer. Allerdings spielt die Konfiguration der ANNs bezüglich der Anzahl der versteckten Knoten eine entscheidende Rolle und eine beliebige Genauigkeit kann theoretisch nur mit unendlich vielen Knoten erreicht werden. Ein ANN mit vielen versteckten Knoten

Ansatz	CDDP	BADP	FADP
$J^*_{T\,\mu}$	99.02	102.29	102.69
$J^*_{T\,\sigma}$	4.73	6.94	7.29

Tabelle 6.20: Vergleich der optimalen Regler bezüglich Online-Performance

Ansatz	CDDP	BADP	FADP
Genauigkeit	●●●	●●	●●
Komplexität	●●●	●●	●

Tabelle 6.21: Allgemeiner Vergleich der Regelungsansätze

neigt aber wiederum zu Überanpassung und geringer Robustheit, so dass ein sinnvoller Kompromiss zwischen Genauigkeit und Robustheit gewählt werden muss.

Zudem muss die Genauigkeit im Zusammenhang mit der Komplexität betrachtet werden. Dazu wird ein qualitativer Vergleich unter Berücksichtigung der Genauigkeit sowie der Komplexität in Tabelle 6.21 aufgezeigt. Die Komplexität umfasst dabei den benötigten Rechenaufwand (vor und zur Prozesslaufzeit) und den verursachten Speicherplatzbedarf.

Der CDDP-Ansatz führt zwar zur höchsten Genauigkeit, bringt jedoch auch die höchste Komplexität mit sich. Die hohe Komplexität ergibt sich durch vollständige Suche in Zustands- und Aktionsräumen sowie durch Speicherung der Zustandsübergänge, der Kosten und des Regelgesetzes in Lookup-Tabellen für alle Zeitschritte. Durch die Modellierung der Kostenfunktion bezüglich des pre-decision Zustands muss bei der Lösung der stochastischen Bellman-Gleichung der Erwartungswert der Folgekosten als Summe über alle möglichen Folgezustände der deterministischen Folgekosten und den entsprechenden bedingten Wahrscheinlichkeiten berechnet werden. Zur Laufzeit kommt für nicht vorhandene Einträge der Lookup-Tabellen ein k-NN-Schätzer zur expliziten Interpolation zwischen diskreten Tabelleneinträgen zum Einsatz. Dabei müssen für jede Vorhersage die k nächsten Nachbarn bestimmt werden.

Der BADP-Ansatz erzeugt ähnliche Ergebnisse bezüglich der Genauigkeit wie der FADP-Ansatz, führt aber zu einer vergleichsweise höheren Komplexität. Diese resultiert aus der vollständigen Suche in Zustands- und Aktionsräumen im Vergleich zum iterativen Vorgehen des FADP-Ansatzes. Die Ergebnisse der vollständigen Suche werden in temporären Lookup-Tabellen für einen Zeitschritt gespeichert, bevor die Inhalte als Trainingsdaten für die stapelweise lernenden ANNs der Kosten- und Zustandsübergangsfunktion verwendet werden. Ein zusätzlicher Aufwand entsteht für das Training, das vor der Prozessausführung durchgeführt wird und eine implizite Interpolation mit einem echtzeitfähigen Prädiktionsmodell zur Laufzeit zur Verfügung stellt. Durch die Modellierung der Kostenfunktion bezüglich des pre-decision Zustands muss der Erwartungswert der Folgekosten in der stochastischen Bellman-Gleichung als numerisches Integral der Approximation durch das ANN und den bedingten Wahrscheinlichkeiten berechnet werden. Im Vergleich zum CDDP-Ansatz hat der BADP-Ansatz eine geringere Komplexität durch die kompakte Speicherung der Zustandsübergangs- und Kostenfunktion mittels Approximationen.

Der FADP-Ansatz führt durch Mittelung über verschiedene Zufallspfade zur geringsten Komplexität und erzielt vergleichbare Ergebnisse wie der BADP-Ansatz. Die geringe Komplexität ergibt sich durch Modellierung des Erwartungswertes der Kostenfunktion bezüglich des post-decision Zustands mit impliziter Interpolation durch inkrementell lernende ANNs. Durch die Beschreibung der Kostenfunktion bezüglich des post-decision Zustands kann die stochastische Bellman-Gleichung so umformuliert werden, dass ein äußerer Erwartungswert über ein inneres deterministisches Optimierungsproblem zu berechnen ist. Der äußere Erwartungswert der Kostenfunktion wird durch Vorwärtsschreiten in der Zeit über mehrere Iterationen und Mittelung über den dabei generierten Zufallspfaden approximiert. Daraus folgt die geringe Komplexität des Ansatzes durch das iterative Vorgehen im Vergleich zur vollständigen Suche. Allerdings muss die Generierung der Zufallspfade mit Konzentration auf den relevanten Zustandsraum erfolgen, da sonst beliebig viele Pfade benötigt werden, um eine geforderte Genauigkeit zu erreichen. Eine Speicherung von Lookup-Tabellen ist beim inkrementellen Lernen nicht nötig, da neue Informationen unmittelbar in die Approximation einfließen. Das Training wird vor der Prozessausführung durchgeführt und stellt eine implizite Interpolation in Form eines echtzeitfähigen Prädiktionsmodells zur Laufzeit bereit. Die Zustandsübergänge werden analog zum BADP-Ansatz mit stapelweise lernenden ANNs dargestellt.

Abschließend lässt sich zusammenfassen, dass die geeignete Methode bezüglich der Anforderungen an die Genauigkeit und die Robustheit in Kombination mit der Komplexität des betrachteten Optimierungsproblems und der daraus resultierenden Komplexität der Methode (vor und zur Prozesslaufzeit) ausgewählt werden sollte. Lässt die Komplexität des Optimierungsproblems die Lösung durch vollständige Suche zu, wird der BADP-Ansatz aufgrund der kompakten und kontinuierlichen Darstellung der Kosten und Zustandsübergänge empfohlen. Ist die kombinatorische Komplexität des Optimierungsproblems nicht beherrschbar oder werden die Informationen bezüglich der Kosten erst zur Prozesslaufzeit verfügbar, ist der FADP-Ansatz mit iterativem Vorgehen zur Approximation der Kostenfunktion zu verwenden.

6.3 Zusammenfassung der Evaluierung

Die Ergebnisse der Validierung der Beobachtermodelle und der optimalen Regler bestätigen die Durchführbarkeit der generischen Prozessmodellierung zur Ausprägung auf verschiedene Prozesse. Somit kann eine optimale Führung mit Anpassung der Prozessparameter zur Laufzeit von beliebigen Fertigungsprozessen realisiert werden. Dabei wird das Prozessrauschen durch die optimale Prozessführung kompensiert, so dass ein optimales Ergebnis mit geringstem Gesamtaufwand erreicht wird.

Die Ausprägung des generischen Ansatzes zur Zustandsverfolgung wurde für verschiedene Prozesse anhand deren Komplexität und des Verwendungszwecks durchgeführt. Während zwei Beobachtermodelle für die reine Vorhersage von Zielgrößen realisiert wurden, ermöglicht ein drittes Beobachtermodell zusätzlich die Bestimmung einer wirklich niedrigdimensionalen Repräsentation der Zustandsmerkmale, die als Basis für eine Regelung verwendet werden kann oder zur Ableitung der Bauteileigenschaften dient. Die Robustheit der modellierten funktionalen Abhängigkeiten wurde bezüglich des Einbringens von Messrauschen sichergestellt.

Ein Vergleich von drei realisierten optimalen Reglern hat ergeben, dass die kompakte und kontinuierliche Repräsentation mit Approximationen der Kosten- und Zustandsübergangsfunktion gut zur Darstellung von

Regelungsproblemen unter Berücksichtigung von Unsicherheiten in kontinuierlichen Zustandsräumen geeignet ist. Der klassische diskrete Ansatz sollte hingegen nur bei einfachen deterministischen oder diskreten Problemen verwendet werden, um den Aufwand der Interpolation zur Laufzeit durch den k-NN-Schätzer möglichst gering zu halten. Zur Erzeugung der Approximationen der kontinuierlichen Ansätze mit ANNs kann abhängig von der Komplexität des Optimierungsproblems und der Verfügbarkeit der Daten ein zeitlich vorwärtsgerichtetes, iteratives Vorgehen mit inkrementellem Lernen oder ein zeitlich rückwärtsgerichtetes Verfahren mit vollständiger Suche und stapelweisem Lernen genutzt werden. Die in dieser Arbeit vorgestellten optimalen Regler wurden mittels einer MATLAB-Implementierung umgesetzt und validiert. Es bleibt zu untersuchen, ob die Regelung auf einer realen Produktionsmaschine mit effizienter Hardware-Implementierung der gefundenen Modelle zur optimalen Prozessführung mittels merkmalsbasierter Zustandsverfolgung eingesetzt werden kann.

7 Schlussfolgerungen und Ausblick

In dieser Arbeit wurde eine Methodik entwickelt, mit welcher echtzeitfähige online-Regelungen für Fertigungsprozesse in Prozessketten erstellt werden können. Die Regelung führt den jeweiligen Prozess so, dass unter den stochastischen Einflüssen, denen der reale Prozess unterliegt, das Optimum zwischen dem mit der Prozessführung verbundenen Aufwand und der Qualität des Ergebnisses erzielt wird. Der Produktionsaufwand und die geforderte Bauteilqualität werden durch eine Kostenfunktion bewertet und formuliert. Die damit verbundene Optimierungsaufgabe wurde als Markovscher Entscheidungsprozess identifiziert, der mit der stochastischen Bellman-Gleichung beschrieben wurde. Als Lösungsmethode wurde die Dynamische Programmierung verwendet, von der ausgehend unterschiedliche Ansätze der Approximativen Dynamischen Programmierung entwickelt und untersucht wurden.

Neben den stochastischen Einflüssen, die durch eine Wahrscheinlichkeits-dichtefunktion für das Zustandsrauschen implizit repräsentiert sind, wird der Prozess in der Bellman-Gleichung durch eine Zustandsübergangsfunktion dargestellt, in welcher für jeden Zeitschritt die Abhängigkeit der Endzustände von den Anfangszuständen und den gewählten Prozesspa-rametern ausgedrückt ist. Der spezifische Prozess geht lediglich über die Zustandsübergangsfunktion und die Dichtefunktion des stochastischen An-teils in die Optimierung ein. Dies setzt voraus, dass in jedem Zeitschritt der vorliegende Zustand zur Bestimmung der neuen Prozessparameterwerte bekannt sein muss. Während der Prozessdurchführung sind die Zustands-variablen meist jedoch nicht direkt zugänglich, sondern nur einige davon abhängige Messgrößen, aus denen der Zustand ermittelt werden muss. Diese Aufgabe wird als Zustandsverfolgung bezeichnet und dazu wurde ebenfalls eine allgemeine Methodik entwickelt, um eine Darstellung der Abbildung von beobachtbaren Größen auf Zustände zu erzielen.

Somit wurden alle Voraussetzungen geschaffen, um eine im Kontext einer Prozesskette optimal wirkende Regelung zu realisieren, die auf beliebige Prozesse ausgeprägt werden kann. Die Ausprägung erfolgt durch Bildung von Prozessmodellen, die aufgrund von Daten (aus Experimenten oder Simulationen) durch Regression erstellt werden und ohne Schwierigkeit in Prozess-Echtzeit ausgewertet werden können. Die daraus entstandene Methodik wird als generisches Prozessmodell bezeichnet.

Das generische Prozessmodell beinhaltet:

- Formulierung der Aufgabe der optimalen Regelung mit der Bellman-Gleichung

- Bestimmung der optimalen Prozessparameter durch Lösung der Bellman-Gleichung mittels Approximativer Dynamischer Programmierung

- Modellierung der prozessspezifischen Zustandsübergänge und der prozessspezifischen Beobachtermodelle (Observablen-Zustands-Beziehungen) durch Regressionsverfahren aufgrund von Prozessdaten sowie Modellierung der stochastischen Prozesseinflüsse durch eine Wahrscheinlichkeitsdichtefunktion.

Damit wurde erstmals ein vollständiges generisches Prozessmodell entwickelt, das eine Regelung von Prozessen in einer Prozesskette derart bewirkt, dass in jedem Zeitschritt ein für die gesamte Prozesskette optimaler Beitrag geleistet wird, und das auf beliebige Prozesse anhand von Prozessdaten ausgeprägt werden kann.

Die Ausprägung und Nutzung des generischen Prozessmodells und seiner Komponenten wurde anhand von Stichprobendaten von Tiefziehprozessen und eines Widerstandspunktschweißprozesses vorgenommen und daran die Umsetzbarkeit, das Vorgehen und die Tauglichkeit der entwickelten Methodik aufgezeigt.

Der generische Ansatz kann durch Verknüpfung mehrerer Prozesse anhand eines allgemeingültigen Zustands auf Prozessketten erweitert werden. Die entwickelte Methodik zur optimalen Führung eines Einzelprozesses kann dann auch zur Lösung des mehrstufigen Optimierungsproblems der Prozesskette herangezogen werden.

Im Rahmen dieser Arbeit wurden drei verschiedene Beobachtermodelle zur Vorhersage der Zustandsvariablen aus observablen Größen unter Verwendung von Methoden des statistischen Lernens der Regression und Dimensionsreduktion realisiert. Diese Verfahren ermöglichen eine Verlagerung des Rechenaufwands in eine Trainingsphase vor der Prozessausführung, so dass die resultierenden Modelle für eine echtzeitfähige Prädiktion zur Prozesslaufzeit genutzt werden können. Die Dimensionsreduktion dient dabei zur Verringerung der Komplexität der Regressionsbeziehungen und zur Gewinnung einer kompakten Darstellung der Zustandsmerkmale. Die extrahierten Zustandsmerkmale können dann als Basis für eine optimale Prozessführung im Merkmalsraum unter Abmilderung des Fluchs der Dimensionalität oder zur Ableitung der Bauteileigenschaften verwendet werden.

Die Auswahl der Methoden für die Erstellung der Beobachtermodelle sollte abhängig von der Komplexität des untersuchten Prozesses und dessen Ausmaß der Nichtlinearitäten sowie dem Verwendungszweck vorgenommen werden. Die erste Realisierung beinhaltet eine nichtlineare Regression von Zustandsgrößen auf Observablen mit separater linearer Dimensionsreduktion in Regressionseingabe und -ausgabe. Bei der zweiten Realisierung wurde eine lineare Regression von einer Bauteileigenschaft auf Observablen mit integrierter linearer Dimensionsreduktion durchgeführt. Eine nichtlineare Regression von Zustandsgrößen auf Observablen mit integrierter nichtlinearer Dimensionsreduktion wurde in der dritten Realisierung umgesetzt. Während der Fokus bei den ersten beiden Ansätzen auf der reinen Prädiktion von Zielgrößen liegt, ermöglicht der dritte Ansatz, bei welchem die Vorzüge der vorangehenden Ansätze kombiniert wurden, zusätzlich die Bereitstellung einer wirklich niedrigdimensionalen Repräsentation von Zustandsmerkmalen. Letzterer ist daher im Kontext einer Regelung oder für die Ableitung der Bauteileigenschaften zu bevorzugen.

Für alle drei Beobachtermodelle wurden gute Ergebnisse bezüglich der Genauigkeit erzielt. Zusätzlich wurde die Robustheit der funktionalen Abhängigkeiten untersucht. Dabei wurde die Robustheit der Ergebnisse im Hinblick auf das Einbringen von Messrauschen in die Eingangsdaten sowie die Eindeutigkeit der Abbildung betrachtet. Zudem konnte die Sensitivität bezüglich zufällig variierender Anfangsbedingungen durch Anpassung der Historien als zeitliche Verläufe von Observablen und durch Regularisierung der nichtlinearen Funktionsapproximation reduziert werden. Bei allen drei Ansätzen wurde eine Dimensionsreduktion durchgeführt, um das Rauschen aus den Daten zu entfernen und um die Komplexität der zu approximierenden Prozessbeziehung zu reduzieren. Auf diese Weise konnte eine Überbestimmtheit der Approximation bezüglich ihrer Parameter sichergestellt werden.

Das vorgestellte Konzept eines optimalen Reglers beinhaltet die Repräsentation der Zustandsübergänge und Kosten, die mit Methoden der Funktionsapproximation modelliert werden, sowie die darauf basierende Lösung der stochastischen Bellman-Gleichung. Die Regelung erfolgt in dieser Arbeit anhand von durch Expertenwissen ausgewählten Zustandsdimensionen und selektierten Zeitschritten. Dabei wurden drei verschiedene Ansätze zur optimalen Prozessführung unter Verwendung von Methoden unterschiedlicher Komplexität umgesetzt. Die erste Realisierung umfasst eine klassische Rückwärtsoptimierung im diskreten Zustandsraum mit expliziter Interpolation. Eine kontinuierliche Darstellung des Zustandsraumes wurde in der zweiten Realisierung mit approximativer Rückwärtsoptimierung und in der dritten Realisierung mit approximativer Vorwärtsoptimierung verwirklicht. Die ersten beiden Ansätze basieren dabei auf der Lösung durch vollständige Suche im Zustands- und Aktionsraum unter Berücksichtigung von Unsicherheiten in Kombination mit Rückwärtsschreiten in der Zeit. Daraus ergibt sich eine exponentielle Komplexität abhängig von den Dimensionen der Zustands-, Aktions- und Störgrößenräume. Der dritte Ansatz verringert den Aufwand der kombinatorischen Komplexität der vorangehenden Ansätze durch Vorwärtsschreiten in der Zeit unter Konzentration auf den relevanten Zustandsraum.

Die Umsetzung einer herkömmlichen Repräsentation von Zustandsübergängen und Kosten erfolgt im ersten Ansatz mit diskreten Lookup-Tabellen, die einen hohen Speicherplatzbedarf für hochdimensionale Größen verursachen und zudem eine explizite Interpolation zwischen diskreten Tabelleneinträgen zur Prozesslaufzeit erfordern. Im Gegensatz dazu stehen Methoden der Funktionsapproximation zur Erzielung einer kompakten und kontinuierlichen Repräsentation von Zustandsübergängen und Kosten, die zur Prozesslaufzeit ohne Schwierigkeit zur Prädiktion genutzt werden können.

Die Funktionsapproximation wird mit Rückwärtsschreiten in der Zeit im zweiten Ansatz und mit Vorwärtsschreiten im dritten Ansatz kombiniert.

Die Auswahl des optimalen Reglers sollte abhängig von der Komplexität des Problems und der daraus resultierenden Komplexität der Methoden (zeitlicher Aufwand vor und zur Prozesslaufzeit sowie benötigter Speicherplatz) im Vergleich zur Genauigkeit erfolgen. Im Rahmen dieser Arbeit wurde ein Vergleich der vorgestellten Ansätze an einem Problem mittlerer Komplexität durch Auswahl charakteristischer Zustandsdimensionen anhand von Expertenwissen zur Abmilderung des Fluchs der Dimensionalität ermöglicht. Das Ergebnis zeigt, dass der Ansatz mit der höchsten Komplexität die höchste Genauigkeit für den betrachteten Anwendungsfall und die gewählten Konfigurationen der Modelle (z. B. Anzahl der versteckten Knoten bei ANNs) erzielt. Bei der Betrachtung eines wirklich komplexen Problems jedoch kann die Komplexität der Methoden zum limitierenden Faktor bezüglich des Fluchs der Dimensionalität werden, da die kombinatorische Komplexität der vollständigen Suche exponentiell mit der Dimension des in dieser Arbeit betrachteten kontinuierlichen Zustandsraumes steigt. Somit muss gegebenenfalls eine geringere Genauigkeit mit einem weniger komplexen Ansatz in Kauf genommen werden.

Für die Beschreibung von Regelungsproblemen unter Berücksichtigung von stochastischen Einflüssen in kontinuierlichen Zustandsräumen wird daher eine kompakte und kontinuierliche Repräsentation mit Approximationen der Kosten- und Zustandsübergangsfunktion empfohlen. Abhängig von der Komplexität des Optimierungsproblems und der Verfügbarkeit der Daten kann ein zeitlich vorwärtsgerichtetes, iteratives Vorgehen mit beschränktem Suchraum oder ein zeitlich rückwärtsgerichtetes Verfahren mit vollständiger Suche zur Erzeugung der Approximationen genutzt werden. Weiterhin bleibt zu untersuchen, ob die vorgestellten Modelle der optimalen Prozessführung mittels merkmalsbasierter Zustandsverfolgung auf einer realen Produktionsmaschine verwendet werden können.

Eine Erweiterung der Regelung auf alle verfügbaren Zeitschritte anstelle der ausgewählten ist möglich, da der Aufwand nur linear mit der Anzahl an Zeitschritten steigt. Der Aufwand steigt hingegen exponentiell mit den Dimensionen der Zustands-, Aktions- und Störgrößenräume bei der vollständigen Suche. Dies unterstreicht noch einmal die Wichtigkeit der

Dimensionsreduktion bei der Regelung mit kontinuierlichen, hochdimensionalen Zustandsräumen. Eine Erweiterung auf Prozessketten ist ebenfalls möglich, da das Konzept des optimalen Reglers bereits zeitabhängige Beschreibungen von Kosten und Zustandsübergängen berücksichtigt.

Ein möglicher Anwendungsfall für das generische Prozessmodell zur Zustandsverfolgung und optimalen Prozessführung ergibt sich durch Materialmodelle zur Mikrostrukturcharakterisierung. Dabei kann ein Optimierungsproblem hoher Komplexität bei der Beschreibung des Materialverhaltens auf Kornebene für große Bauteilbereiche entstehen. Mit einem Regelungsansatz niedriger Komplexität kann dennoch eine optimale Prozessführung anhand von extrahierten Merkmalen realisiert werden, wenn ein entsprechender Stichprobenumfang mit dem Materialmodell generiert werden kann. Ein weiterer interessanter Anwendungsfall ist durch Prozesse mit räumlich variierenden Prozessparametern gegeben, z. B. zur Kompensation der Reibung als räumlich variierende Störgröße mit einem segmentelastischen Blechhalter beim Tiefziehen [11, 98].

Eine Untersuchung der optimalen Prozessführung anhand von Zustandsmerkmalen aus in dieser Arbeit entwickelten Principal Function Approximators wurde bisher noch nicht durchgeführt und sollte zur Vervollständigung des Konzepts angestrebt werden. Eine automatische Generierung der Architektur von Principal Function Approximators und herkömmlichen Neuronalen Netzen zusätzlich zu den vorgeschlagenen Regeln zur Auswahl der Struktur wäre wünschenswert. Dazu könnten konstruktive Methoden in Kombination mit parametrisierten Aktivierungsfunktionen (z. B. Hermite Polynome [57]) zum Einsatz kommen. Bei inkrementell lernenden Neuronalen Netzen könnte dadurch eine bessere Kontrolle über das Verhältnis von lokalem und globalem Verhalten bei der Funktionsapproximation erreicht werden.

Der Nachweis der Robustheit der funktionalen Abhängigkeiten des generischen Prozessmodells bezüglich der Ergebnisse ist ausreichend, wenn die Approximationen zur reinen Vorhersage wie im Rahmen dieser Arbeit verwendet werden. Wenn darüber hinaus die Struktur und Parameter der Approximation interpretierbar sein sollen, muss zudem eine Überprüfung der strukturellen Robustheit durchgeführt werden. Dies beinhaltet die Bewertung der Ähnlichkeit der Struktur der Approximation bezüglich verrauschter Eingangsdaten.

A Herleitung der erweiterten Delta-Regel (ANNs)

Da die einfache Delta-Regel zur Berechnung der Gewichtsänderung

$$\Delta w_{qr} = \alpha(t_r - out_r)x_q \tag{A.1}$$

nur für Neuronen mit linearer Aktivierungsfunktion gültig ist, wird im Folgenden die erweiterte Delta-Regel für Neuronen mit sigmoider, logistischer Aktivierungsfunktion σ_{ANN} nach [61] hergeleitet. In Gleichung A.1 steht α für die Lernrate, t_r für die vorgegebene Zielgröße am Knoten r, out_r für die tatsächliche Ausgabe am Knoten r und x_q für die Eingabe am Knoten q. Zur Verdeutlichung werden die beteiligten Größen an der Verbindung zwischen den Neuronen q und r in Abbildung A.1 dargestellt. Die Eingabe in_r entspricht dabei der gewichteten Summe aus den Eingangswerten x_q und den zugehörigen Gewichten w_{qr} für alle Q Knoten plus Biaswert w_{0r}. Die Ausgabe out_r ergibt sich durch Anwendung der Aktivierungsfunktion σ_{ANN} auf die Eingabe in_r.

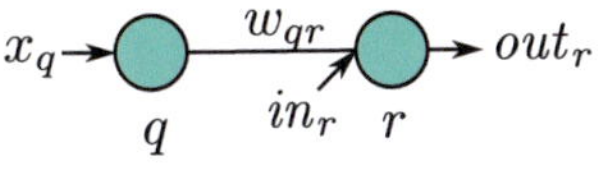

$$in_r = \sum_{q=1}^{Q} x_q w_{qr} + w_{0r}$$

$$out_r = \sigma_{ANN}(in_r)$$

Abbildung A.1: Verbindung zwischen Neuron q und Neuron r

Das Ziel ist es, den quadratischen Fehler über alle R Ausgabeknoten

$$E = \sum_{r=1}^{R} \frac{1}{2}(t_r - out_r)^2 \tag{A.2}$$

204

zu minimieren. Hierfür muss die notwendige Bedingung bezüglich des Gewichts w_{qr}

$$\frac{\partial E}{\partial w_{qr}} \overset{!}{=} 0 \tag{A.3}$$

erfüllt sein. Die partielle Ableitung

$$\frac{\partial E}{\partial w_{qr}} = \frac{\partial \frac{1}{2}(t_r - out_r)^2}{\partial w_{qr}} \tag{A.4}$$

ergibt sich durch Anwendung der Kettenregel zu:

$$\frac{\partial E}{\partial w_{qr}} = \frac{\partial \frac{1}{2}(t_r - out_r)^2}{\partial out_r} \frac{\partial out_r}{\partial w_{qr}} = -(t_r - out_r)\frac{\partial out_r}{\partial w_{qr}}. \tag{A.5}$$

Eine erneute Anwendung der Kettenregel ergibt

$$\frac{\partial E}{\partial w_{qr}} = -(t_r - out_r)\frac{\partial out_r}{\partial in_r} \frac{\partial in_r}{\partial w_{qr}}, \tag{A.6}$$

wobei

$$\frac{\partial out_r}{\partial in_r} = \sigma_{ANN}{}'(in_r) \tag{A.7}$$

und

$$\frac{\partial in_r}{\partial w_{qr}} = x_q, \tag{A.8}$$

da in Gleichung A.8 nach w_{qr} abgeleitet wird und die anderen Summanden im Zähler wegfallen. Die erweiterte Delta-Regel zur Berechnung der Gewichtsänderung

$$\Delta w_{qr} = \alpha(t_r - out_r)\sigma_{ANN}{}'(in_r)x_q \tag{A.9}$$

ergibt sich somit aus dem negativen Gradienten $-\frac{\partial E}{\partial w_{qr}}$ (steilster Abstieg).

B PLS-Algorithmus

Der PLS-Algorithmus zur Bestimmung des PLS-Modells nach [43] ist in Algorithmus B.1 in MATLAB-Syntax dargestellt.

Die Anzahl der PLS-Komponenten muss durch den Anwender vorgegeben werden (hier $N_{PLS} = 3$), ebenso wie die Anzahl der maximalen Iterationen I und die Konvergenzbedingung v_{cv}. Zur Initialisierung gehört zudem die Mittenzentrierung der Eingangs- und Ausgangsdaten $\mathbf{X}$ bzw. $\mathbf{Y}$, die Vorgabe von Startwerten für $\mathbf{t}_j$ und $\mathbf{u}_j$ sowie die Berechnung der Gesamtvarianz in $\mathbf{X}$ und $\mathbf{Y}$.

Die schrittweise Berechnung der PLS-Komponenten (äußere *for*-Schleife) erfolgt iterativ (innere *for*-Schleife). Für jede PLS-Komponente j werden nacheinander die äußeren Beziehungen des PLS-Modells durch Least Squares Regression bestimmt, zuerst die Komponenten aus Gleichung 4.34 (Schritte 1 - 3) und anschließend die Komponenten aus Gleichung 4.35 (Schritte 4 - 5). Zur Verknüpfung der beiden äußeren Beziehungen werden $\mathbf{t}_j$ und $\mathbf{u}_j$ ausgetauscht, d. h. $\mathbf{t}_j$ wird in Zeile 17 als $\mathbf{u}_j$ angenommen und $\mathbf{u}_j$ als $\mathbf{t}_j$ in Zeile 27. Die Größe $\mathbf{w}_j$ ist ein Vektor der Matrix $\mathbf{W}$, die dem gedrehten $\mathbf{P}$-Koordinatensystem der Eingangsdaten $\mathbf{X}$ bezüglich der Ausgangsdaten $\mathbf{Y}$ entspricht. Diese Drehung resultiert aus der Maximierung der Kovarianz von $\mathbf{T}$ und $\mathbf{U}$. Ist die Konvergenzbedingung (Zeile 33) erfüllt, ist die Bestimmung der aktuellen PLS-Komponente j abgeschlossen. In Schritt 6 werden die entsprechenden Anteile aus $\mathbf{X}$ und $\mathbf{Y}$ entfernt und der erklärten Varianz der aktuellen PLS-Komponente zugeordnet. Dann werden die Vektoren der aktuellen PLS-Komponente $\mathbf{p}_j$, $\mathbf{q}_j$, $\mathbf{t}_j$, $\mathbf{u}_j$ und $\mathbf{w}_j$ in den entsprechenden Matrizen gespeichert.

Sind alle PLS-Komponenten bestimmt, können die Regressionskoeffizienten $\mathbf{B}$ aus $\mathbf{W}$, $\mathbf{P}$ und $\mathbf{Q}$ sowie der konstante Anteil $\mathbf{B}(1)$ bestimmt werden (Zeilen 57 - 58). Die Verwendung der Regressionskoeffizienten zur Vorhersage ist in Zeile 64 aufgeführt.

1   // Initialisierung
2    $N_{PLS} = 3$;   // Anzahl PLS-Komponenten
3    $N = size(X, 1)$;   // Anzahl Beobachtungen
4    $I = 10000$;   // Anzahl Iterationen (max)
5    $v_{cv} = 10e - 06$;   // Abbruchbedingung (Konvergenz)
6    $X_j = (X - repmat(mean(X), N, 1)$;   // Mittenzentrierung von X
7    $Y_j = (Y - repmat(mean(Y), N, 1)$;   // Mittenzentrierung von Y
8    $t_{j\,cur} = 0$;
9    $u_j = Y_j(:, 1)$;   // beliebige Spalte aus Y auswählen
10    $X_{j\,totvar} = sum(sum(X_j.^2, 1))$;   // Varianz in X_j
11    $Y_{j\,totvar} = sum(sum(Y_j.^2, 1))$;   // Varianz in Y_j
12
13   **for** $j = 1 : N_{PLS}$ // PLS-Komponenten
14   **for** $i = 1 : I$ // Iterationen
15
16   // 1.) Bestimmen von w_j aus $X_j = u_j * w_j'$ (LS)
17        $w_j = X_j' * u_j / (u_j' * u_j)$;
18        $w_j = w_j / norm(w_j)$;   // Normiere auf Länge 1
19
20   // 2.) Bestimmen von t_j aus $X_j = t_j * w_j'$ (LS)
21        $t_j = X_j * w_j$;
22
23   // 3.) Bestimmen von p_j aus $X_j = t_j * p_j'$ (LS)
24        $p_j = X_j' * t_j / (t_j' * t_j)$;
25
26   // 4.) Bestimmen von q_j aus $Y_j = t_j * q_j'$ (LS)
27        $q_j = Y_j' * t_j / (t_j' * t_j)$;
28
29   // 5.) Bestimmen von u_j aus $Y_j = u_j * q_j'$ (LS)
30        $u_j = Y_j * q_j / (q_j' * q_j)$;
31
32   // Konvergenztest
33   **if** $(norm(t_{j\,cur} - t_j) < v_{cv})$
34   **break**;
35   **end**
36        $t_{j\,cur} = t_j$;
37   **end**   // Iterationen
38
39   // 6.) Erklärte Anteile entfernen
40      $X_j = X_j - t_j * p_j'$;
41      $Y_j = Y_j - t_j * q_j'$;

```
42
43   // Erklärte Varianz der PLS-Komponente berechnen
44   X_j_ve = sum(sum(t_j * p'_j.^2, 1));   // Prädiktoren
45   X_j_mve(:, j) = X_j_ve / X_j_totvar;
46   Y_j_ve = sum(sum(t_j * q'_j.^2, 1));   // Zielgrößen
47   Y_j_mve(:, j) = Y_j_ve / Y_j_totvar;
48
49   // Aktuelle PLS-Komponente speichern
50   P(:, j) = p_j, Q(:, j) = q_j;
51   T(:, j) = t_j, U(:, j) = u_j;
52   W(:, j) = w_j;
53
54   end  // PLS-Komponenten
55
56   // Regressionskoeffizienten berechnen
57   B = W * (P' * W)^{-1} * Q';
58   B = [mean(Y) - mean(X) * B; B];
59
60   // Vorhersage
61   B_0 = B(1);
62   B_X = B(2 : 2 + N_PLS - 1, 1);
63
64   Y = X * B_X + B_0;
```

Algorithmus B.1: PLS-Algorithmus

Dabei steht LS für Least Squares Regression, *size* für die Dimension einer Matrix (Zeilen $\times$ Spalten), $()'$ für die Transposition einer Matrix, $()^{-1}$ für die Invertierung einer Matrix, *repmat* für die Duplikation eines Vektors, *mean* für den Mittelwert, *sum* für die Summe, *norm* für die Normierung eines Vektors auf Länge 1, . für elementweise Operationen bei Matrizen und : für spaltenweise/zeilenweise Operationen bei Matrizen.

Symbolverzeichnis

Abkürzungen

ADP	Approximate Dynamic Programming (Approximative Dynamische Programmierung)
ANN	Artificial Neural Network (Künstliches Neuronales Netz)
BADP	Backward Approximate Dynamic Programming
BNN	Bottleneck Neural Network
CCA	Canonical Correlation Analysis
CDDP	Classical Discrete Dynamic Programming
DP	Dynamic Programming (Dynamische Programmierung)
DPCA	Dynamic PCA
DPLS	Dynamic PLS
FADP	Forward Approximate Dynamic Programming
FEM	Finite Elemente Methode
k-NN	k-Nearest-Neighbor (k-Nächste-Nachbarn)
KM	Kernel Methods (Kernel-Methoden)
LM	Levenberg-Marquardt-Algorithmus
LP-ILDR	Linear Prediction - Integrated Linear Dimension Reduction
MDP	Markov Decision Process (Markovscher Entscheidungsprozess)
MPC	Model Predictive Control (Modellbasierte Prädiktive Regelung)

MPCA .... Multi-way PCA

MPLS .... Multi-way PLS

MSE .... Mean Squared Error
(mittlerer quadratischer Fehler)

MSEREG .... Mean Squared Error mit Regularisierung

NCF .... Nonlinear Curve Fitting
(Nichtlineare Kurvenanpassung)

NLP-INLDR .... Non-Linear Prediction - Integrated Non-Linear
Dimension Reduction

NLP-SLDR .... Non-Linear Prediction - Separate Linear
Dimension Reduction

PCA .... Principal Component Analysis
(Hauptkomponentenanalyse)

PFA .... Principal Function Approximator

PID .... Proportional Integral Derivative (Regler)

PLS .... Partial Least Squares

RL .... Reinforcement Learning (Verstärkendes Lernen)

RProp .... Resilient Backpropagation-Algorithmus

SAA .... Sample Average Approximation

SSE .... Sum of Squared Errors (Quadratfehlersumme)

SVD .... Singular Value Decomposition
(Singulärwertzerlegung)

Griechische Symbole

α .... Lernrate bei ANNs

β .... Regressionskoeffizienten

γ .... Regularisierungsparameter bei ANNs

δ .... Delta-Regel Backpropagation bei ANNs

ϵ .... ϵ-greedy Parameter (ϵ-greedy-Algorithmus)

η .... Gewichtung Momentumterm (Gradientenabstieg)

κ .... Discount-Faktor bei der DP / ADP

$\mu, \boldsymbol{\mu}$ .... Mittelwert (skalare bzw. vektorielle Größe)

π .... Regelgesetz

Σ .... Kovarianzmatrix

σ_{ANN} .... Sigmoide, logistische Aktivierungsfunktion bei ANNs

σ .... Standardabweichung

ϕ .... Grad der Bestimmtheit der Approximation bei ANNs

Lateinische Symbole

$\mathbf{D}$ .... Absolute Abweichung

d .... Gewichtung Produktionsaufwand / Qualität

E .... Fehlerfunktion bei ANNs

$\mathbf{f}_t^u, \mathbf{f}_t^{\nu_p}$ .... Zustandsübergangsfunktion (deterministisch, stochastisch) bei der DP / ADP

I .... Anzahl Iterationen

J, J_t .... Kosten- bzw. Zielfunktion (zeitunabhängig, zeitabhängig) bei der DP / ADP

$J^*{}_T$ .... Online-Performance eines optimalen Reglers

J_{Dt} .... Lokale Kosten (Produktionsaufwand) eines Zeitschritts ($\hat{=} c_t$)

J_F .... Finale Kosten (Qualität) am Prozessende

$J_{t\,opt}$ .... Optimale Kosten eines Zeitschritts

L .... Anzahl Zeitschritte einer Zeitreihe

$\mathbf{m}$ .... Prozessmerkmale

M .... Anzahl Variablen (Dimension) einer Größe

max .... Maximum

min .... Minimum

N .... Anzahl Beobachtungen (Stichprobenumfang)

$\boldsymbol{\nu}_m$ .... Messrauschen

$\boldsymbol{\nu}_p$ .... Prozessrauschen

$\mathbf{o}$ .... Observablen

$\mathbf{p}$ .... Bauteileigenschaften

P .... Bedingte Wahrscheinlichkeit

Q, R, S .... Anzahl Knoten der Schichten
(Eingabe, versteckte, Ausgabe) bei ANNs

R^2 .... Bestimmtheitsmaß

RD .... Relative Abweichung

RE .... Relativer Fehler

$RMSE$ .... Wurzel aus mittlerem quadratischen Fehler

R_n .... Anzahl Knoten der n-ten versteckten Schicht
bei ANNs

T .... Zeithorizont

t .... Aktueller Zeitpunkt

t_0, t_c .... Startzeitpunkt, Endzeitpunkt bei Zeitreihen

U .... Modellunsicherheit

u .... Prozessparameter (Stellgrößen) bzw. Aktion

VE .... Erklärte Varianz (variance explained) bei der PLS

VIP .... Bedeutung der Prädiktoren auf die Projektion
(variable importance for the projection)
bei der PLS

w .... Modellparameter (Gewichts- und Biaswerte)
bei ANNs

X .... Eingabe (Prädiktoren)
bei der Funktionsapproximation

x .... Zustandsvariablen

$\mathbf{x}_t^u, \mathbf{x}_t$ .... Zustand (post-decision, pre-decision)
bei der DP / ADP

Y .... Ausgabe (Zielgrößen)
bei der Funktionsapproximation

Mathematische Symbole

$\frac{\partial ()}{\partial ()}$ .... Partielle Ableitung

$\langle \rangle$ .... Erwartungswert

∇ .... Gradient

Literaturverzeichnis

[1] AMENT, C. ; GOCH, G. : A Process Oriented Approach to Automated Quality Control. In: *CIRP Annals - Manufacturing Technology* 50 (2001), Nr. 1, S. 251–254

[2] ARULAMPALAM, M. ; MASKELL, S. ; GORDON, N. ; CLAPP, T. : A tutorial on particle filters for online nonlinear/non-Gaussian Bayesian tracking. In: *Signal Processing, IEEE Transactions on* 50 (2002), Nr. 2, S. 174–188

[3] *Kapitel* 18. In: BALAKRISHNAN, S. N. ; HAN, D. : *Handbook of Learning and Approximate Dynamic Programming.* Wiley-IEEE Press, 2004 (IEEE Press Series on Computational Intelligence), S. 463–478

[4] BELLMAN, R. E.: *Dynamic Programming.* Courier Dover Publications, 2003

[5] BERTSEKAS, D. P.: *Dynamic Programming and Optimal Control.* Bd. I. Athena Scientific, 2005

[6] BERTSEKAS, D. P.: *Dynamic Programming and Optimal Control.* Bd. II. Athena Scientific, 2007

[7] BERTSEKAS, D. P. ; TSITSIKLIS, J. : *Neuro-Dynamic Programming.* Athena Scientific, 1996

[8] BHADESHIA, H. K. D. H.: Neural Networks and Information in Materials Science. In: *Statistical Analysis and Data Mining* 1 (2009), Nr. 5, S. 296–305

[9] BISHOP, C. M.: *Neural Networks for Pattern Recognition.* Oxford University Press, 1995

214

[10] BISHOP, C. M.: *Pattern recognition and machine learning*. 2. Springer, 2007

[11] BLAICH, C. ; LIEWALD, M. : Detection and Closed-loop Control of Local Part Wall Stresses for Optimisation of Deep Drawing Processes. In: *Proceedings of the International Conference on New Developments in Sheet Metal Forming*, 2010, S. 381–414

[12] BÖHLKE, T. ; RISY, G. ; BERTRAM, A. : Finite element simulation of metal forming operations with texture based material models. In: *Modelling and Simulation in Materials Science and Engineering* 14 (2006), Nr. 3, S. 365–387

[13] BORGA, M. ; LANDELIUS, T. ; KNUTSSON, H. : A Unified Approach to PCA, PLS, MLR and CCA / ISY. 1997 (LiTH-ISY-R-1992). – Forschungsbericht

[14] BRAHME, A. ; WINNING, M. ; RAABE, D. : Prediction of cold rolling texture of steels using an Artificial Neural Network. In: *Computational Materials Science* 46 (2009), S. 800–804

[15] BUSONIU, L. ; ERNST, D. ; SCHUTTER, B. D. ; BABUSKA, R. : Approximate Reinforcement Learning: An Overview. In: *Adaptive Dynamic Programming And Reinforcement Learning (ADPRL), 2011 IEEE Symposium on*, 2011, S. 1–8

[16] CARPENTER, W. C. ; HOFFMAN, M. E.: Selecting the Architecture of a Class of Back-propagation Neural Networks Used as Approximators. In: *Artificial Intelligence for Engineering Design, Analysis and Manufacturing* 11 (1997), S. 33–44

[17] CHEN, J. ; LIU, K.-C. : On-line batch process monitoring using dynamic PCA and dynamic PLS models. In: *Chemical Engineering Science* 57 (2002), Nr. 1, S. 63–75

[18] DIJKMAN, M. ; GOCH, G. ; AMENT, C. : Design and Application of Quality Control Strategies at the Operational Level of a Production Process Chain. In: *Materialwissenschaft und Werkstofftechnik* 37 (2006), Nr. 1, S. 81–84

[19] DIJKMAN, M. ; GOCH, G. : Distortion Compensation Strategies in the Production Process of Bearing Rings. In: *Materialwissenschaft und Werkstofftechnik* 40 (2009), Nr. 5-6, S. 443–447

[20] DITTMAR, R. ; PFEIFFER, B.-M. : Modellbasierte prädiktive Regelung in der industriellen Praxis (Industrial Application of Model Predictive Control). In: *Automatisierungstechnik* 54 (2006), Nr. 12, S. 590–601

[21] DOEGE, E. ; BEHRENS, B.-A. : *Handbuch Umformtechnik: Grundlagen, Technologien, Maschinen.* 2. Springer, 2010

[22] DUDA, R. O. ; STORK, D. G. ; HART, P. E.: *Pattern Classification.* 2. Wiley, 2000

[23] DUELL, S. ; HANS, A. ; UDLUFT, S. : The Markov Decision Process Extraction Network. In: *ESANN 2010 proceedings, European Symposium on Artificial Neural Networks - Computational Intelligence and Machine Learning*, 2010, S. 7–12

[24] FAHLMAN, S. E. ; LEBIERE, C. : The Cascade-Correlation Learning Architecture / School of Computer Science, Carnegie Mellon University. 1991. – Forschungsbericht

[25] FISH, J. ; BELYTSCHKO, T. : *A First Course in Finite Elements.* Wiley, 2007

[26] GELADI, P. ; KOWALSKI, B. R.: Partial Least-Squares Regression: a Tutorial. In: *Analytica Chimica Acta* 185 (1986), S. 1–17

[27] GILL, P. ; MURRAY, W. ; WRIGHT, M. : *Practical Optimization.* Academic Press, 1981

[28] GOCH, G. ; DIJKMAN, M. : Holonic Quality Control Strategy for the Process Chain of Bearing Rings. In: *CIRP Annals - Manufacturing Technology* 58 (2009), Nr. 1, S. 433–436

[29] GOLSHAN, M. ; MACGREGOR, J. F. ; BRUWER, M.-J. ; MHASKAR, P. : Latent Variable Model Predictive Control (LV-MPC) for trajectory tracking in batch processes. In: *Journal of Process Control* 20 (2010), Nr. 4, S. 538–550

[30] GOTTSTEIN, G. (Hrsg.): *Integral Materials Modeling: Towards Physics-Based Through-Process Models.* Wiley-VCH, 2007

[31] GOTTSTEIN, G. : *Physikalische Grundlagen der Materialkunde.* 3. Springer, 2007

[32] HAGAN, M. T. ; DEMUTH, H. B. ; BEALE, M. H.: *Neural Network Design.* Campus Publication Service, 2002

[33] HASTIE, T. ; TIBSHIRANI, R. ; FRIEDMAN, J. : *The Elements of Statistical Learning: Data Mining, Inference, and Prediction.* Springer, 2009

[34] HEINEN, M. R. ; ENGEL, P. M.: An Incremental Probabilistic Neural Network for Regression and Reinforcement Learning Tasks. In: *Artificial Neural Networks - ICANN 2010* Bd. 6353. 2010, S. 170–179

[35] HELM, D. ; BUTZ, A. ; RAABE, D. ; GUMBSCH, P. : Microstructure-based description of the deformation of metals: Theory and application. In: *JOM* 63 (2011), Nr. 4, S. 26–33

[36] HILL, R. : A Theory of the Yielding and Plastic Flow of Anisotropic Metals. In: *Proceedings of the Royal Society of London. Series A, Mathematical and Physical Sciences* 193 (1948), Nr. 1033, S. 281–297

[37] HINTON, G. E. ; SALAKHUTDINOV, R. R.: Reducing the dimensionality of data with neural networks. In: *Science* 313 (2006), Nr. 5786, S. 504–507

[38] HOSFORD, W. F. ; CADDELL, R. : *Metal Forming: Mechanics and Metallurgy.* 4. Cambridge University Press, 2011

[39] HSU, C. W. ; ULSOY, A. G. ; DEMERI, M. Y.: Development of process control in sheet metal forming. In: *Journal of Materials Processing Technology* 127 (2002), Nr. 3, S. 361–368

[40] IGEL, C. ; TOUSSAINT, M. ; WEISHUI, W. : Rprop Using the Natural Gradient. In: *Trends and Applications in Constructive Approximation* Bd. 151. Birkhäuser Basel, 2005, S. 259–272

[41] JULIER, S. ; UHLMANN, J. : Unscented Filtering and Nonlinear Estimation. In: *Proceedings of the IEEE* 92 (2004), Nr. 3, S. 401–422

[42] KALMAN, R. E.: A New Approach to Linear Filtering and Prediction Problems. In: *Transactions of the ASME - Journal of Basic Engineering* (1960), Nr. 82 (Series D), S. 35–45

[43] KESSLER, W. : *Multivariate Datenanalyse für die Pharma-, Bio- und Prozessanalytik.* Wiley-VCH, 2006

[44] KISHOR, N. ; KUMAR, D. R.: Optimization of initial blank shape to minimize earing in deep drawing using finite element method. In: *Journal of Materials Processing Technology* 130-131 (2002), S. 20–30

[45] KOZA, J. R.: *Genetic Programming: On the Programming of Computers by Means of Natural Selection.* MIT Press, 1992

[46] KRAMER, M. A.: Nonlinear Principal Component Analysis Using Autoassociative Neural Networks. In: *AIChE Journal* 37 (1991), Nr. 2, S. 233–243

[47] LAROSE, D. T.: *Discovering Knowledge in Data: An Introduction to Data Mining.* Wiley-Interscience, 2004

[48] LEE, J. H.: Model Predictive Control and Dynamic Programming. In: *Control, Automation and Systems (ICCAS), 2011 11th International Conference on*, 2011, S. 1807–1809

[49] LEE, J. H. ; WONG, W. : Approximate Dynamic Programming Approach for Process Control. In: *Journal of Process Control* 20 (2010), Nr. 9, S. 1038–1048

[50] LEE, J. A. ; VERLEYSEN, M. : *Nonlinear Dimensionality Reduction.* Springer, 2007

[51] LEE, J. M. ; KAISARE, N. S. ; LEE, J. H.: Choice of approximator and design of penalty function for an approximate dynamic programming based control approach. In: *Journal of Process Control* 16 (2006), Nr. 2, S. 135–156

[52] LEE, J. M. ; LEE, J. H.: Approximate Dynamic Programming Strategies and Their Applicability for Process Control: A Review and Future Directions. In: *International Journal of Control Automation and System* 2 (2004), Nr. 3, S. 263–278

[53] Lee, J. M. ; Lee, J. H.: Simulation-based learning of cost-to-go for control of nonlinear processes. In: *Korean Journal of Chemical Engineering* 21 (2004), Nr. 2, S. 338–344

[54] Liu, J. ; Min, K. ; Han, C. ; Chang, K. : Robust Nonlinear PLS Based on Neural Networks and Application to Composition Estimator for High-Purity Distillation Columns. In: *Korean Journal of Chemical Engineering* 17 (2000), S. 184–192

[55] Luenberger, D. G.: Observing the State of a Linear System. In: *IEEE transactions on military electronics* 8 (1964), Nr. 2, S. 74–80

[56] Lunze, J. : *Regelungstechnik 2: Mehrgrößensysteme, Digitale Regelung.* Bd. 6. Springer, 2010

[57] Ma, L. ; Khorasani, K. : An Adaptively Constructing Multilayer Feedforward Neural Networks Using Hermite Polynomials. In: *Advanced Intelligent Computing Theories and Applications. With Aspects of Artificial Intelligence* Bd. 5227. 2008, S. 642–653

[58] Madsen, K. ; Nielsen, H. B. ; Tingleff, O. : Methods for Non-Linear Least Squares Problems / DTU Informatics. 2004. – Forschungsbericht

[59] Madsen, R. E. ; Hansen, L. K. ; Winther, O. : Singular Value Decomposition and Principal Component Analysis / DTU Informatics. 2004. – Forschungsbericht

[60] Malthouse, E. C. ; Tamhane, A. C. ; Mah, R. S. H.: Nonlinear Partial Least Squares. In: *Computers & Chemical Engineering* 21 (1997), Nr. 8, S. 875–890

[61] Mitchell, T. M.: *Machine Learning.* McGraw-Hill, 1997

[62] Narendra, K. ; Parthasarathy, K. : Identification and control of dynamical systems using neural networks. In: *Neural Networks, IEEE Transactions on* 1 (1990), Nr. 1, S. 4–27

[63] Nascimento, J. ; Powell, W. B.: An Optimal ADP Algorithm for a High-Dimensional Stochastic Control Problem. In: *Approximate Dynamic Programming and Reinforcement Learning, 2007. ADPRL 2007. IEEE International Symposium on*, 2007

[64] NELLES, O. : *Nonlinear System Identification: From Classical Approaches to Neural Networks and Fuzzy Models.* Springer, 2001

[65] NIGSCH, F. ; BENDER, A. ; BUUREN, B. van ; TISSEN, J. ; NIGSCH, E. ; MITCHELL, J. B. O.: Melting point prediction employing k-nearest neighbor algorithms and genetic parameter optimization. In: *Journal of chemical information and modeling* 46 (2006), Nr. 6, S. 2412–2422

[66] OUBBATI, M. ; UHLEMANN, J. ; PALM, G. : Adaptive learning in continuous environment using actor-critic design and echo-state networks. In: *Proceedings of the 12th International Conference on Adaptive Behavior*, 2012

[67] PARVIAINEN, E. : Dimension Reduction for Regression with Bottleneck Neural Networks. In: *Proceedings of the 11th International Conference on Intelligent Data Engineering and Automated Learning (IDEAL)* Bd. 6283, 2010, S. 37–44

[68] POWELL, W. B.: *Approximate Dynamic Programming: Solving the Curses of Dimensionality.* 2. Wiley-Interscience, 2011

[69] PRATIKAKIS, N. E. ; REALFF, M. J. ; LEE, J. H.: Strategic Capacity Decision-Making in a Stochastic Manufacturing Environment Using Real-Time Approximate Dynamic Programming. In: *Naval Research Logistics* 57 (2010), Nr. 3, S. 211–224

[70] PRESS, W. H. ; FLANNERY, B. P. ; FLANNERY, B. P. ; FLANNERY, B. P.: *Numerical Recipes in C: The Art of Scientific Computing.* 2. Cambridge University Press, 1992

[71] QIN, S. J. ; MCAVOY, T. J.: Nonlinear PLS Modeling Using Neural Networks. In: *Computers and Chemical. Engineering* 14 (1992), S. 379 –391

[72] RASMUSSEN, C. E. ; WILLIAMS, C. K. I.: *Gaussian Processes for Machine Learning.* MIT Press, 2006

[73] RIEDMILLER, M. : Rprop – Description and Implementation Details / Institut für Logik, Komplexität und Deduktionssyteme, University of Karlsruhe. 1994. – Forschungsbericht

220

[74] RIEDMILLER, M. : Neural Fitted Q Iteration – First Experiences
      with a Data Efficient Neural Reinforcement Learning Method. In:
      16th European Conference on Machine Learning, 2005, S. 317–328

[75] ROSIPAL, R. ; TREJO, L. J.: Kernel Partial Least Squares Regres-
      sion in Reproducing Kernel Hilbert Space. In: *Journal of Machine
      Learning Research* 2 (2001), S. 97–123

[76] ROTERS, F. ; MA, A. ; RAABE, D. : Kristallplastische Simulation in
      der Werkstoffprüfung. In: *Tagungsband Werkstoffprüfung*, 2004

[77] ROY, B. V. ; BERTSEKAS, D. P. ; LEE, Y. ; TSITSIKLIS, J. N.: A Neuro-
      Dynamic Programming Approach to Retailer Inventory Management.
      In: *Proceedings of the 36th IEEE Conference on Decision and Control*
      Bd. 4, 1997, S. 4052–4057

[78] SAMPAIO, D. J. B. S. ; LINK, N. ; MOSCATO, L. A.: Quality estimation
      using generic model parameters and neural network. In: *Proceedings
      of the ABCM Symposium Series in Mechatronics* Bd. 2, 2006, S.
      765–771

[79] SAMPAIO, D. J. B. S. ; MOSCATO, L. A. ; LINK, N. : Quantitative
      estimation of a resistance spot weld quality using a simple model. In:
      Proceedings of the ABCM Symposium Series in Mechatronics Bd. 3,
      2008, S. 831–838

[80] SCHÖLKOPF, B. ; SMOLA, A. ; MÜLLER, K.-R. : Nonlinear Component
      Analysis as a Kernel Eigenvalue Problem. In: *Neural Computation*
      10 (1998), Nr. 5, S. 1299–1319

[81] SCHOLZ, M. ; FRAUNHOLZ, M. ; SELBIG, J. : Nonlinear Principal
      Component Analysis: Neural Network Models and Applications. In:
      Lecture Notes in Computational Science and Engineering 58 (2007),
      S. 44–67

[82] SCHWAB, I. ; SENN, M. ; LINK, N. : Improving Expert Knowledge in
      Dynamic Process Monitoring by Symbolic Regression. In: *Proceedings
      of the 6th International Conference on Genetic and Evolutionary
      Computing*, 2012

[83] SEARSON, D. ; WILLIS, M. ; MONTAGUE, G. : Co-evolution of Non-linear PLS Model Components. In: *Journal of Chemometrics* 21 (2007), Nr. 12, S. 592–603

[84] SENN, M. ; LINK, N. : Hidden State Observation for Adaptive Process Controls. In: *Proceedings of the 2nd International Conference on Adaptive and Self-adaptive Systems and Applications*, 2010, S. 52–57

[85] SENN, M. ; LINK, N. : Revealing Effects of Dynamic Characteristics in Process Monitoring and Their Influences on Quality Prediction. In: *Proceedings of the 8th International Conference of Numerical Analysis and Applied Mathematics*, 2010

[86] SENN, M. ; LINK, N. : A Universal Model for Hidden State Observation in Adaptive Process Controls. In: *International Journal On Advances in Intelligent Systems* 4 (2012), Nr. 3&4, S. 245–255

[87] SENN, M. ; SCHÄFER, J. ; POLLAK, J. ; LINK, N. : A System-Oriented Approach for the Optimal Control of Process Chains under Stochastic Influences. In: *AIP Conference Proceedings 1389*, 2011, S. 419–422

[88] *Kapitel* 5. In: SI, J. ; YANG, L. ; LIU, D. : *Handbook of Learning and Approximate Dynamic Programming*. Wiley-IEEE Press, 2004 (IEEE Press Series on Computational Intelligence), S. 125–151

[89] SINGH, S. K. ; KUMAR, D. R.: Application of a neural network to predict thickness strains and finite element simulation of hydro-mechanical deep drawing. In: *The International Journal of Advanced Manufacturing Technology* 25 (2005), Nr. 1, S. 101–107

[90] SMOLA, A. J. ; SCHÖLKOPF, B. : A Tutorial on Support Vector Regression. In: *Statistics and Computing* 14 (2004), S. 199–222

[91] SONG, Y. ; LI, X. : Intelligent Control Technology for the Deep Drawing of Sheet Metal. In: *Proceedings of the International Conference on Intelligent Computation Technology and Automation*, 2009, S. 797–801

[92] SPECHT, D. F.: A General Regression Neural Network. In: *IEEE Transactions on Neural Networks* 2 (1991), Nr. 6, S. 568–576

[93] TSITSIKLIS, J. N. ; ROY, B. V.: Feature-Based Methods For Large Scale Dynamic Programming. In: *Machine Learning*, 1994, S. 59–94

[94] WANG, M.-L. ; LI, N. ; LI, S.-Y. : Model-based Predictive Control for Spatially-distributed Systems Using Dimensional Reduction Models. In: *International Journal of Automation and Computing* 8 (2011), Nr. 1, S. 1–7

[95] WESTERHUIS, J. A. ; KOURTI, T. ; MACGREGOR, J. F.: Comparing alternative approaches for multivariate statistical analysis of batch process data. In: *Journal of Chemometrics* 13 (1999), Nr. 3-4, S. 397–413

[96] WOLD, S. : Nonlinear Partial Least Squares Modelling II. Spline Inner Relation. In: *Chemometrics and Intelligent Laboratory Systems* 14 (1992), Nr. 1-3, S. 71–84

[97] WOLD, S. ; SJÖSTRÖM, M. ; ERIKSSON, L. : PLS-regression: a basic tool of chemometrics. In: *Chemometrics and Intelligent Laboratory Systems* 58 (2001), S. 109–130

[98] WURSTER, K. M. ; LIEWALD, M. ; BLAICH, C. ; MIHM, M. : Procedure for Automated Virtual Optimization of Variable Blank Holder Force Distributions for Deep-Drawing Processes with LS-Dyna and optiSLang. In: *Weimarer Optimierungs- und Stochastiktage 8.0*, 2011

[99] ZHANG, H. ; SENKARA, J. : *Resistance Welding: Fundamentals and Applications*. 1. CRC Press, 2005

[100] ZHAO, C. ; WANG, F. ; LU, N. ; JIA, M. : Stage-based soft-transition multiple PCA modeling and on-line monitoring strategy for batch processes. In: *Journal of Process Control* 17 (2007), Nr. 9, S. 728–741

[101] ZHAO, J. ; WANG, F. : Parameter identification by neural network for intelligent deep drawing of axisymmetric workpieces. In: *Journal of Materials Processing Technology* 166 (2005), S. 387–391

[102] ZOCH, H.-W. : From Single Production Step to Entire Process Chain - the Global Approach of Distortion Engineering. In: *Materialwissenschaft und Werkstofftechnik* 37 (2006), Nr. 1, S. 6–10

Schriftenreihe
des Instituts für Angewandte Materialien

ISSN 2192-9963

Die Bände sind unter www.ksp.kit.edu als PDF frei verfügbar oder
als Druckausgabe bestellbar.